U0254218

普通高等教育"十一五"国家级规划教材

建筑电气工程识图·工艺·预算(第二版)

(工程造价与建筑管理类专业适用)

主编 杨光臣

中国建筑工业出版社

图书在版编目(CIP)数据

建筑电气工程识图·工艺·预算／杨光臣主编. —2
版. —北京：中国建筑工业出版社，2006(2021.7 重印)
普通高等教育"十一五"国家级规划教材. 工程造价
与建筑管理类专业适用
ISBN 978-7-112-08247-6

Ⅰ.建…　Ⅱ.杨…　Ⅲ.①建筑工程—电气设备—
识图—高等学校—教材②建筑工程—电气设备—工程施
工—高等学校—教材③电气设备—建筑安装工程—建筑
预算定额—高等学校—教材　Ⅳ.TU85

中国版本图书馆 CIP 数据核字(2006)第 031398 号

普通高等教育"十一五"国家级规划教材
建筑电气工程识图·工艺·预算（第二版）
（工程造价与建筑管理类专业适用）
主编　杨光臣

＊

中国建筑工业出版社出版、发行（北京西郊百万庄）
各地新华书店、建筑书店经销
北京鸿文瀚海文化传媒有限公司
北京市密东印刷有限公司印刷

＊

开本：787×1092 毫米　1/16　印张：21¼　插页：4　字数：520 千字
2006 年 5 月第二版　　2021 年 7 月第二十八次印刷
定价：**38.00** 元（赠教师课件）
ISBN 978-7-112-08247-6
(20979)

本书为土建学科高等职业教育工程造价与建筑管理类专业教材，充分反映建筑科学技术发展的现状，具有较强的针对性和实用性。全书内容包括：建筑电气工程图识读基本知识、变配电工程、动力照明工程、建筑防雷接地工程、智能建筑工程、建筑电气与智能建筑工程造价。

本书既可作为建筑类高职院校工程造价专业和其他相近专业的教材，也可作为建筑类本科工程造价专业教学用书，亦可作为建筑安装工程技术管理人员培训及参考用书。

为更好地支持相应课程的教学，我们向采用本书作为教材的教师提供教学课件，有需要者可与出版社联系，邮箱：jckj@cabp.com.cn，电话：01058337285，建工书院 http://edu.cabplink.com。

责任编辑：张　晶　向建国
责任设计：赵明霞
责任校对：王雪竹　关　健

第二版前言

《建筑电气工程识图·工艺·预算》第一版自2001年12月面世之后，受到众多读者和大专院校同行专家的关爱，并作为高职高专工程造价管理专业系列教材之一，被评为普通高等教育"十五"国家级规划教材。但随着我国建筑科学技术的发展，国家建筑技术规范、标准的不断更新，建筑工程造价计价方式也在作重大改革，逐步向国际惯例靠拢。书中内容已不能完全反映现代建筑科学技术发展的现状，因此决定将该书修订再版。结合这几年使用该书进行教学的情况总结，我们作了如下修订工作：

1. 将常用材料一章融入各有关章节，结合工艺进行课堂教学，不再单独成章。

2. 对全书内容按现行国家最新规范进行修改，使全书不再出现与现行规范不符的内容。

3. 《建筑工程施工质量验收统一标准》（GB 50300—2001），明确将人们习惯的"建筑弱电工程"称为"智能建筑工程"，作为建筑工程中独立的一个分部工程，不再从属于"建筑电气工程"，而是与"建筑电气工程"及其他分部工程并列。因此，我们将原"建筑弱电工程"一章改为"智能建筑工程"，并增加了新的内容，以适应智能建筑工程发展的现状。

4. 施工图预算部分所用预算定额为现行2000年定额和2003年定额，并增加了工程量清单计价，以适应我国加入WTO后与国际惯例接轨的需要。

经修订后的第二版更能反映现代建筑科学技术发展的现状，更具针对性和实用性。全书内容包括：建筑电气工程图识读基本知识、变配电工程、动力照明工程、建筑防雷接地工程、智能建筑工程、建筑电气与智能建筑工程造价。本书既可作为建筑类高职院校工程造价管理专业和其他相近专业的教学用书，也可作为建筑类本科工程造价专业教学用书，亦可作为建筑安装工程技术管理人员培训及参考用书。

全书由杨光臣组织修订并担任主编。杨波编写一、三章，刘漫舟编写第六章，杨光臣编写一、二、四、五章及附录。李发兰、谢焕新绘制了部分插图。涂雪芝、张波、景星蓉、张凤江参加第一版编写，为此书打下了良好的基础。杨涛、陶凤鸣等为本书的修订给予了大力的支持。本书电子课件由重庆工商职业学院建筑工程系刘健制作。另外，此书还得到重庆大学教材建设基金资助。编者在此一并向他们表示最诚挚的谢意！

随着现代建筑科学技术的发展，建筑电气与智能建筑工程的内容也会不断更新和扩充，仍会有新的国家标准颁布，现行国家标准更新。凡书中出现与新标准不一致处，当以标准规范为准。

由于编者水平有限，书中仍难免存在一些缺点或错误，敬请广大读者和同行专家予以批评指正，不胜感谢！

目　录

第一章　建筑电气工程图识读基本知识

建筑电气工程图是电气图的重要组成部分，是建筑电气工程造价和施工的依据。这就要求造价和施工人员必须能识读电气工程图。不但要掌握电气图的基本知识，而且要掌握建筑电气工程图的特点及一般阅读程序。

第一节　电气图的表达形式及通用画法

一、电气图的表达形式

电气图采用何种表达形式，应根据图样的使用场合和表达对象来确定。《电气制图》（GB 6988）规定，电气图的表达形式分为四种：

1. 图

图是用图示法的各种表达形式的统称。图也可定义为用图的形式来表示信息的一种技术文件。

根据定义，图的概念是广泛的。它不仅指用投影法绘制的图（如各种机械图），也包括用图形符号绘制的图（如各种简图）以及用其他图示法绘制的图（如各种表图）等。

2. 简图

简图是用图形符号、带注释的围框或简化外形表示系统或设备中各组成部分之间相互关系及其连接关系的一种图。在不致引起混淆时，简图可简称为图。简图是电气图的主要表达形式。电气图中的大多数图种，如下面将要定义的系统图、电路图、逻辑图和接线图等都属于简图。

"简图"是一技术术语，切不可从字义上去理解为简单的图。应用这一术语的目的，是为了把这种图与其他的图相区别。再者，我国有些部门曾经把这种图称为"略图"。为了与其他国家标准如《机械制图　机构运动简图符号》（GB 1160—84）的术语协调一致，故采用了"简图"而不用"略图"。

3. 表图

表图是表示两个或两个以上变量之间关系的一种图。在不致引起混淆时，表图也可简称为图。

表图所表示的内容和方法都不同于简图。经常碰到的各种曲线图、时序图等都属于表图之列。之所以用"表图"，而不用通行的"图表"，是因为这种表达形式主要是图而不是表。国家标准把表图作为电气图的表达形式之一，也是为了与国际标准取得一致。

4. 表格

表格是把数据按纵横排列的一种表达形式。用以说明系统、成套装置或设备中各组成部分的相互关系或连接关系，或者用以提供工作参数等。表格可简称为表，如设备元件表、接线表等。表格可以作为图的补充，也可以用来代替某些图。

二、电气图的通用画法

电气图的通用画法或称通用表示法，可分为三类：

1. 用于电路的表示方法

（1）多线表示法。多线表示法是指每根导线在简图上都分别用一条线表示的方法。如图 1-1 所示。

（2）单线表示法。单线表示法是指两根或两根以上的导线，在简图上只用一条线表示的方法。如图 1-2 表示。

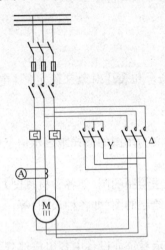

图 1-1　多线表示法示例（Y-△启动器）　　图 1-2　单线表示法示例（Y-△启动器）

在同一图中，必要时单线表示法和多线表示法可以组合使用，如图 1-3 所示。

2. 用于元件的表示方法

（1）集中表示法。集中表示法是把设备或成套装置中一个项目各组成部分的图形符号，在简图上绘制在一起的方法，如图 1-4 所示。集中表示法一般只适宜于简单的图。

（2）半集中表示法。半集中表示法是为了使设备和装置的电路布局清晰，易于识别，把一个项目中某些部分的图形符号，在简图上分开布置，并仅用机械连接符号来表示它们之间关系的方法。在这里，机械连接线可以是直线，也可以折弯、分支和交叉。这种表示方法显然适用于内部具有机械联系的元件。如图 1-5 所示。

（3）分开表示法。分开表示法是为了使设备和装置的电路布局清晰，易于识别，把一个项目中某些部分的图形符号在简图上分开布置，并仅用项目代号来表示它们之间关系的方法。这种表示法显然适用于内部具有机械的、磁的或光的功能联系的元件。参见图 1-6。分开表示法在过去被称为展开表示法。如变电所二次接线原理电路图就多采用此种表示方法。

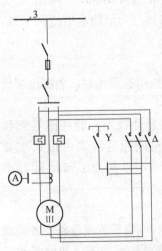

图 1-3　单线表示法和多线表示法组合使用示例（Y-△启动器）

示例	集中表示法	名　称	附　注
1	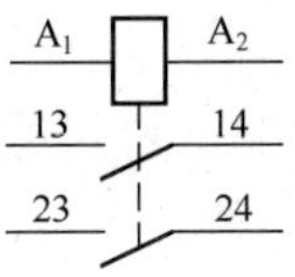 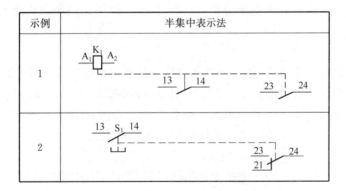	继电器	可用半集中表示法或分开表示法表示
2	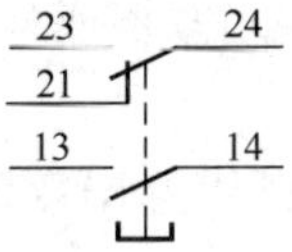	按钮开关	可用半集中表示法或分开表示法表示
3	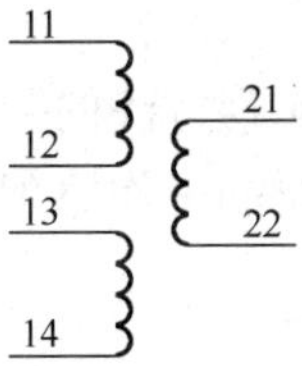	三绕组变压器	可用分开表示法表示

图 1-4　集中表示法示例

示例	半集中表示法
1	
2	

图 1-5　半集中表示法示例(元件同图 1-4)

3. 用于简图的布局方法

（1）功能布局法。功能布局法是指在简图中，元件符号的布置，只考虑便于看出它们所表示的元件之间的功能关系，而不考虑实际位置的一种布局方法。下面将要定义的系统图、电路图等大多数简图都采用这种布局方法。

（2）位置布局法。位置布局法是指简图中元件符号的布置对应于该元件实际位置的布局方法。安装接线图就是采用这种布局方法。

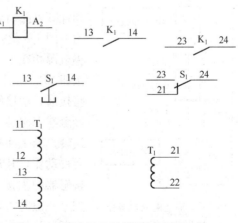

图 1-6　分开表示法示例(元件同图 1-4)

第二节　电气图的种类及其用途

电气图的种类很多，根据表达形式和用途的不同，经过综合和统一，按照用途将电气图划分为以下几类。

1. 系统图或框图

系统图或框图是用符号或带注释的框，概略表示系统或分系统的基本组成、相互关系及其主要特征的一种简图。

以上说明系统图和框图是一个定义。但一般将主要用方框符号绘制的系统图，称为框图。

2. 功能图

功能图是表示理论的或理想的电路而不涉及实现方法的一种简图。其用途是提供绘制电路图和其他有关简图的依据。也可用于说明电路的工作原理和人员技术培训用。如纯逻辑图、等效电路图等都属于功能图。

3. 逻辑图

逻辑图是指主要用二进制逻辑单元图形符号绘制的一种简图，逻辑图又分为纯逻辑图和详细逻辑图。纯逻辑图只表示功能而不涉及实现方法，因此是一种功能图。详细逻辑图不仅要表示功能，而且要表示实现方法，实际上是一种用二进制逻辑单元符号绘制的电路图。

4. 功能表图

功能表图是表示控制系统(如一个供电过程或生产过程的控制系统)的作用和状态的一种表图。这种图往往采用图形符号和文字说明相结合的绘制方法，用以全面描述控制系统的控制过程、功能和特性，但不考虑具体执行过程。如图1-7就是用来概略表示1台滑环感应电动机操作过程的功能表图。

5. 电路图

电路图是用图形符号并按工作顺序排列，详细表示电路、设备或成套装置的全部基本组成和连接关系，而不考虑其实际位置的一种简图。目的是便于详细理解其作用原理，分析和计算电路特性。这种图又习惯称为电气原理图或原理接线图。图1-8就是1台电动机的控制电路图。按下按钮 SB_1，即将电源相线 L_1—热继电器 FR 的常闭接点—按钮 SB_2（常闭）—按钮 SB_1（常开）—接触器 KM 的线圈—电源中性线 N 这一回路接通，使接触器 KM 动作，并且通过其辅助常开接点自锁。接触器 KM 主接点闭合，接通电动机主回路，电动机 M 启动运转。当主回路中电流超过某一允许值时，热继电器 FR 的热元件动作，其常闭接点断开接触器 KM 线圈的回路，从而使接触器的主接点断开，电动机即停止运转。当电源电压降低到某一值时，接触器线圈吸力下降，接触器的主接点同样也会断开，切断主回路。

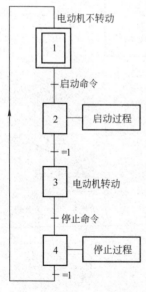

图1-7　描述电动机操作
过程的功能表图

6. 等效电路图

等效电路图是表示理论的或理想的元件及其连接关系的一种功能图。供分析和计算电路特性和状态之用。

7. 端子功能图

端子功能图是表示功能单元全部外接端子，并用功能图、功能表图或文字表示其内部功能的一种简图。

8. 程序图

程序图是详细表示程序单元和程序片及其互连关系的一种简图。而要素和模块的布置应能清楚地表示出其相互关系，目的是便于对程序运行的理解。

9. 设备元件表

设备元件表是把成套装置、设备和装置中各组成部分和相应数据列成的表格。其用途是表示各组成部分的名称、型号、规格和数量等。

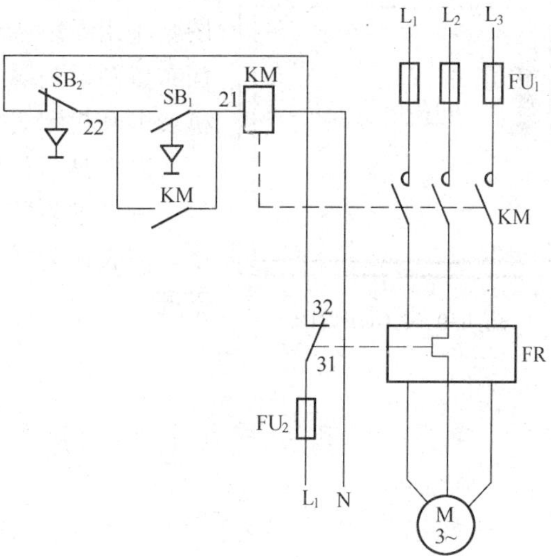

图 1-8　电动机控制电路图

FU_1、FU_2—熔断器；KM—三相交流接触器；

FR—三相热继电器；SB_1、SB_2—按钮

10. 接线图或接线表

接线图或接线表是表示成套装置、设备或装置的连接关系，用以进行接线和检查的一种简图或表格。接线表可以用来补充接线图，也可以用来代替接线图。

接线图或接线表可分为：单元接线图或单元接线表；互连接线图或互连接线表；端子接线图或端子接线表；电缆配置图或电缆配置表。

所谓单元接线图或单元接线表是表示成套装置或设备中一个结构单元内的连接关系的一种接线图或接线表。所谓"结构单元"指的是在各种情况下可独立运用的组件或由零件、部件和组件构成的组合体。例如电动机、发电机、稳压电源和无线电接收机等。

所谓互连接线图或互连接线表是表示成套装置或设备的不同结构单元之间的一种接线图或接线表。互连接线图有的也称为线缆接线图。

所谓端子接线图或端子接线表是表示成套装置或设备的端子以及接在端子上的外部接线（必要时包括内部接线）的一种接线图或接线表。

所谓电缆配置图或电缆配置表是提供电缆两端位置，必要时还包括电缆功能、特性和路径等信息的一种接线图或接线表。

11. 数据单

数据单是对特定项目给出详细信息的资料。例如，对某种元件或器件编制数据单，列出它的各种工程参数，供调试、检测和维修之用。

12. 位置简图或位置图

位置简图或位置图是表示成套装置、设备或装置中各个项目的位置的一种简图或一种图。根据定义，我们可以这样理解：位置简图是用图形符号绘制的图，用来表示一个区域

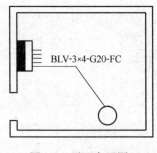

BLV-3×4-G20-FC

图 1-9　平面布置图

或一个建筑物内成套电气装置中的元件和连接布线。而位置图则是用投影法绘制的图。我们碰到比较多的电力或照明平面布置图，当属于位置简图。图 1-9 就是表示配电箱、电动机及电动机配线位置的平面图。

以上是《电气制图》标准对电气图的基本分类，但并非每一种电气装置、电气设备或电气工程，都必须具备这些图纸。因表达的对象、目的和用途不同，图的数量和种类也就不同。

第三节　电气图用图形符号和文字符号

电气图用图形符号和文字符号，在电气技术领域作为工程语言传递信息，早已被广泛应用。

图形符号是构成电气图的基本单元，是电工技术文件中的"象形文字"，是组成电气"工程语言"的"词汇"和"单词"。文字符号用于电气技术领域中技术文件的编制，标明电气设备、装置和元器件的名称、功能、状态或特征。如为电气技术中项目代号提供种类字母代码和功能字母代码；作为限定符号与电气图用图形符号中一般符号组合使用，以派生各种新的图形符号等。因此，正确地、熟练地理解、绘制和识别各种电气图用图形符号和文字符号是绘制和阅读电气图的基本功。

一、电气图用图形符号

1. 图形符号的组成

所谓图形符号就是通常用于图样或其他文件以表示一个设备或概念的图形、标记或字符。电气图用图形符号由符号要素、一般符号、限定符号和方框符号组成。

(1) 符号要素

符号要素是一种具有确定意义的简单图形，必须同其他图形组合以构成一个设备或概念的完整符号。例如图 1-10 是直热式阴极电子管的图形符号，它是由管壳、阳极、阴极(灯丝)三个符号要素组成的。很显然，这些符号要素一般是不能

管壳　　　阳极　　　灯丝

图 1-10　电子管的图形符号及符号要素

单独使用的，只有按照这一方式组合起来以后，才能构成这一电子管的完整符号。当这些符号要素与其他符号以另一种方式组合时，则又成为另一种电子管的符号了。

(2) 一般符号

一般符号是用以表示一类产品或此类产品特征的一种通常很简单的符号。如图 1-11 所示。

(3) 限定符号

用以提供附加信息的一种加在其他符号上的符号，称为限定符号。限定符号通常不能单独使用，但由于限定符号的应用，而大大扩展了图形符号的多样性。例如，电阻器的一般符号如图 1-12(a)。在此一般符号上分别附加上不同的限定符号，则可得到图 1-12(b)~(h)的

可变电阻器、滑线式变阻器、压敏电阻器、热敏电阻器、0.5W 电阻器、碳堆电阻器、熔断电阻器的图形符号。开关的一般符号如图 1-13(a)所示，在此一般符号上再分别附加上不同的限定符号，则可得到图 1-13(b)～(g)的隔离开关、负荷开关、具有自动释放的负荷开关、断路器、按钮开关、旋钮开关的图形符号。常用限定符号参见附录 1。

图 1-11　一般图形符号示例

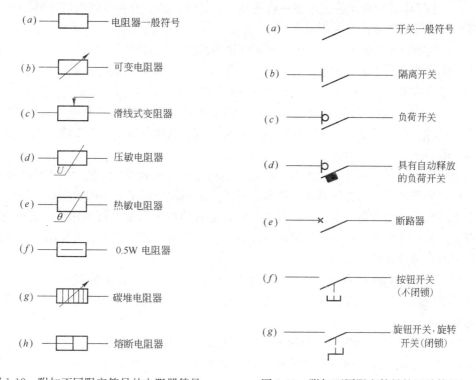

图 1-12　附加不同限定符号的电阻器符号　　　图 1-13　附加不同限定符号的开关符号

　　限定符号通常不能单独使用。但一般符号有时也可用作限定符号。如电容器的一般符号加到传声器符号上即可构成电容式传声器的符号。

　　(4) 方框符号

　　用以表示元件、设备等的组合及其功能，既不给出元件、设备的细节也不考虑所有连接的一种简单的图形符号。

　　方框符号在框图中使用最多。电路图中的外购件、不可修理件也可用方框符号表示。

　　2. 图形符号的分类及常用图形符号

　　《电气图用图形符号》(GB 4728)是电气技术领域技术文件所主要选用的图形符号。但在建筑电气技术领域同时还要选用其他国家标准或行业标准，如《消防设施图形符号》(GB 4327)，《声音和电视信号的电缆分配系统图形符号》(SJ 2708—86)等。

　　《电气图用图形符号》(GB 4728)包括以下 13 个部分：

（1）总则部分。包括本标准内容提要、名词术语、符号的绘制、编号、使用及其他规定。

（2）符号要素、限定符号和常用的其他符号。主要内容包括轮廓和外壳；电流和电压的种类；可变性；力、运动和流动方向；特性量的动作相关性；材料的类型；效应或相关性；辐射；信号波形；机械控制；操作件和操作方法；非电量控制；接地、接机壳和等电位；理想电路元件等。常用部分符号见附录1-1。表中序号为该符号在GB 4728中的序号。

（3）导线和连接器件。主要内容包括导线；端子和导线的连接；连接器件；电缆附件等。常用部分符号见附录1-2。

（4）无源元件。主要内容包括电阻器、电容器和电感器；铁氧化磁芯和磁存储器矩阵；压电晶体、驻极体和延迟线等。常用部分符号见附录1-3。

（5）半导体管和电子管。主要内容包括半导体管；电子管和电离辐射探测器件和电化学器件等。常用部分符号见附录1-4。

（6）电能的发生和转换。主要内容包括绕组及其连接的限定符号；电机；变压器和电抗器；变流器；原电池或蓄电池；电能发生器等。常用部分符号见附录1-5。

本部分给出的电机符号是供与外部连接用的符号。电机内部绕组连接接线符号应参见GB 1971。所给电机一般符号应该用于电机转子不存在外部连接的电机，如笼型电动机。如果电机转子有外部连接，则应在电机一般符号内示出代表转子的一个圆，如三相线绕转子异步电动机。

变压器符号都有两种形式表示。形式1是用一个圆表示每个绕组，限于单线表示法使用，在这种形式中不用变压器铁芯符号。形式2是用几个相接的半圆表示每个绕组，可改变半圆的数量，以区别某些不同的绕组，此种形式的符号需要时可使用变压器铁芯符号。电流互感器和脉冲变压器的符号可用直线表示一次绕组，其二次绕组可使用任一表示变压器绕组的两种形式的符号。

（7）开关、控制和保护装置。主要内容包括触点；开关、开关装置和启动器；机电式有或无继电器；测量继电器和有关器件；接近和接触敏感器件；保护器件等。常用部分符号见附录1-6。

（8）测量仪表、灯和信号器件。主要内容包括指示、记录和积算仪表一般符号；指示仪表示例；记录仪表示例；积算仪表示例；计数器件；热电偶；遥测器件；电钟；灯和信号器件等。其常用部分符号见附录1-7。

仪表一般符号内的星号标记必须被下列标志之一代替：①被测量单位的文字符号或其倍数、约数。②被测量的文字符号。③化学分子式。④图形符号。使用的符号或分子式应根据仪表所显示的信息，而不管获得信息的方法。

（9）电信交换和外围设备。包括交换系统及其设备；电话、电报和数据设备；换能器、记录机和播放机；传真设备等。其常用部分图形符号见附录1-8。

（10）电信传输系统。包括电信电路；天线和无线电台；微波技术和其他方框符号；频谱图；光通信等。其常用图形符号见附录1-9。

（11）电力、照明和电信布置。主要内容包括发电站和变电所；电信局（站）和机房设施；网络；音响和电视图像的分配系统；配电、控制和用电设备；插座、开关和照明；报警设备等。常用部分图形符号见附录1-10。这部分图形符号在建筑电气工程图中使用最多，应特别引起注意。

（12）二进制逻辑单元。

（13）模拟单元。

限于篇幅，我们只能将常用部分图形符号在附录 1 中给出，以满足阅读一般建筑电气工程图的需要。当不能满足需要时，请读者自查《电气图用图形符号》（GB4728）或按规定进行派生新的图形符号。

3. 图形符号的特点和使用

（1）图形符号均是按其功能，在未激励状态下按无电压，无外力作用的正常状态绘制示出的，与其所表示的对象的具体结构和实际形状尺寸无关，因而具有广泛的通用性。

（2）图形符号的大小和图线的宽度一般不影响符号的含义，可按照绘图的需要，将符号放大或缩小，但应注意各符号相互间及符号自身的比例应保持不变。

（3）图形符号的方位不是强制的。在不改变符号含义的前提下，可根据图面布置的需要，将符号旋转或成镜像放置，但文字和指示方向不能倒置。

（4）图形符号仅适用于器件、设备或装置之间在系统之中的外部连接，而不适用于装置、设备内部自身连接，符号的构成不包括连接线，为清晰起见，示例符号通常带连接线示出，但连接线的方位不是强制的。

二、项目代号

项目代号是用以识别图、图表、表格中和设备上的项目种类，并提供项目的层次关系、实际位置等信息的一种特定代码。所谓项目，是在图上通常用一个图形符号表示的基本件、部件、组件、功能单元、设备、系统等。如电阻器、继电器、发电机、放大器、电源装置、开关设备等，都可称为项目。通过项目代号可以把在不同的图、图表、表格、说明书中的项目和设备中的该项目相互联系起来。

1. 项目代号的形式及符号

一个完整的项目代号包括四个代号段，即高层代号、位置代号、种类代号和端子代号。在每个代号段之间还有一个前缀符号，以作为代号段特征标记。表 1-1 是项目代号的形式及符号。

项目代号的形式及符号表示　　　　　　　　　　　表 1-1

段　别	名　　称	前缀符号	示　例	说　　明
第一段	高层代号	＝	＝S_4	系统或设备任何较高层次项目的代号
第二段	位置代号	＋	＋13D	项目的实际位置的代号
第三段	种类代号	—	—K_3	主要用以识别项目种类的代号
第四段	端子代号	：	：4	同外电路连接的电器导电件的代号

表中＝S_4＋13D—K_3：4 这一代号段则表示装置 S_4 中的在 13 号房间 D 列控制柜上的接触器 K_3 的第 4 号端子。由此例可看出，项目代号是以成套装置或设备连续分解为依据的，后面的代号段从属于前面的代号段。

2. 项目代号各代号段的构成

项目代号的四段代号都可采用下述任何一种方法构成，即仅用拉丁字母；仅用阿拉伯数字或用拉丁字母与阿拉伯数字组合。

(1) 种类代号

一个电气装置一般由多种类型的电器元件组成，如开关器件、保护器件、信号器件、端子板等等。为了明确识别这些器件(项目)所属的种类，特设置了种类代号。

种类代号段是项目代号的核心部分。其构成方法有三种。

第一种方法是字母代码加数字，其格式为：

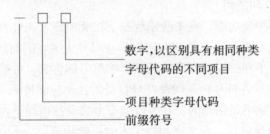

数字,以区别具有相同种类
字母代码的不同项目

项目种类字母代码

前缀符号

如某设备中有三个继电器，则其种类代号应为$-K_1$、$-K_2$、$-K_3$。对分开表示法表示的继电器触点，可在数字后加"·"，再用数字来区别。如继电器 K_1 的触点 $K_{1.1}$、$K_{1.2}$；继电器 K_2 的触点 $K_{2.1}$、$K_{2.2}$。

这是最常用的一种方法，其中项目种类的字母代码必须按《电气技术中的项目代号》GB 5094 所提供的"项目种类的字母代码表"选取，见表 1-2。

项目种类的字母代码表　　　　　　　　　　　　　　　　　　表 1-2

字母代码	项目种类	举　例
A	组　件 部　件	分立元件放大器、磁放大器、激光器、微波激射器、印制电路板 本表其他地方未提及的组件、部件
B	变换器 （从非电量到电量或相反）	热电传感器、热电池、光电池、测功计、晶体换能器、送话器、拾音器、扬声器、耳机、自整角机、旋转变压器
C	电容器	
D	二进制单元 延迟器件 存储器件	数字集成电路和器件、延迟线、双稳态元件、单稳态元件、磁芯存储器、寄存器、磁带记录机、盘式记录机
E	杂　项	光器件、热器件 本表其他地方未提及的元件
F	保护器件	熔断器、过电压放电器件、避雷器
G	发 电 机 电　源	旋转发电机、旋转变频机、电池、振荡器、石英晶体振荡器
H	信号器件	光指示器、声指示器
J	—	—
K	继电器 接触器	—
L	电感器 电抗器	感应线圈、线路陷波器 电抗器（并联和串联）

字母代码	项目种类	举　例
M	电动机	
N	模拟集成电路	运算放大器、模拟/数字混合器件
P	测量设备 试验设备	指示、记录、积算、测量设备 信号发生器、时钟
Q	电力电路的开关	断路器、隔离开关
R	电阻器	可变电阻器、电位器、变阻器、分流器、热敏电阻
S	控制电路的开关选择器	控制开关、按钮、限制开关、选择开关、选择器、拨号接触器、连接级
T	变压器	电压互感器、电流互感器
U	调制器 变换器	鉴频器、解调器、变频器、编码器、逆变器、变流器、电报译码器
V	电真空器件 半导体器件	电子管、气体放电管、晶体管、晶闸管、二极管
W	传输通道 波导、天线	导线、电缆、母线、波导、波导定向耦合器、偶极天线、抛物面天线
X	端子 插头 插座	插头和插座、测试塞孔、端子板、焊接端子片、连接片、电缆封端和接头
Y	电气操作的机械装置	制动器、离合器、气阀
Z	终端设备 混合变压器 滤波器、均衡器 限幅器	电缆平衡网络 压缩扩展器 晶体滤波器 网络

有的项目在查表时可能有多个可供选择的字母代码，如发光二极管可用"H"表示，又可用"V"表示。那么到底选用哪一个字母呢？一般应按该项目在电路中所起的主要作用来选定，也要按公认的习惯来选定。

第二种方法是采用数字顺序编号。第三种方法是按不同种类的项目分组编号。在此不再赘述。

（2）高层代号

1个完整的系统或成套设备通常可以分成几个部分，其中每个部分都可分别给出一个高层代号。因此，我们把系统或设备中任何较高层次项目的代号，称为高层代号。例如某电力系统中的一个变电所的项目代号中，其中电力系统的代号可称为高层代号；若对此变电所中的一个开关的项目代号而言，则其中的变电所的代号即可称为高层代号。

高层代号格式如下：

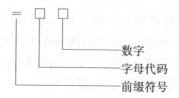

如＝S_1 表示 1 号供电系统；＝S_1－Q_1 表示 1 号供电系统的开关 Q_1，"＝S_1"为高层代号。

高层代号可以叠加或简化，如＝S_1＝P_1 可简化为＝S_1P_1，它表示系统 S_1 中的 P_1 子系统。

由于高层代号统辖于二、三、四代号段，因而每个低层次的代号段都要冠以高层代号，这将使每个图形符号旁的项目代号冗长繁琐。为简化标注，通常用点划线或虚线将其统辖的项目围起来，然后把高层代号写在围框的左上方。如果整个图面均属于同一高层代号，则可将高层代号标注在标题栏中或图纸空白处。

有时一个项目似乎标注高层代号也可，标注种类代号也可，介于两者之间。此时可按以下原则确定：凡是与《电气图用图形符号》相一致的图形符号应标注种类代号，高于这一层次的应标注高层代号。

至于高层代号的字母代码。因为高层代号同各类系统或成套设备的划分方法有关，所以，无法推荐规定的字母代码表，国家标准也无统一规定。设计者可根据实际情况自行设定，并在图纸或文件中加以说明。

（3）位置代号

项目在组件、设备、系统或建筑物中的实际位置的代号叫位置代号。"位置"指的是实际位置而不是在图纸上的位置。位置代号通常由自行规定的拉丁字母或数字组成。

如＋B－K_1 表示 B 柜上的接触器 K_1；＋106＋C＋3－V_5 表示在 106 室 C 列 3 号柜上的半导体器件 V_5。

位置代号主要在接线图、电缆配置图中使用。位置代号的字母代码尚无统一规定，设计者可自行决定，但要在图纸或文件中加以说明。

以上三种代号段各有其不同的作用，一般而言，除了种类代号可单独使用表示一个项目外，其余必须与种类代号组合起来，才能较完整地表示一个项目。

（4）端子代号

端子代号是完整的项目代号的一部分。当项目的端子有标记时，端子代号必须与项目上端子的标记相一致，当项目的端子没有标记时，应在图上设定端子代号。端子代号通常采用数字或大写字母，特殊情况下也可用小写字母。如－Q_1：3 表示隔离开关 Q_1 的第 3 号端子；－X_1：10 表示端子板 X_1 的第 10 号端子。由以上两例可知，端子代号通常不与前三段组合在一起，而只与种类代号组合便可。

三、文字符号

1. 文字符号的组成

电气技术中文字符号分为基本文字符号和辅助文字符号。

（1）基本文字符号

基本文字符号有单字母符号和双字母符号。单字母符号是用拉丁字母将各种电气设备、装置和元器件划分为 23 大类，每大类用一个专用单字母符号表示。如"R"表示电阻器类，"C"表示电容器类等。见附录 2《电气设备常用基本文字符号》。单字母符号应优先采用。附录 2 中列出的单字母符号与表 1-2《项目种类的字母代码表》相一致。

双字母符号是由一个表示种类的单字母符号与另一字母组成，其组合形式以单字母符号在前，另一字母在后的次序列出。如"GB"表示蓄电池，"G"为电源的单字母符号，"Battery"为蓄电池英文名。只有当用单字母符号不能满足要求、需要将大类进一步划分时，才采用双字母符号，以便较详细和更具体地表述电气设备、装置和元器件。如"F"表示保护器件类，而"FU"表示熔断器，"FR"表示具有延时动作的限流保护器件等。双字母符号的第一位字母只允许按附录2中的单字母所表示的种类使用。第二位字母通常选用该类设备、装置和元器件的英文名词的首位字母，或常用缩略语或约定俗成的习惯用字母。例如"G"为电源的单字母符号，"Synchronous generator"为同步发电机的英文名，"Asynchronous generator"为异步发电机的英文名，则同步发电机和异步发电机的双字母符号分别为"GS"和"GA"。

（2）辅助文字符号

辅助文字符号是用以表示电气设备、装置和元器件以及线路的功能、状态和特征的。如"SYN"表示同步，"L"表示限制，"RD"表示红色等。辅助文字符号也可放在表示种类的单字母符号后边，组合成双字母符号，如"YB"表示电磁制动器。其中"Y"是表示电气操作的机械器件类的基本文字符号，"B"是表示制动的辅助文字符号，两者组合成"YB"，则成为电磁制动器的文字符号。为简化文字符号起见，若辅助文字符号由两个以上字母组成时，允许只采用其第一位字母进行组合，如"MS"表示同步电动机，"M"表示电动机，"SYN"为同步，在此只取"S"。辅助文字符号也可以单独使用，如"ON"表示接通，"OFF"表示断开，"PE"表示保护接地等。

常用辅助文字符号见附录3。

2. 补充文字符号的原则

在编制电气技术文件时，应优先采用 GB 7159 标准规定的文字符号，当规定的基本文字符号和辅助文字符号不敷使用时，可按前述文字符号的组成规律和下述原则予以补充。

（1）在不违背 GB 7159 规定的编制原则的条件下，可采用国际标准中规定的电气技术文字符号。

（2）在优先采用 GB 7159 标准中规定的单字母符号、双字母符号和辅助文字符号的前提下，可补充标准中未列出的双字母符号和辅助文字符号。

（3）文字符号应按有关电气名词术语国家标准或专业标准中规定的英文术语缩写而成。同一设备若有几种名称时，应选用其中一个名称。当设备名称、功能、状态或特征为一个英文单词时，一般采用该单词的第一位字母构成文字符号，需要时也可用前两位字母，或前两个音节的首位字母，或采用常用缩略语或约定俗成的习惯用法构成；当设备名称、功能、状态或特征为2个或3个英文单词时，一般采用该2个或3个单词的第一位字母，或采用常用缩略语或约定俗成的习惯用法构成文字符号。对基本文字符号不得超过2位字母，对辅助文字符号一般不得超过3位字母。

（4）因拉丁字母"I"、"O"易同阿拉伯数字"1"和"0"混淆，因此，不允许单独做为文字符号使用。

（5）文字符号的字母采用拉丁字母大写正体字。

第四节 建筑电气工程图

一、建筑电气工程简介

建筑电气是以电能、电气设备和电气技术为手段，创造、维持与改善建筑环境实现某些功能的一门学问，它是随着建筑技术由初级向高级阶段发展的产物。特别是进入 20 世纪 80 年代以后，建筑电气已开始形成以近代物理学、电磁学、电场、电子、机械电子等理论为基础应用于建筑领域内的一门新兴学科，并在此基础上又发展与应用了信息论、系统论、控制论，以及电子计算机技术，向着综合的方向发展。建筑电气技术正在迅速扩展，建筑电气工程在建筑工程中的比重也在迅速增加，地位和作用越来越显著。

根据建筑电气工程的功能，人们比较习惯地把它分为强电工程和弱电工程。通常情况下，把电力、照明等用的电能称为强电；而把传播信号、进行信息交换的电能称为弱电。强电系统可以把电能引入建筑物，经过用电设备转换成机械能、热能和光能等，如变配电系统、动力系统、照明系统、防雷系统等。而弱电系统则是完成建筑物内部和内部与外部之间的信息传递与交换。如火灾自动报警与灭火控制系统、通信系统、电缆电视和卫星电视接收系统、综合布线系统、安全防范系统、建筑物自动化系统等。换言之，强电的处理对象是能源(电力)，其特点是电压高、电流大、功率大、频率低，主要考虑的问题是减小损耗、提高效率；弱电的处理对象主要是信息，即信息的传送与控制，其特点是电压低、电流小、功率小、频率高，主要考虑的问题是信息传送的效果问题，诸如信息传送的保真度、速度、广度和可靠性等。

2001 年中华人民共和国建设部和国家质量监督检验检疫总局联合发布《建筑工程施工质量验收统一标准》(GB 50300—2001)将建筑工程分成 9 个分部工程，并将我们习惯称之为建筑电气工程中的弱电工程部分，独立成为一个分部工程，称为智能建筑工程，与建筑电气工程及其他 7 个分部工程相并列。从此就明确了建筑电气工程和智能建筑工程的内容。

《建筑工程施工质量验收统一标准》(GB 50300—2001)将建筑电气工程划分为 7 个子分部工程和 24 个分项工程。其详细内容见表 1-3。

建筑电气分部(子分部)分项工程划分 表 1-3

分部工程	子分部工程	分 项 工 程
建筑电气	室外电气	架空线路及杆上电气设备安装，变压器、箱式变电所安装，成套配电柜、控制柜(屏、台)和动力、照明配电箱(盘)及控制柜安装，电线、电缆导管和线槽敷设，电线、电缆穿管和线槽敷线，电缆头制作、导线连接和线路电气试验，建筑物外部装饰灯具、航空障碍标志灯和庭院路灯安装，建筑照明通电试运行，接地装置安装
	变配电室	变压器、箱式变电所安装，成套配电柜、控制柜(屏、台)和动力、照明配电箱(盘)安装，裸母线、封闭母线、插接式母线安装，电缆沟内和电缆竖井内电缆敷设，电缆头制作、导线连接和线路电气试验，接地装置安装，避雷引下线和变配电室接地干线敷设

分部工程	子分部工程	分 项 工 程
建筑电气	供电干线	裸母线、封闭母线、插接式母线安装,桥架安装和桥架内电缆敷设,电缆沟内和电缆竖井内电缆敷设,电线、电缆导管和线槽敷设,电线、电缆穿管和线槽敷线,电缆头制作、导线连接和线路电气试验
	电气动力	成套配电柜、控制柜(屏、台)和动力、照明配电箱(盘)及安装,低压电动机、电加热器及电动执行机构检查、接线,低压电气动力设备检测、试验和空载试运行,桥架安装和桥架内电缆敷设,电线、电缆导管和线槽敷设,电线、电缆穿管和线槽敷线,电缆头制作、导线连接和线路电气试验,插座、开关、风扇安装
	电气照明安装	成套配电柜、控制柜(屏、台)和动力、照明配电箱(盘)安装,电线、电缆导管和线槽敷设,电线、电缆穿管和线槽敷线,槽板配线,钢索配线,电缆头制作、导线连接和线路电气试验,普通灯具安装,专用灯具安装,插座、开关、风扇安装,建筑照明通电试运行
	备用和不间断电源安装	成套配电柜、控制柜(屏、台)和动力、照明配电箱(盘)安装,柴油发电机组安装,不间断电源的其他功能单元安装,裸母线、封闭母线、插接式母线安装,电线、电缆导管和线槽敷设,电线、电缆穿管和线槽敷线,电缆头制作、导线连接和线路电气试验,接地装置安装
	防雷及接地安装	接地装置安装,避雷引下线和变配电室接地干线敷设,建筑物等电位连接,接闪器安装

二、建筑电气工程图的内容和特点

建筑电气工程图是建筑电气工程造价和安装施工的主要依据之一,它具有电气图的共有特点,尽管建筑电气工程的内容不同,但每一个工程所含图纸的类型,都在《电气制图》(GB 6988)标准所划分的 15 类电气图之内。建筑电气工程图最常用的图种为:系统图、电路图(控制原理图)、设备元件表(设备材料表)、接线图、端子接线图、位置简图(施工平面图)等。

建筑电气工程图的特点可概括为以下几点:

(1) 建筑电气工程图大多是采用统一的图形符号并加注文字符号绘制出来的,属简图之列。因为构成建筑电气工程的设备、元件、线路很多,结构类型不一,安装方法各异,只有借统一的图形符号和文字符号来表达,才比较合适。所以,绘制和阅读建筑电气工程图,首先就必须明确和熟悉这些图形符号所代表的内容和含义,以及它们之间的相互关系。

(2) 任何电路都必须构成其闭合回路。只有构成闭合回路,电流才能够流通,电气设备才能正常工作。这是我们判断电路图正误的首要条件。一个电路的组成,包括四个基本要素,即:电源、用电设备、导线和开关控制设备。如图 1-14 所示。

当然要真正读懂图纸,还必须了解设备的基本工作原理、工作程序、主要性能和用途等。

(3) 电路中的电气设备、元件等,彼此之间都是通过导线将其连接起来构成一个整体的。导线可长

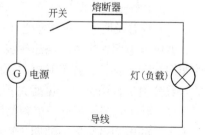

图 1-14 电路的基本组成

可短，能够比较方便地跨越较远的空间距离，所以电气工程图有时就不像机械工程图或建筑工程图那样比较集中，比较直观。有时电气设备安装位置在 A 处，而控制设备的信号装置、操作开关则可能在很远的 B 处，而两者又不在同一张图纸上。了解这一特点，就可将各有关的图纸联系起来，对照阅读，才能很快实现读图目的。一般而言，应通过系统图、电路图找联系；通过布置图、接线图找位置；交错阅读，这样读图效率可以提高。

(4) 建筑电气工程施工是与主体工程(土建工程)及其他安装工程(给排水管道、工艺管道、采暖通风空调管道、通信线路、消防系统及机械设备等安装工程)施工相互配合进行的，所以建筑电气工程图与建筑结构图及其他安装工程图不能发生冲突。例如，线路走向与建筑结构的梁、柱、门窗、楼板的位置、走向有关，还与管道的规格、用途、走向有关；安装方法与墙体结构、楼板材料有关；特别是一些暗敷线路、电气设备基础及各种电气预埋件更与土建工程密切相关。因此，阅读建筑电气工程图时应对应阅读与之有关的土建工程图、管道工程图，以了解相互之间的配合关系。

(5) 建筑电气工程图对于设备的安装方法、质量要求以及使用、维修等方面的技术要求往往不能完全反映出来。而且也没有必要一一标注清楚，因为这些技术要求在有关的国家标准和规范、规程中都有明确规定，为保持图面清晰，只要在说明栏中说明"参照××规范"就行了。所以，我们在阅读图纸时，有关安装方法、技术要求等问题，要注意参照有关标准图集和有关规范执行，就可以满足做造价和安装施工的要求。

了解建筑电气工程图的主要特点，可以帮助我们提高识图效率，改善识图效果，尽快完成识图目的。

三、阅读建筑电气工程图的一般程序

阅读建筑电气工程图必须熟悉电气图基本知识(表达形式、通用画法、图形符号、文字符号)和建筑电气工程图的特点，同时掌握一定的阅读方法，才能比较迅速全面地读懂图纸，以完全实现读图的意图和目的。

阅读建筑电气工程图的方法没有统一规定。但当我们拿到一套建筑电气工程图时，面对一大摞图纸，究竟如何下手？根据作者经验，通常可按下面方法去做，即

了解概况先浏览，

重点内容反复看，

安装方法找大样，

技术要求查规范。

具体针对一套图纸，一般多按以下顺序阅读(浏览)，而后再重点阅读。

(1) 看标题栏及图纸目录。了解工程名称、项目内容、设计日期及图纸数量和内容等。

(2) 看总说明。了解工程总体概况及设计依据，了解图纸中未能表达清楚的各有关事项。如供电电源的来源、电压等级、线路敷设方法、设备安装高度及安装方式、补充使用的非国标图形符号、施工时应注意的事项等。有些分项局部问题是分项工程的图纸上说明的，看分项工程图纸时，也要先看设计说明。

(3) 看系统图。各分项工程的图纸中都包含有系统图。如变配电工程的供电系统图、电力工程的电力系统图、照明工程的照明系统图以及电缆电视系统图等。看系统图的目的是了解系统的基本组成，主要电气设备、元件等连接关系及他们的规格、型号、参数等，

掌握该系统的组成概况。

（4）看平面布置图。平面布置图是建筑电气工程图纸中的重要图纸之一，如变配电所电气设备安装平面图（还应有剖面图）、电力平面图、照明平面图、防雷、接地平面图等，都是用来表示设备安装位置、线路敷设部位、敷设方法及所用导线型号、规格、数量、管径大小的。在通过阅读系统图，了解了系统组成概况之后，就可依据平面图编制工程预算和施工方案，具体组织施工了。所以对平面图必须熟读。阅读平面图时，一般可按此顺序：进线→总配电箱→干线→支干线→分配电箱→用电设备。

（5）看电路图。了解各系统中用电设备的电气自动控制原理，用来指导设备的安装和控制系统的调试工作。因电路图多是采用功能布局法绘制的，看图时应依据功能关系从上至下或从左至右一个回路、一个回路的阅读。熟悉电路中各电器的性能和特点，对读懂图纸将是一个极大的帮助。

（6）看安装接线图。了解设备或电器的布置与接线。与电路图对应阅读，进行控制系统的配线和调校工作。

（7）看安装大样图。安装大样图是用来详细表示设备安装方法的图纸，是依据施工平面图，进行安装施工和编制工程材料计划时的重要参考图纸。特别是对于初学安装的同志更显重要，甚至可以说是不可缺少的。安装大样图多采用全国通用电气装置标准图集。

（8）看设备材料表。设备材料表给我们提供了该工程所使用的设备、材料的型号、规格和数量，是我们编制购置设备、材料计划的重要依据之一。

阅读图纸的顺序没有统一的规定，可以根据需要，自己灵活掌握，并应有所侧重。为更好地利用图纸指导施工，使安装施工质量符合要求，还应阅读有关施工及质量验收规范。以详细了解安装技术要求，保证施工质量。

思考题与习题

1. 简图是电气图的主要表达形式，试述简图的定义。
2. 电气图的通用画法有哪几类？各适用于哪些图的绘制？
3. 国家标准《电气制图》（GB 6988）将电气图分为哪几种？简述各种图的用途。
4. 简述电气图用图形符号的组成和特点。
5. 简述文字符号的组成和用途。
6. 补充文字符号的原则是什么？
7. 熟记常用图形符号和文字符号。
8. 简述项目代号的形式。
9. 项目代号包括 4 个代号段，其核心是什么？
10. 简述建筑电气工程内容。
11. 建筑电气工程图最常用图种有哪些？
12. 建筑电气工程图的特点是什么？
13. 阅读建筑电气工程图的一般方法是什么？
14. 阅读建筑电气工程图时，为什么还要阅读有关安装大样图和规范、规程？

第二章　变配电工程

第一节　建筑供配电系统概述

一、供配电系统的组成

电能由发电厂产生，发电厂一般建在动力资源丰富的地方，通常与用电场所相距较远，这就需要把电能长距离地输送到用电场所，为了减少输送过程中的电能损失，一般把发电机发出的电压用变压器进行升压送至用户。而用户所使用的电压又是很低的，多数为380V和220V，所以又需要降压，甚至需要二次降压才能达到用户的要求。这种由发电、变电、送配电和用电构成的一个整体，即电力系统。建筑供配电系统是电力系统的组成部分，其任务是解决建筑物所需电能的供应和分配问题。

随着现代化建筑的大量出现，建筑的供电不再是从前一台变压器供几幢建筑物，而是一幢建筑物往往要用一台或多台变压器供电，这样不仅要设置终端变电所，而且要设置高压配电所。另外，随着建筑设备数量的增加和种类的多样化，使一幢建筑内往往一、二、三级电力负荷同时存在。这也增加了建筑供电的复杂性。但基本供电方式未变。即将10kV电压降为380/220V电压送给各用电设备。

图2-1是从发电厂到电力用户的送电过程示意图。

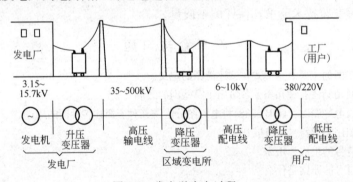

图2-1　发电送变电过程

（一）发电厂

发电厂是把其他形式的能量，如水能、太阳能、风能、核能等转换成电能的工厂。根据所利用的能量形式不同，发电厂可分为水力发电厂、火力发电厂、风力发电厂、核能发电厂、地热发电厂等。目前，我国发电厂多为水力发电厂和火力发电厂。

水力发电厂也称水电站，它是利用河水从上游流到下游时形成的位差，推动发电机转动，把水的位能变成电能，水力发电厂的发电量与水的流量及水的落差的大小成正比，一般河流的流量不能人为的改变，但可以通过提高水的落差来提高水力发电厂的发电量。

火力发电厂也称火电站，它是把燃料的化学能转化为电能。所用的燃料有煤、石油产品和天然气等。一般以煤为主，火电厂的废气、废水还可以向附近热力用户供热。

核能发电厂也称核电站，它主要是利用原子核的裂变能来生产电能。其能量转换过程是：核裂变能→热能→机械能→电能。

（二）变电所

变电所是接受电能改变电能电压并分配电能的场所，主要由电力变压器与开关设备组成，是电力系统的重要组成部分，装有升压变压器的变电所叫升压变电所，装有降压变压器的变电所叫降压变电所。接受电能，不改变电压，并进行电能分配的场所叫配电所。

（三）电力线路

电力线路是输送电能的通道。其任务是把发电厂生产的电能输送并分配到用户，把发电厂、变配电所和电能用户联系起来。它由不同电压等级和不同类型的线路构成。

建筑供配电线路的额定电压等级多为 10kV 线路和 380V 线路。并有架空线路和电缆线路之分。

（四）低压配电系统

1. 低压配电系统分类

低压配电系统由配电装置(配电盘)及配电线路组成。配电方式有放射式、树干式及混合式等数种，见图 2-2 所示。

放射式的优点是各个负荷独立受电，因而故障范围一般仅限于本回路，线路发生故障需要检修时，也只切断本回路而不影响其他回路；同时回路中电动机启动所引起的电压波动，对其他回路的影响也较小。其缺点是所需开关设备和有色金属消耗量较多，因此，放射式配电一般多用于对供电可靠性要求高的负荷或大容量设备。

树干式配电的特点正好与放射式相反。一般情况下，树干式采用的开关设备较少，有色金属消耗量也较少，但干线发生故障时，影响范围大，因此供电可靠性较低。树干式配电在机加工车间，高层建筑中使用较多，可采用封闭式母线，灵活方便，也比较安全。

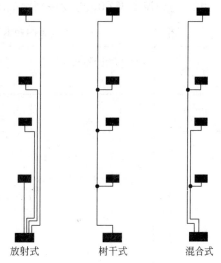

放射式　　　　树干式　　　　混合式

图 2-2　配电方式分类示意

在很多情况下往往采用放射式和树干式相结合的配电方式，亦称混合式配电。

2. 低压配电系统接线方案

低压配电系统接线方案一般可分为 7 种：

（1）负荷不分组方案。负荷不分组，备用电源接至母线，非保证负荷采用失压脱扣。

（2）一级负荷单独分组方案。将消防用电等一级负荷单独分出，并集中一段母线供电，备用柴油发电机组仅对此段母线提供备用电源，其余非一级负荷不采取失压脱扣方式。因非一级负荷平时失压不脱扣，恢复正常供电迅速。另外，一级负荷集中一段母线供电，发生火灾切除普通负荷时可避免误操作。

（3）保证负荷单独分组方案。充分利用或加大备用柴油发电机容量，将一级负荷母线扩大为保证负荷母线，非保证负荷不采用失压脱扣。

（4）一级负荷在末端切换方案。

（5）负荷三类分组方案。将负荷按一级负荷、保证负荷及一般负荷分成三大类来组织母线，备用电源采用末端切换。当非消防停电时，既可保证一级负荷的供电，又可根据需要，有选择地将保证负荷投入备用电源供电。

（6）无备用柴油机时的简易方案。当大厦为二类建筑时，特别是二类住宅楼宇，由两台变压器供电，消防负荷采用两台变压器之间的自动切换装置来供电。

（7）网格式接线方案。所谓网格式主接线，就是由数路高压进线，各台主变的低压侧母线不分段，而是分别经断路器和熔断器直接并网。当任一路高压进线或任一台主变故障时，都能确保100％的负荷供电，这不但提高了变压器的利用率，同时还保证了最大的备用率。

二、供电电压等级划分及建筑用电电压

电力系统中的电力设备都规定有一定的工作电压和工作频率。这样既可以安全有效地工作，又便于批量生产及使用中互换，所以电力系统中规定有统一额定电压等级和频率。我国的交流电网和电力设备额定电压等级如表 2-1 所示。

我国交流电网和电力设备额定电压(GB 156—93) 表 2-1

分 类	电网和用电设备额定电压 (kV)	发电机额定电压 (kV)	电力变压器额定电压(kV)	
			一次绕组	二次绕组
低 压	0.38	0.40	0.38	0.40
	0.66	0.69	0.66	0.69
高 压	3	3.15	3 及 3.15	3.15 及 3.3
	6	6.3	6 及 6.3	6.3 及 6.6
	10	10.5	10 及 10.5	10.5 及 11
	—	13.8, 15.75, 18, 20, 22, 24, 26	13.8, 15.75, 18, 20, 22, 24, 26	
	35		35	38.5
	66		66	72.6
	110		110	121
	220		220	242
	330		330	363
	500		500	550

电能在导线传输时会产生电压降，因此，为了保持线路首端与末端的平均电压在额定值上，线路首端电压应较电网额定电压高5％，变压器二次绕组的额定电压高出受电设备额定电压的百分数归纳起来有两种情况：一种情况高出10％，另一种情况高出5％。这是因为：电力变压器二次绕组的额定电压均指空载电压而言，当变压器满载供电时，其本身绕组的阻抗将引起一个电压降，从而使变压器满载时，其二次绕组实际端电压较空载时约低5％，但比用电设备的额定电压尚高出5％，利用这个5％补偿线路上的电压损失。可使受电设备上维持其额定电压。这种电压组合情况，多用于变压器供电距离较远时。另一种情况变压器二次绕组额定电压比受电设备额定电压高出5％，只适用于变压器靠近用

户，供电范围较小，线路较短，其电压损失可忽略不计。所高出的 5% 电压，基本上用以补偿变压器满载时其本身绕组的阻抗压降。习惯上把 1kV 及以上的电压称为高压，1kV 以下的电压称为低压。6～10kV 电压用于送电距离为 10km 左右的工业与民用建筑供电，380V 电压用于建筑物内部供电或向工业生产设备供电，220V 电压多用于向生活设备、小型生产设备及照明设备供电。380V 和 220V 电压采用三相四线制供电方式。

三、电力负荷分级及其对供电的要求

电力负荷应根据其重要性和中断供电在政治上、经济上所造成的损失或影响的程度分为以下三级：

1. 一级负荷及其供电要求

中断供电将造成人身伤亡者。

中断供电将在政治上、经济上造成重大损失者。如：重大设备损坏、重大产品报废、用重要原料生产的产品大量报废、国民经济中重点企业的连续生产过程被打乱需要长时间才能恢复等。

中断供电将影响有重大政治、经济意义的用电部门的正常工作者。如：重要铁路枢纽、重要通信枢纽、重要宾馆、经常用于国际活动的大量人员集中的公共场所等用电单位中的重要电力负荷。

一级负荷应由两个独立电源供电，且两个电源应符合下列条件之一：

对于仅允许很短时间中断供电的一级负荷，应能在发生任何一种故障且保护装置（包括断路器，下同）失灵时，仍有一个电源不中断供电。对于允许稍长时间（手动切换时间）中断供电的一级负荷，应能在发生任何一种故障且保护装置动作正常时，有一个电源不中断供电；并且在发生任何一种故障且主保护装置失灵以致两个电源均中断供电后，应能在有人值班的处所完成各种必要的操作，迅速恢复一个电源的供电。

如一级负荷容量不大时，应优先采用从电力系统或临近单位取得低压第二电源，可采用柴油发电机组或蓄电池组作为备用电源；当一类电源负荷容量较大时，应采用两路高压电源。

对于特等建筑应考虑一电源系统检修或故障时，另一电源系统又发生故障的严重情况，此时应从电力系统取得第三电源或自备电源。应根据一级负荷允许中断供电的时间，确定备用电源手动或自动方式投入。

对于采用备用电源自动投入或自动仍不能满足供电要求的一级负荷，例如银行、气象台、计算中心等建筑中的主要业务用电子计算机和旅游旅馆管理用电子计算机，应由不停电电源装置供电。

2. 二级负荷及其供电要求

中断供电将在政治上、经济上造成较大损失者。如：主要设备损坏、大量产品报废、连续生产过程被打乱需较长时间才能恢复、重点企业大量减产等；

中断供电将影响重要用电单位的正常工作者。如：铁路枢纽、通信枢纽等用电单位中的重要电力负荷，以及中断供电将造成大型影剧院、大型商场等大量人员集中的重要的公共场所秩序混乱者。

当地区供电条件允许且投资不高时，二级负荷宜由两个电源供电。当地区供电条件困

难或负荷较小时，二级负荷可由一条6～10kV以上的专用线路供电。如采用电缆时，应敷设备用电缆并经常处于运行状态。

3. 三级负荷及其供电要求

不属于一级和二级负荷者。三级负荷对供电系统无特殊要求。

民用建筑中常用重要设备及部位的负荷级别见表2-2。

常用重要设备及部位的负荷级别 表2-2

序号	建筑类别	建筑物名称	用电设备及部位名称	负荷级别	备注
1	住宅建筑	高层普通住宅	客梯电力、楼梯照明	二级	
2	宿舍建筑	高层宿舍	客梯电力、主要通道照明	二级	
3	旅馆建筑	一、二级旅游旅馆	经营管理用电子计算机及其外部设备电源、宴会厅电声、新闻摄影、录像电源、宴会厅、餐厅、餐乐厅、高级客房、厨房、主要通道照明、部分客梯电力、厨房部分电力	一级	
		高层普通旅馆	客梯电力、主要通道照明	二级	
4	办公建筑	省、市、自治区及部级办公楼	客梯电力，主要办公室、会议室、总值班室、档案室及主要通道照明	二级	
		银行	主要业务用电子计算机及其外部设备电源，防盗信号电源	一级	
			客梯电力	二级	
5	教学建筑	高等学校教学楼	客梯电力，主要通道照明	二级	
		高等学校的重要实验室		一级	
6	科研建筑	科研院所的重要实验室		一级	
		市（地区）级及以上气象台	主要业务用电子计算机及其外部设备电源、气象雷达、电报及传真收发设备、卫星云图接收机，语言广播电源，天气绘图及预报照明	二级	
			客梯电力	二级	
		计算中心	主要业务用电子计算机及其外部设备电源	一级	
			客梯电力	二级	
7	文娱建筑	大型剧院	舞台、贵宾室、演员化妆室照明，电声，广播及电视转播，新闻摄影电源	一级	
8	博览建筑	省、市、自治区级及以上的博物馆、展览馆	珍贵展品展室的照明，防盗信号电源	一级	
			商品展览用电	二级	
9	体育建筑	省、市、自治区级及以上的体育馆、体育场	比赛厅(场)主席台、贵宾室、接待室、广场照明、计时记分、电声、广播及电视转播、新闻摄影电源	一级	
10	医疗建筑	县(区)级及以上的医院	手术室、分娩室、婴儿室、急诊室、监护病室、高压氧仓、病理切片分析、区域性中心血库的电力及照明	一级	

四、电力系统的中性点运行方式

在三相电力系统中，作为供电电源的发电机和变压器的中性点有三种运行方式：一是中性点不接地，一种是中性点经阻抗接地，再有一种是中性点直接接地。前两种合称小接地电流系统，后一种称大接地电流系统。

我国建筑内配电普遍采用 380/220V 低压系统，中性点直接接地，而且引出有中性线（N）和保护线（PE）。通常称为 TN 系统。

中性线（N）的作用是：引出 220V 电压，用来接用相电压的单相设备；传导三相系统中的不平衡电流和单相电流；可减少负荷中性点电位偏移。

保护线（PE）的作用：保障人身安全，防止发生触电事故。通过 PE 线将设备外露可导电部分连接到电源的接地点去，当系统发生一相接地故障时，即形成单相短路，使设备或系统的保护装置动作。由于单相短路电流很大，故称此种系统为大接地电流系统。

根据中性线（N）和保护线（PE）引出方式的不同，TN 系统又可分为：TN-C 系统、TN-S 系统和 TN-C-S 系统。

图 2-3（a）所示为 TN-C 系统，整个系统的中性线（N）和保护线（PE）是合一的，该线称为保护中性线（PEN）。其优点是节省了一条导线，但在三相负荷不平衡或保护中性线断开时会使所有用电设备的金属外壳都带上危险电压。图 2-3（b）所示为 TN-S 系统，整个系统的 N 线和 PE 线是分开的。其优点是 PE 线在正常情况下没有电流通过，N 线断线不会影响 PE 线的保护作用。但 TN-S 系统耗用的导电材料较多，投资较大。新建的大型民用建筑，

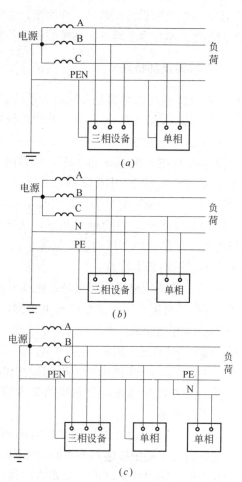

图 2-3 低压配电的 TN 系统
(a)TN-C 系统；(b)TN-S 系统；(c)TN-C-S 系统

住宅小区大多数使用 TN-S 系统。图 2-3（c）所示为 TN-C-S 系统，系统中有一部分中性线和保护线是合一的，一部分是分开的。这种系统兼有 TN-C 系统和 TN-S 系统的特点。

TN-C、TN-S 和 TN-C-S 系统中，为确保 PE 线或 PEN 线安全可靠，除在电源中性点进行直接接地外，对 PE 线和 PEN 线还必须进行必要的重复接地。

第二节　供配电系统图及一次设备

变配电所是电力系统的中间枢纽，终端变电所可为建筑内用电设备提供和分配电能，是建筑供配电系统的重要组成部分。变配电所安装工程亦是建筑电气安装工程的重要组成部分。

变配电所工程图是设计单位提供给施工单位进行电气安装所依据的技术图纸，也是运行单位进行竣工验收及今后运行维护、检修、试验的依据。主要包括系统图，二次回路电路图及接线图，变配电所设备安装平、剖面图，变配电所照明系统图和平面布置图，变电所接地系统平面图等。本章则主要介绍系统图和设备安装平、剖面图及其一次设备安装工艺。

一、系统图及其特点

电气系统图描述的对象是系统或分系统，一般用图形符号或带注释的框来绘制，大的系统图可以表示大型区域电力网，小的系统图可以表示一个用电设备的供电关系，图 2-4 是一个小型变配电所的供电系统图，电能来自 10kV 电力网，经变压器变换成 0.4kV，供各用电设备用电。这个系统由 10kV 配电装置，10kV 变电装置，0.4kV 母线等组成。从系统图中可以看出它们的相互关系，从汇流排上接收电源送给变压器，经变压后送至母线。

电气系统图的基本特点：

1. 电气系统图所描述的对象是系统或分系统。

电气系统图可用来表示大型区域电力网，也可用来描述一个较小的供电系统，如一个工厂、一个企业、一栋住宅楼的供电系统，还可用来描述某一电气设备的供电关系，如一台电动机，一个或几个照明灯具的供电关系。

2. 电气系统图所描述的是系统的基本组成和主要特征，而不是全部。

3. 电气系统图对内容的描述是概略的而不是详细

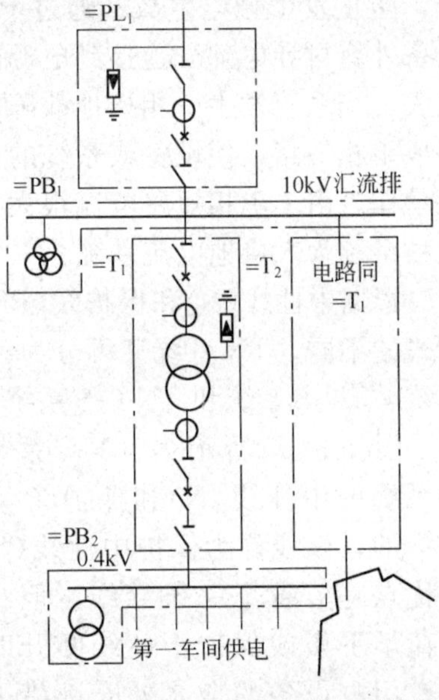

图 2-4　小型变配电所的供电系统图

的。但其概略程度则依描述对象不同而不同，例如，描述一个大型电气系统，只要画出发电厂、变电所、输电线路即可，而要描述某一设备的供电系统则应将熔断器、开关等主要元件表示出来。

4. 在电气系统图中，表示多线系统通常采用单线表示法，表示系统的构成一般采用图形符号。对于某一具体的电气装置电气系统图也可采用框形符号。这种框形符号绘制的图又称框图。

这种形式的框图与系统图没有原则性的区别，两者都是用符号绘制的系统图，但在实际应用中，框图多用于表示一个分系统或具体设备、装置的概况。

二、变配电所配电系统图

变配电所配电系统主要是用来表示电能发生、输送、分配过程中一次设备相互连接关系的电路图，而不表现用于一次设备的控制、保护、计量等二次设备的连接关系，因此我们习惯称为一次接线图，或主接线图。用以表示二次设备连接关系的控制、保护、计量等电路，我们则习惯称为二次接线图。

变配电所配电系统图的绘制一般都习惯采用单线表示法。只有在个别情况才有可能采用三线图。

1. 一台变压器的变电所主接线

只有一台变压器的变电所，其变压器的容量一般不大于 1250kVA，它是将 6～10kV 的高压降为一般用电设备所需的 380/220V 低压，其主接线比较简单，如图 2-5 所示。

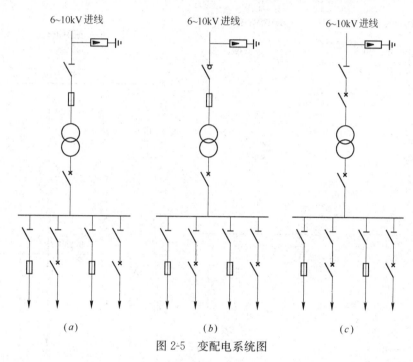

图 2-5 变配电系统图

图 2-5(*a*)中，高压侧装有隔离开关和高压熔断器，隔离开关用在检修变压器时切断变压器与高压电源的联系，高压熔断器能在变压器故障时熔断而切断电源。低压侧装有自动空气开关。因隔离开关仅能切断 320kVA 及以下变压器的空载电流，故此类变电所的变压器容量不大于 320kVA。

图 2-5(*b*)高压侧选用负荷开关和高压熔断器，负荷开关作为正常运行时操作变压器之用，熔断器作为短路时保护变压器之用。低压侧仍装自动空气开关。此类变电所的变压器容量可达 560～1000kVA。

图 2-5(*c*)高压侧选用隔离开关和高压断路器作为正常运行时接通或断开变压器之用，故障时切除变压器。隔离开关在变压器检修时作隔离电源之用，故要装在断路器之前。

上述几种接线方式简单，高压侧无母线，投资少，运行操作方便，但供电可靠性差，当高压侧和低压侧引线上的某一元件发生故障，或电源进线停电时，整个变电所都要停电，故只能用于三类负荷。

2. 两台变压器的变电所主接线

对供电可靠性要求较高，用电量较大的一、二类负荷的电力用户，可采用双回路供电和两台变压器的主接线方案，如图 2-6。高压侧无母线，当任一变压器停电检修或发生故障时，变电所可通过闭合低压母线联络开关，迅速恢复对整个变电所的供电。在此强调一点，对于第一类负荷的供电，双回路电源进线应是两个独立的电源。

对于变电所有两台或多台变压器，或高压进出线有两条以上时，可采用高压侧单母线的接线方式，如图 2-7。它的供电可靠性高，任一变压器检修或发生故障时，通过切换操作，能较快恢复整个变电所的供电，但在高压母线及电源进线检修或发生故障时，整个变电所都要停电。如有与其他变电所相联的低压或高压联络线，则供电可靠性大为提高，可供一、二级负荷。无联络线时，可供二、三级负荷。

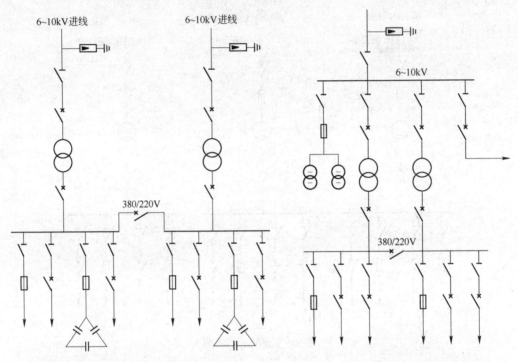

图 2-6　双回路供电两台变压器的系统图　　　图 2-7　单回路供电两台变压器的系统图

三、低压配电系统图（实例）阅读

图 2-8 为某终端变电所低压配电系统。其高压 10kV 电源取自附近高压配电所，由电缆线路接至 10kV、1000kVA 干式电力变压器，由变压器将 10kV 电压改变为 380/220V 电压，引至低压母线，由接在低压母线上的 4、5、6 号配电柜分别向 1 号冷水机组、2 号冷水机组及冷却水泵、冷冻水泵、冷却塔风机等配电。

从图中可知各设备的型号、规格及配出导线的型号和规格。为提高功率因数，系统采用电力电容器进行自动无功补偿，电容器容量为 300kvar。

四、高低压一次设备

6～10kV 及以下供配电系统中常用的高压一次设备有：高压熔断器、高压隔离开关、高压负荷开关、高压断路器、高压开关柜等。常用的低压一次设备有：低压熔断器、低压

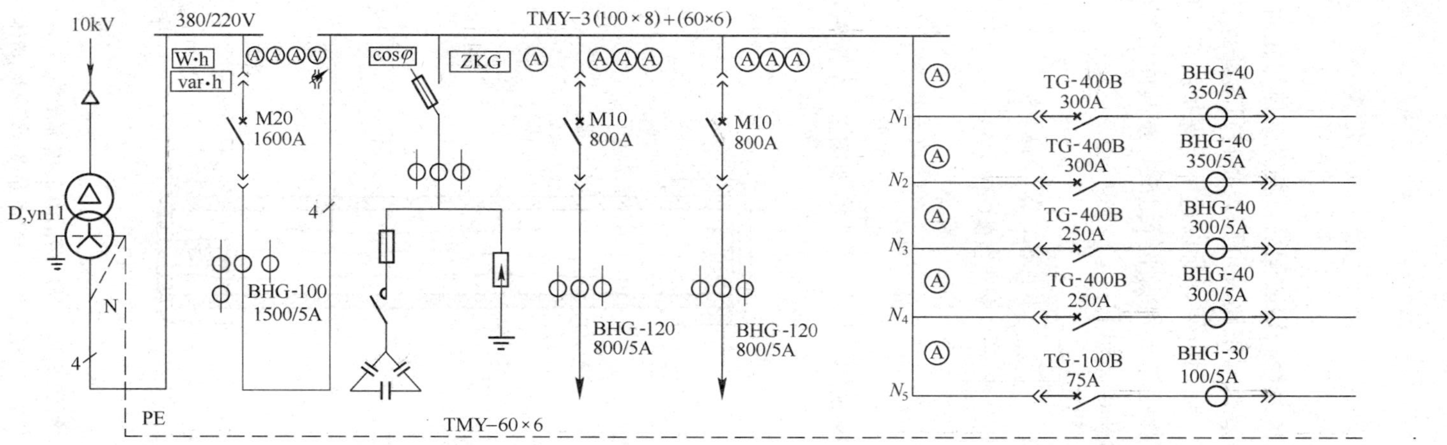

图 2-8 ××变电所低压配电系统图

主要电气符号及标注：

- 10kV 进线，D,yn11，380/220V，N，PE
- 计量柜：W·h、var·h，M20 1600A，BHG-100 1500/5A
- 功率因数补偿：cosφ、ZKG
- 馈线：M10 800A，BHG-120 800/5A（两回）
- 母线：TMY-3(100×8)+(60×6)，TMY-60×6

出线回路：

回路	开关	电流互感器
N₁	TG-400B 300A	BHG-40 350/5A
N₂	TG-400B 300A	BHG-40 350/5A
N₃	TG-400B 250A	BHG-40 300/5A
N₄	TG-400B 250A	BHG-40 300/5A
N₅	TG-100B 75A	BHG-30 100/5A

平面图位号	1	2	3	4	5	6				
柜 型	SC₃-1000-10/0.4kV									
柜宽(mm)	2400	800	1000	800	800	1000				
序号 方案编号		18	129	38	38	N_1 64	N_2 64	N_3 64	N_4 64	N_5 63
高宽(E=25mm)		72E	72E	72E	72E	16E	16E	16E	16E	8E
设备容量(kW)	1000kVA	1088	300kvar	400	400	150	备用	110	备用	28
计算容量(kW)		777				113		83		21
计算电流(A)	1515	1252		750	750	276		204		40
导线规格		CMC-3A-2000	CMC-3A-800	CMC-3A-800	CMC-3A-800	VV-1000V -3×300 +1×150		VV-1000V -3×185 +1×95		VV-1000V -3+50 +1×25
出线编号				4-WL₁	5-WL₁	6-WL₁	6-WL₂	6-WL₃	6-WL₄	6-WL₅
用户名称	变压器	变压器出线	功率因数自动补偿	1号冷水机组	2号冷水机组	冷却水泵	备用	冷冻水泵	备用	冷却塔风机
备注						(单台75kW)		(单台55kW)		满足压降

小室 MLS

刀开关、低压自动开关、低压配电屏等。

1. 高压一次设备

（1）高压熔断器（文字符号 FU）

高压熔断器是一种当所在电路的电流超过规定值并经一定时间后，使其熔体熔化而分断电流、断开电路的一种保护电器。熔断器功能主要是对电路及电路设备进行短路保护，有的也具有过负荷保护的功能。由于它简单、便宜、使用方便，所以适用于保护线路、电力变压器等。它主要由熔体管、接触导电部分、支持绝缘子和底座等组成。按其使用场所不同可分为户内式和户外式两大类。其型号的表示和含义如下：

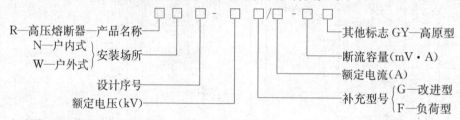

R—高压熔断器—产品名称
N—户内式 ⎱ 安装场所
W—户外式 ⎰
设计序号
额定电压（kV）

其他标志 GY—高原型
断流容量（mV·A）
额定电流（A）
补充型号 ⎱ G—改进型
　　　　　⎰ F—负荷型

户内高压熔断器：其型号为 RN（R—熔断器，N—户内式），其外形如图 2 9。熔管内部构造如图 2-10。

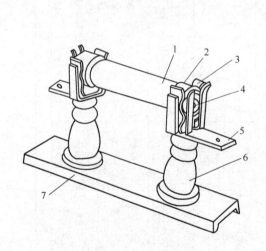

图 2-9　户内高压熔断器

1—瓷熔管；2—金属管帽；3—弹性触座；4—熔断
指示器；5—接线端子；6—瓷绝缘子；7—底座

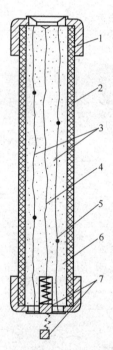

图 2-10　高压熔断器的内部结构

1—管帽；2—瓷熔管；3—工作熔体；4—指示熔体；
5—锡球；6—石英砂填料；7—熔断指示器

图 2-10 中工作熔体 3 为铜熔丝，上焊有小锡球。锡是低熔点金属，过负荷使锡球受热首先熔化，包围铜熔丝，铜锡互相渗透形成熔点较低的铜锡合金，使铜丝在较低的温度下熔断，使得熔断器能在较小的故障电流时动作。当短路电流或过负荷电流通过熔体时，首先工作熔体上的小锡球熔体引起工作熔体熔断，接着指示熔体熔断，红色熔断指示器

弹出。

户外高压跌落式熔断器：其型号为 RW（R—熔断器，W—户外式），其构造如图 2-11。它由绝缘瓷瓶、跌落机构、锁紧机构及熔丝组成。正常运行时，跌落式熔断器串联在线路上。熔管上部动触头借熔丝张力拉紧后，推入上静触头内锁紧，同时下动触头与下静触头也相互压紧，从而使电路接通。

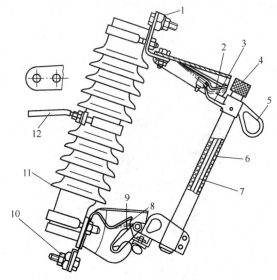

当线路上发生故障时，故障电流使熔丝迅速熔断，形成电弧。消弧管因电弧的烧灼，而分解出大量气体使管内形成很大的压力，并沿管道形成强烈的纵向吹弧；使电弧迅速拉长而熄灭。熔丝熔断后，熔管上动触头因失去张力而下翻，使锁紧机构释放熔管，在触头弹力及熔管自重作用下，回转跌落，造成明显可见的断开间隙。

（2）高压隔离开关（文字符号 QS）

高压隔离开关主要用于隔离高压电源，以保证其他设备和线路的安全检修。用了隔离开关，可以将高压装置中需要修理的设备与其他带电部分可靠地断开，并构成明显可见的断开间隙，故隔离开关的触头是暴露在空气中的。

隔离开关没有灭弧装置。所以不能带负荷操作，否则可能发生严重的事故。

图 2-11　户外高压熔断器

1—上接线端；2—上静触头；3—上动触头；4—管帽；5—操作环；6—熔管；7—熔丝；8—下动触头；9—下静触头；10—下接线端；11—绝缘瓷瓶；12—固定安装板

户内隔离开关的构造如图 2-12，开关全型号的表示和含义如下：

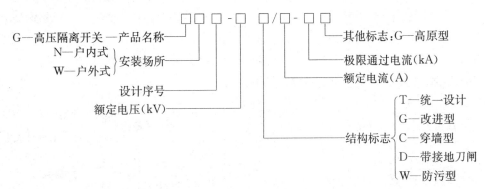

（3）高压负荷开关（文字符号 QL）

高压负荷开关具有简单的灭弧装置。专门用在高压装置中通断负荷电流，但因灭弧能力不高，故不能切断短路电流，它必须和高压熔断器串联使用，靠熔断器切断短路电流。

图 2-13 为 FN3-10RT 型户内高压负荷开关，它的外形与隔离开关很相似，负荷开关也就是隔离开关加上一个简单的灭弧装置，以便能通断负荷电流。由于负荷开关断开时，也有一个明显可见的断开间隙，因此也能起隔离电源保证安全检修的作用。

负荷开关的灭弧装置，集中在框架一端的 3 只兼作支持件和气缸用的绝缘子内。这 3 只绝缘子内部都有由主轴带动的活塞。另外，这些绝缘子上装有弧静触头和绝缘喷嘴。当负荷开关的闸刀断开时，在弧动触头和弧静触头间产生电弧，一方面受到气缸内压缩空气强烈的气吹，另一方面又受到喷嘴因电弧燃烧分解出来的气体强烈的气吹，从而使电弧迅速熄灭。

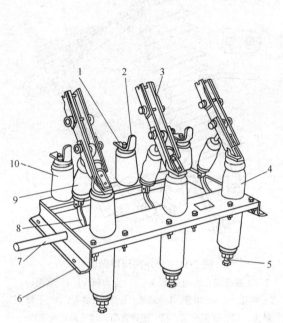

图 2-12　户内型高压隔离开关

1—上接线端；2—静触头；3—刀闸；4—套管绝缘子；5—下接线端；6—框架；7—转轴；8—拐臂；9—升降绝缘子；10—支柱绝缘子

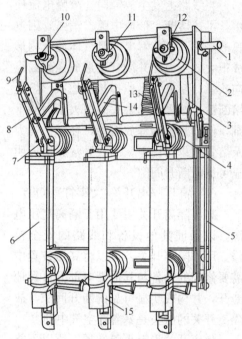

图 2-13　高压负荷开关结构

1—主轴；2—上绝缘子兼气缸；3—连杆；4—下绝缘子；5—框架；6—高压熔断器；7—下触座；8—闸刀；9—弧动触头；10—灭弧喷嘴（内有弧静触头）；11—主触头；12—上触座；13—断路弹簧；14—绝缘拉杆；15—热脱扣器

FN3-10RT 型户内高压负荷开关一般配用 CS2 或 CS3 型手动操作机构来进行操作。高压负荷开关全型号的表示和含义如下：

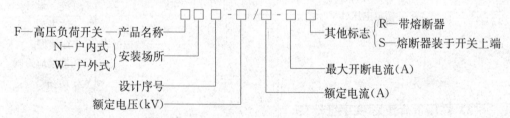

（4）高压断路器（文字符号 QF）

高压断路器的功能是，不仅能通断正常负荷电流，而且能接通和承受一定时间的短路电流，并能在保护装置作用下自动跳闸，切除短路故障。高压断路器按其采用的灭弧介质可分为：油断路器、空气断路器、六氟化硫断路器、真空断路器等。其中使用最广的是油断路器，在高层建筑内则多采用真空断路器。高压断路器全型号的表示和含义如下：

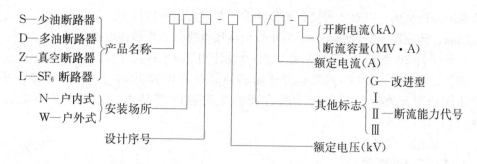

（5）高压开关柜（文字符号 AH）

高压开关柜是按一定的接线方案将有关一、二次设备（如开关设备、监察测量仪表、保护电器及操作辅助设备）组装而成的一种高压配电装置，在变配电所中作为控制和保护电力变压器及电力线路之用。

高压开关柜有固定式、手车式两大类型。传统的固定式高压开关柜目前使用仍较为普遍。因为这种开关柜具有"五防"功能。手车式高压开关柜中的高压断路器等主要电器设备可拉出柜外检修，推入备用手车后可继续供电，有安全、方便、缩短停电时间等优点。

图 2-14 为 GG-1AZ(F)-07D 型高压开关柜的结构图。该型高压柜使用真空断路器，直

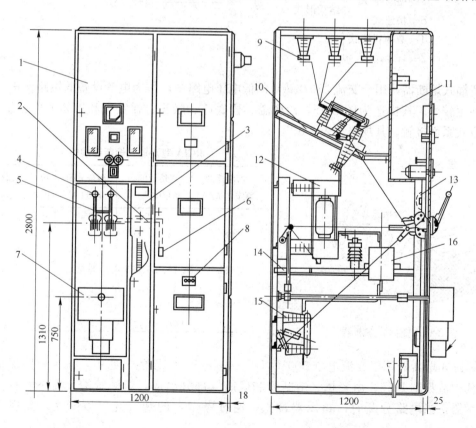

图 2-14 GG-1AZ(F)-07D 结构图

1—继电器室；2—隔离开关操动机构与右侧上中下门机械连锁；3—端子室；4—隔离开关操动机构；5—隔离开关操动机构机械连锁；6—紧急解锁标牌；7—断路器操动机构（CD10）；8—高电压带电显示装置；9—主母线；10—母线隔板；11—母线侧隔离开关；12—断路器；13—柜内照明灯；14—中隔板；15—线路侧隔离开关；16—电流互感器

流电磁操作机构。具有5种防误操作功能。即：防止带负荷分、合隔离开关，防止误入带电间隔，防止误分、合断路器，防止带电挂接地线，防止带接地线合闸。

我国自20世纪80年代后期又陆续设计出了 KGN□-10（F）等型固定式金属铠装开关柜、KYN□-10（F）等型移开式金属铠装开关柜和 JYN□-10（F）等型移开式金属封闭间隔型开关柜。至今仍不断有新的更先进的产品出现，可参看电力设备手册选用。

2. 低压一次设备

（1）低压熔断器

低压熔断器是低压配电系统中用于保护电气设备，免受短路电流过载电流损害的一种保护电器。当电流超过规定值一定时间后，以它本身产生的热量，使熔体熔化。

常用的低压熔断器有瓷插式，螺旋式和管式等。其型号表示和含义如下：

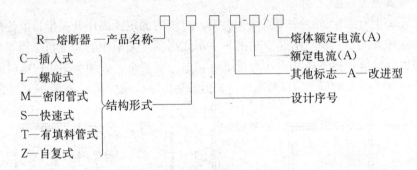

瓷插式熔断器，用于交流 380/220V 的低电压电路中，作为电气设备的短路保护，目前已使用较少。其构造为图2-15，由瓷盖、瓷底座、触头、弹簧夹和熔体五部分组成，接触方式系面接触。其规格见表2-3。

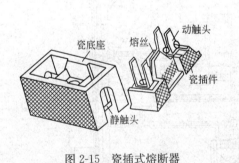

图2-15　瓷插式熔断器

RCIA 型瓷插式熔断器规格　　表2-3

熔断器的额定电流（A）	熔丝的额定电流（A）	极限分断电流（A）	功率因数	允许断开次数
5	2.5	250	0.8	3
10	2、6、10	500	0.7	
15	15	1500	0.6	
30	15、25、30	3000		
60	40、50、60			
100	80、100			
200	120、150、200			

螺旋式熔断器用于交流电压 500V 以下，电流至 200A 的电路中，作为短路保护元件，其构造如图2-16，由瓷帽、熔断管和底座三部分组成，熔断管的上盖中心有一熔断指示器，当电路分断时，指示器跳出，通过瓷帽上的观察孔可以看见，其规格见表2-4。

RM10 型密封管式熔断器，如图2-17所示。由纤维管，变截面的锌片和触头底座组成，作为短路保护和过载保护之用。其规格见表2-5。

RL1 系列熔断器规格   表 2-4

型　号	熔断器额定电流 (A)	熔断体电流等级 (A)	额定电压 (V)	极限分断能力 (有效值，kA)
RL1-15	15	2、4、6、10、15		25
RL1-60	60	20、25、30、35、40、50、60		25
RL1-100	100	60、80、100	380	50
RL1-200	200	100、125、150、200		50

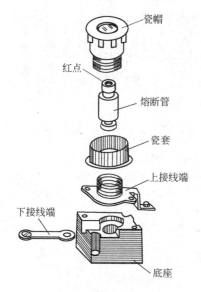

图 2-16　螺旋式熔断器

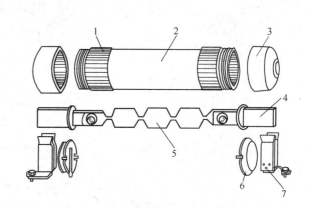

图 2-17　RM10 型管式熔断器

1—黄铜圈；2—绝缘管；3—黄铜帽；4—插刀；
5—熔体；6—特种垫圈；7—刀座

RM10 系列熔断器规格   表 2-5

型　号	额定电压 (V)	额定电流 (A)	熔断体的额定电流等级 (A)
RM10-15		15	6、10、15
RM10-60	交流	60	15、20、25、35、45、60
RM10-100	220、380 或	100	60、80、100
RM10-200	500	200	100、125、160、200
RM10-350	直流	350	200、225、260、300、350
RM10-600	220、440	600	350、430、500、600

　　RTO 型有填料封闭管式熔断器由瓷熔断管，栅状铜熔体和触头底座等组成。如图 2-18 所示，熔体熔断后，红色的熔断指示器弹出，便于值班人员进行检视。RTO 型熔断器的断流能力大（可至 1000A），保护性能好，但不够经济。

　　（2）低压刀开关

低压刀开关的分类方式很多。按其操作方式分，有单投和双投。按其极数分，有单极、双极和三极。按其灭弧结构分，有不带灭弧罩和带灭弧罩之分。

不带灭弧罩的刀开关一般只能在无负荷下操作，作隔离开关使用。

带灭弧罩的刀开关（如图 2-19 所示），能通断一定的负荷电流，其钢栅片灭弧罩能使负荷电流产生的电弧有效地熄灭。

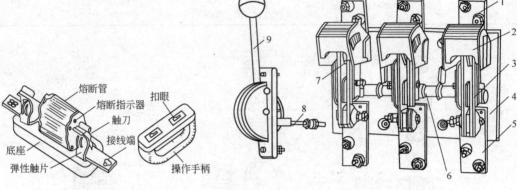

图 2-18 RTO 型管式熔断器

图 2-19 HD13 型刀开关

1—上接线端子；2—灭弧罩；3—闸刀；4—底座；5—下接线
端子；6—主轴；7—静触头；8—连杆；9—操作手柄

低压刀开关多用于配电箱（屏）中，其型号的表示和含义如下：

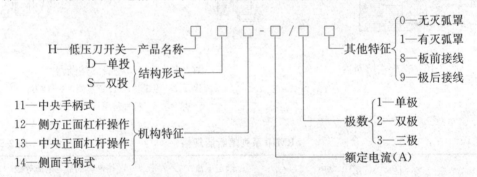

（3）低压负荷开关

低压负荷开关是由带灭弧装置的刀开关与熔断器串联组合而成，外装封闭式铁壳或开启式胶盖的开关电器。具有带灭弧罩刀开关和熔断器的双重功能，既可带负荷操作，又能进行短路保护。可用作设备和线路的电源开关。目前已使用较少，较多情况下已用断路器取代。常用型号有 HK 型和 HH 型（见图 2-20）。其全型号的表示和含义如下：

（4）低压断路器

低压断路器又称自动开关，它具有良好的灭弧性能，能在正常情况下切断负荷电流，也能在短路故障时自动切断短路电流，又能靠热脱扣器自动切断过载电流，当电路失压时也能实现自动分断电路。其功能与高压断路器类似。因而自动开关已被广泛用于低压配电系统中。

自动空气开关分塑料外壳式和框架式两大类。见图 2-21、图 2-22。

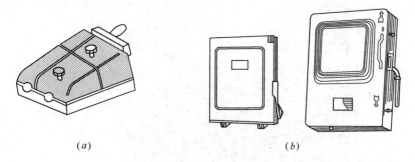

（a）　　　　　　　　　　　　　　（b）

图 2-20　低压负荷开关

（a）开启式；（b）封闭式

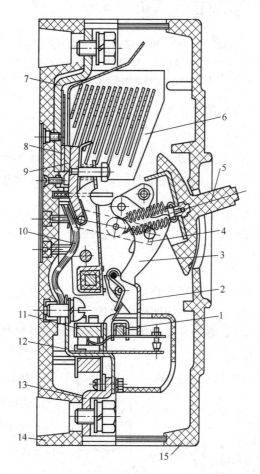

图 2-21　DZ10 型塑料外壳式低压断路器

1—牵引杆；2—锁扣；3—跳钩；4—连杆；5—操作手柄；6—灭弧室；7—引入线和接线端子；
8—静触头；9—动触头；10—可挠连接条；11—电磁脱扣器；12—热脱扣器；
13—引出线和接线端子；14—塑料底座；15—塑料盖

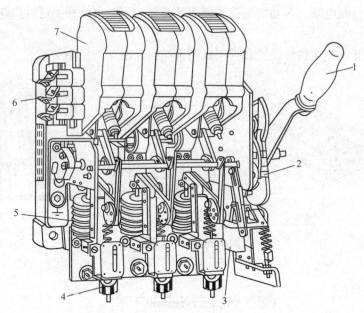

图 2-22　DW10 型框架式万能型低压断路器

1—操作手柄；2—自由脱扣机构；3—失压脱扣器；4—过流脱扣器电流调节螺母；
5—过电流脱扣器；6—辅助触点(连锁触点)；7—灭弧罩

低压断路器全型号的表示和含义如下：

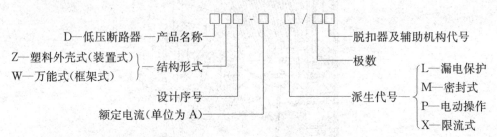

(5) 低压配电屏(文字符号 AL)

低压配电屏是一种成套配电装置，它按一定的接线方案将有关低压一、二次设备组装起来，适用于低压配电系统中动力、照明配电之用。

低压配电屏的结构形式，有固定式和抽屉式两大类型。其型号表示及含义如下：

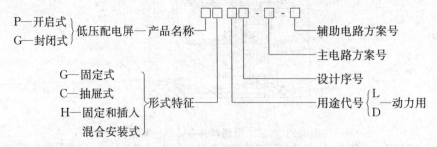

我国目前使用较多的是固定式配电屏，如 PGL1 型、PGL2 型、GGL 型和 GGD 型。抽屉式配电屏由于价格较贵，所以使用不如固定式广泛。但它的最大优点是：各回路电器

元件分别安放在各个抽屉中，若某一回路发生故障，将该回路的抽屉抽出，再将备用的抽屉换入，能迅速恢复供电。

低压配电屏随着科技的发展，产品不断更新换代，请注意参看设备手册。

五、电力变压器(文字符号 TM)

电力变压器是用来变换电压等级的设备，是变电所设备的核心。建筑供配电系统中的配电变压器都是三相电力变压器，有油浸式和干式之分。图 2-23 即为使用最广泛的三相油浸式电力变压器。变压器型号的表示及含义如下：

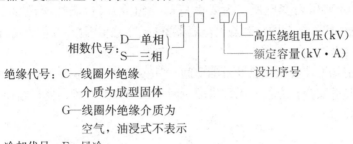

相数代号：D—单相
　　　　　S—三相

绝缘代号：C—线圈外绝缘
　　　　　介质为成型固体
　　　　　G—线圈外绝缘介质为
　　　　　空气，油浸式不表示

冷却代号：F—风冷
　　　　　自然冷却不表示

调压代号：Z—有载调压
　　　　　无激磁调压不表示

绕组导线材质代号：L—铝绕组
　　　　　　　　　铜绕组不表示

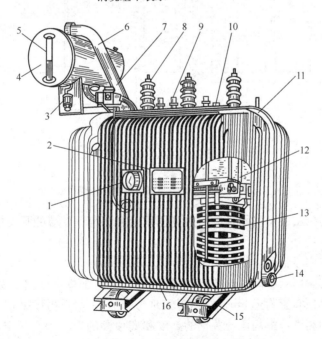

图 2-23　三相油浸式电力变压器

1—信号温度计；2—铭牌；3—吸湿器；4—油枕(储油柜)；5—油位指示器(油标)；
6—防爆管；7—瓦斯继电器；8—高压套管；9—低压套管；10—分接开关；11—油箱；
12—铁心；13—绕组及绝缘；14—放油阀；15—小车；16—接地端子

第三节　变配电所平剖面图

变配电所平剖面图是具体表示变配电所的总体布置和一次设备安装位置的图纸，是根据《建筑制图标准》的规定，按三视图原理并依一定比例绘制的，属位置图。变配电所平剖面图是设计单位提供给施工单位进行电气设备安装所依据的主要技术图纸。

一、变配电所一般结构布置

一般6～10kV屋内变电所，主要由三部分组成：(1)高压配电室；(2)变压器室；(3)低压配电室。此外，有的还有静电电容器室(提高功率因数)及值班室(需有人值班时)。

1. 高压配电室

高压配电室是安装高压配电设备的房间，其布置方式，取决于高压开关柜的数量和形式，运行维护时的安全和方便。当数量较少时，采用单列布置；当台数较多时，为双列布置，如图2-24。

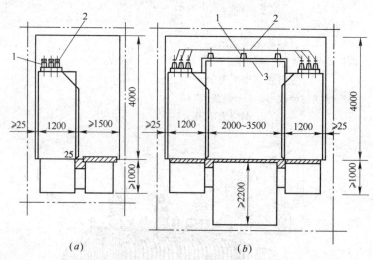

图2-24　高压配电室布置
(a)单列布置；(b)双列布置
1—高压支柱绝缘子；2—高压母线；3—母线桥

高压配电室的长度：由高压开关柜的宽度和台数而定。靠墙的开关柜与墙之间应留有一定的空隙。一般：

高压配电室的内净长度≥柜宽×单列台数＋600(mm)

高压配电室的深度：由高压开关柜的深度(1200mm)加操作通道的宽度而定。操作通道的最小宽度，单列布置为1.5m，双列布置时为2m，一般可再放宽0.5m。

高压配电室的高度：由高压开关柜的高度和离顶棚的安全净距而定，对GG-1A型高压开关柜，一般采用4m，当双列布置并有高压母线过桥时，一般将高度增加到4.6～5m。

2. 低压配电室

低压配电室是安装低压开关柜(低压配电屏)的房间，其布置方式，也取决于低压开关柜的数量和形式，运行维护时的安全和方便。当数量少时，采用单列布置，当台数较多时，采用双列布置。如图 2-25 所示。

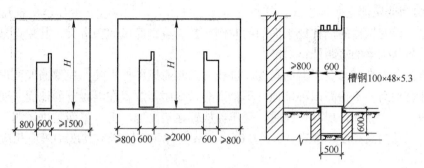

图 2-25　低压配电室布置

低压配电屏一般采用双面维护式，其屏前、屏后的维护通道最小宽度见表 2-6。低压配电室的高度应和变压器室结合考虑以便变压器低压出线。当配电室与抬高地坪的变压器室相邻时，高度为 4～4.5m；与不抬高地坪的变压器室相邻时，高度为 3.5～4m；配电室为电缆进线时，高度为 3m。

低压配电室内屏前后维护通道宽度(mm)　　　　　　　　　　　　　表 2-6

配电屏形式	配电屏布置方式	屏前通道	屏后通道
固 定 式	单 列 布 置	1500	1000
	双列面对面布置	2000	1000
	双列背对背布置	1500	1500
抽 屉 式	单 列 布 置	1800	1000
	双列面对面布置	2300	1000
	双列背对背布置	1800	1000

3. 变压器室

变压器室是安装变压器的房间，变压器室的结构形式，与变压器的形式、容量，安放方向，进出线方位及电气主接线方案等有关。

每台油量为 60kg 及以上的三相变压器一般均应安在单独变压器室内，主要是防止一台变压器发生火灾时影响另一台变压器的正常运行。

变压器外壳与变压器室四壁的间距不应小于表 2-7 中所列的净距。

变压器与四周墙壁的距离　　　　　　　　　　　　　表 2-7

变压器容量(kVA)	100～1000	1250 及以上
变压器与后壁、侧壁净距	0.8m	0.8m
变压器与门的净距	0.8m	0.8m

变压器在室内安放的方向，按设计要求的不同，有宽面推进和窄面推进。两种形式的变压器室布置如图 2-26 所示。其中，图(a)为变压器窄面推进式，其布置特点是开门小，

进深大，布置较为自由，变压器的高压侧可根据需要布置在大门的左侧或右侧，变压器不论有何种形式底座均可顺利安装，其缺点是进风面积较小。

图(b)为变压器宽面推进式，其布置特点是开间大，进深浅，变压器的低压侧应布置在靠外边，即变压器的油枕位于大门的左侧，其优点是通风面积较大，其缺点是变压器底座轨距要与基础梁的轨距严格对准。

变压器室的高度与变压器的高度、进线方式和通风条件有关。根据通风要求，变压器室的地坪有抬高和不抬高两种，地坪不抬高时，变压器放置在混凝土的地面，变压器室高度一般为3.5～4.8m；地坪抬高时，变压器放置在抬高地坪上，下面是进风洞，通风散热效果好。地坪抬高高度一般有0.8、1.0、1.2m三种，变压器室高度一般应相应地增加到4.8～5.7m。

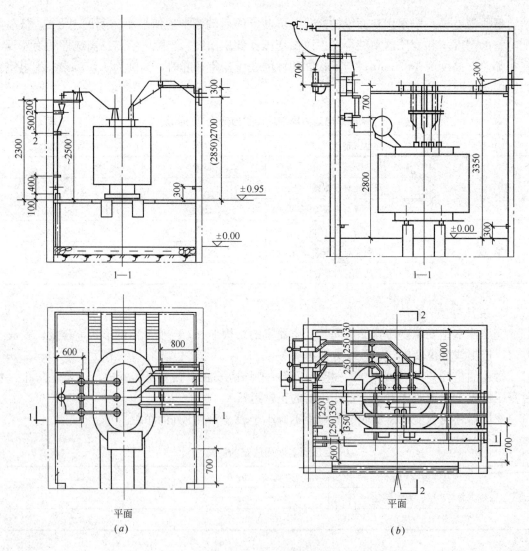

图 2-26 变压器室布置
(a)变压器窄面推进式(电缆进线)；(b)变压器宽面推进式(架空进线)

二、变配电所平剖面图

图 2-27、图 2-28 为某变电所平剖面图。该变电所为单台变压器，受电电压为 10kV，高压补偿。变电所主要一次设备见表 2-8。下面我们阅读该变电所平、剖面图。

主要设备表
表 2-8

编号	设备名称	型号及规格	单位	数量	备注	编号	设备名称	型号及规格	单位	数量	备注
1	变压器	SL_7-1000	台	1		8	低压开关柜	PGL-1-04	台	1	
2	高压开关柜	GG-1A-03	台	1		9	低压开关柜	PGL-1-20	台	1	
3	高压开关柜	GG-1A-11	台	2		10	低压开关柜	PGL-1-23	台	1	
4	高压开关柜	GG-1A-15	台	1		11	低压开关柜	PGL-1-41	台	1	
5	高压开关柜	GG-1A-65	台	1		12	隔离开关	GN6-1-10T	台	1	
6	静电电容器柜	GR-1-01	台	1		13	避雷器	FS_4-10	组	2	
7	静电电容器柜	GR-1-04	台	2		14					

1. 变电所平面图

从图 2-27 知该变电所由：(1)高压配电室；(2)变压器室；(3)低压配电室；(4)电容

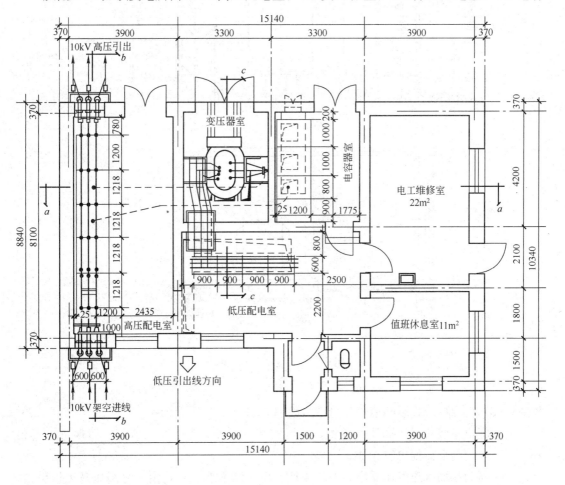

图 2-27 某变电所平面布置图

41

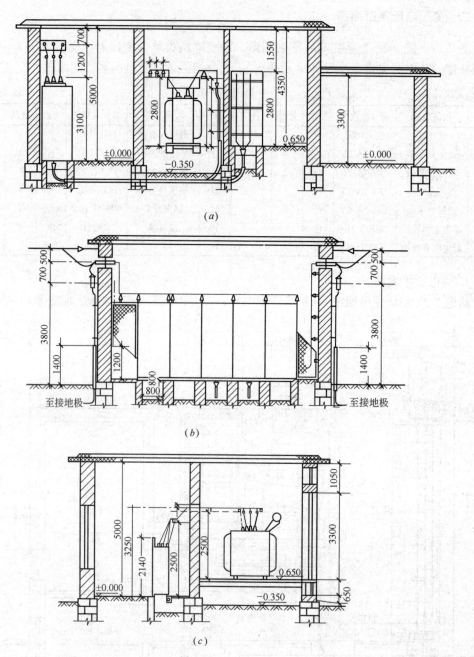

图 2-28 某变电所剖面图

(a)剖面图；(b)剖面图；(c)剖面图

器室；(5)电工维修室；(6)值班休息室组成。

高压配电室装有五台高压开关柜，靠墙安装，对外开有一个双扇门，以便进出设备用。另有一门与低压配电室相通。

变压器为窄面推进变压器室，油枕在外，高压侧电缆进线，由4号高压开关柜引来。变压器室开有双扇门运设备。

低压配电室装有4台低压配电屏，离墙安装。变压器低压侧母线架空引入配电室；配电线由电缆沟引出。

电容器室是为提高功率因数安装电力电容器(静电电容器)的房间。因该变电所为高压补偿，用的是高压电容器，故需单独集中安装。电容器室应有良好的自然通风，当数量不多时，高压电容器可设置在高压配电室内。

1000V及以下的电容器，可设置在低压配电室与低压配电屏一起布置。因低压电容器柜的深度和高度均与低压配电屏相同，一起布置，整齐美观。低压电容器还可靠近用电设备进行补偿，安装在车间内。

电工修理间为修理电器仪表而设置的房间。

值班休息室设有床铺，以备全天值班。

2. 变电所剖面图

再参看图2-28，即可更全面了解该变电所的结构。由(a)剖面图可看出两个层高，装有设备的房间，层高为5m，修理间和值班室层高为3.3m，变压器和高压电容器室地坪都抬高，使其通风散热良好。

(b)剖面图：为高压配电室的剖面图，左边为10kV高压架空引入线，经进线隔离开关而引至高压开关柜上，右边为一路10kV架空引出线，架空线在墙外都装有避雷器进行防雷保护。

(c)剖面图：为低压配电室和变压器室的剖面图，(高)低压配电柜下，都有电缆沟，以便布线。

3. 变电所高压系统图

了解了该变电所一次设备的布置之后，还要了解其连接关系，这就要结合阅读该变电所主接线图。图2-29为电气主接线图的高压部分，为10kV高压受电，控制及分配的电气图，此图决定了高压电气设备。由左至右，10kV高压架空进线，经进线隔离开关，至

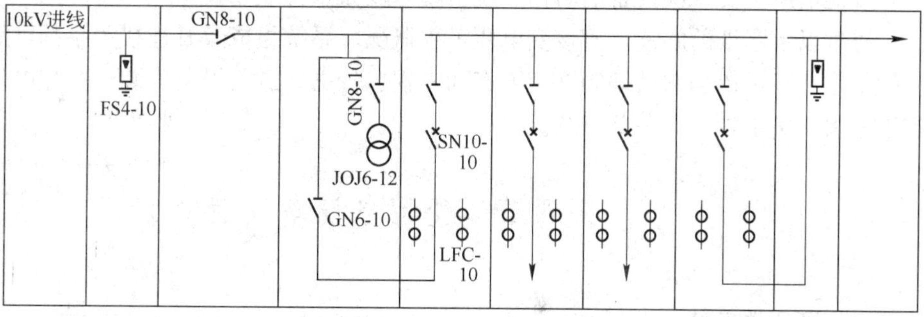

开关柜编号			1	2	3	4	5		
开关柜型号	FS4-10	GN8-10	GG-1A-65	GG-1A-15	GG-1A-03	GG-1A-ll		FS4-10	
额定电流(A)		400~1000	400~1000	400~1000	400~1000	400~1000	400~1000		
用途	架空进线	避雷器	进线隔离开关	电压互感器柜	总进线柜	电容器柜	变压器柜	架空出线柜	避雷器	架空出线
二次结线图号									

图2-29 某变电所高压配电系统图

高压开关柜，1号为电压互感器柜，其中电压互感器副线圈电压为100V，供仪表及继电保护用；电源又经1号柜中之隔离开关至2号总进线柜，经断路器和隔离开关将电送至柜顶母线上。3号为静电电容器柜配电，保护和控制高压电容器；4号柜通过断路器馈电给变压器；5号为架空出线柜，其型号与4号柜相同，保护和控制一路架空出线。

4. 变电所低压系统图

图2-30为电气主结线图的低压部分，为0.4～0.23kV低压受电、控制及分配的电气图，此图决定了低压电气设备。由4号高压柜将高压馈电至变压器的高压侧，经变压器变压后，经1号低压总控制柜，将电送至其他柜的低压母线上，再引出13条回路供给用电设备。

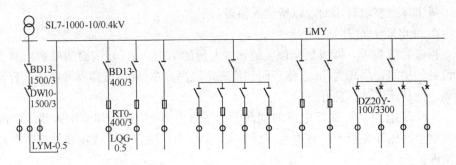

配电屏型号	PGL-1-04	PGL-1-23			PGL-1-20			PGL-1-41					
回路编号		1	2	3	4	5	6	7	8	9	10	11	12	13

图2-30　某变电所低压配电系统图

5. 设备材料表

该变电所主要一次设备的名称、规格型号及数量见表2-8。

通过以上图纸的阅读，对该变电所工程概况、系统组成及其连接关系都已清楚，下一步的工作，即可依据图纸编制施工方案和工程造价书，进行设备安装。变配电设备的安装施工方法，集中在下面一节介绍。

第四节　变配电设备安装

一、变压器安装

油浸式变压器安装的工作内容，视变压器容量大小不同而有所区别。整体运输的中小型变压器，多为整体安装；解体运输的变压器，则油箱和附件等分别进行安装。变压器安装工艺流程，一般可参照图2-31。干式变压器安装工艺与之相同，只是不需进行绝缘油处理和器身检查等内容。

（一）变压器搬运

在这里变压器的搬运是指施工现场的短途搬运，一般均采用起重运输机械。须注意的

44

是，应保证运输过程中的安全。

（二）变压器器身检查

变压器到达现场后，应进行器身检查。但是，变压器器身检查工作是比较繁杂而麻烦的，特别是大型变压器，进行器身检查需耗用大量人力和物力，因此，现场安装不检查器身，则是个方向，凡变压器满足下列条件之一时，可不进行器身检查。

（1）制造厂规定可不作器身检查者；

（2）容量为 1000kVA 及以下，运输过程中无异常情况者；

（3）就地产品仅作短途运输的变压器，如果事先参加了制造厂的器身总装，质量符合要求，且在运输过程中进行了有效的监督，无紧急制动、剧烈振动、冲撞或严重颠簸等异常情况者。

10kV 配电变压器的器身检查均采用吊芯检查。检查项目和要求按《电气装置安装工程电力变压器、油浸电抗器、互感器施工及验收规范》（GBJ 148—90）规定执行。

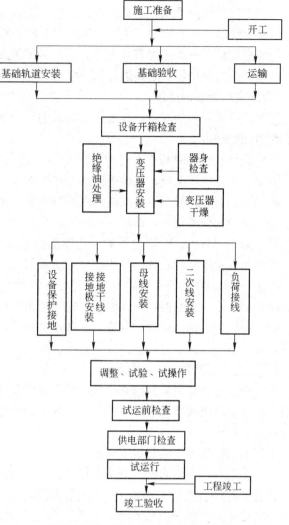

图 2-31　电力变压器安装工艺流程图

（三）变压器的干燥

新装变压器是否需要进行干燥，应根据下列条件进行综合分析判断后确定，一般满足下列条件，可不进行干燥。

1. 带油运输的变压器

（1）绝缘油电气强度及微量水试验合格；

（2）绝缘电阻及吸收比(或极化指数)符合规定；

（3）介质损耗角正切值符合规定(电压等级在 35kV 以下及容量在 4000kVA 以下者，可不作要求)。

2. 充氮运输的变压器

（1）器身内压力在出厂至安装前均保持正压；

（2）残油中微量水不应大于 30ppm；

（3）变压器注入合格绝缘油后：绝缘油电气强度及微量水应符合规定；绝缘电阻及吸收比应符合规定；介质损耗角正切值 tgδ(%)符合规定。

当变压器不能满足上述条件时，则应进行干燥。

电力变压器常用干燥方法有铁损干燥法、铜损干燥法、零序电流干燥法、真空热油喷雾干燥法、煤油气相干燥法、热风干燥法以及红外线干燥法等。干燥方法的选用应根据变压器绝缘受潮程度及变压器容量大小、结构形式等具体条件确定。

经过干燥的变压器，必须进行器身检查。

（四）变压器油的处理

需要进行干燥的变压器，都是因为绝缘油不合格。所以在进行芯部干燥的同时，要进行绝缘油的处理。

需要进行处理的油基本上是两类。一类是老化了的油。所谓油的老化，是由于油受热、氧化、水分以及电场、电弧等因素的作用而发生油色变深、黏度和酸值增大、闪点降低、电气性能下降，甚至生成黑褐色沉淀等现象。老化了的油，需采用化学方法处理，把油中的劣化产物分离出来，即所谓油的"再生"。

第二类是混有水分和脏污的油。这种油的基本性质未变，只是由于混进了水分和脏污，使绝缘强度降低。这种油采用物理方法便可把水分和脏污分离出来。即油的"干燥"和"净化"。我们在安装现场碰到的主要是这种油。因为对新出厂的变压器，油箱里都是注满的新油，不存在油的老化问题。只是可能由于在运输和安装中，因保管不善造成与空气接触，或其他原因，使油中混进了一些水分和杂物。对这种油，常采用的净化方法是压力过滤法。

（五）变压器就位

变压器经过上述一系列检查之后，若无异常现象，即可就位安装。对于中小型变压器一般多是在整体组装状态下运输的，或者只拆卸少量附件，所以安装工作相应地要比大型变压器简单得多。

变压器就位安装应注意以下问题：

（1）变压器推入室内时，要注意高、低压侧方向应与变压器室内的高低压电气设备的装设位置一致，否则变压器推入室内之后再调转方向就困难了。

（2）变压器基础导轨应水平，轨距应与变压器轮距相吻合。装有气体继电器的变压器，应使其顶盖沿气体继电器气流方向有 $1\%\sim1.5\%$ 的升高坡度（制造厂规定不需安装坡度者除外）。当与封闭母线连接时，其套管中心线应与封闭母线中心线相符。

（3）装有滚轮的变压器，其滚轮应能灵活转动，在设备就位符合要求后，应将滚轮用能拆卸的制动装置加以固定。

（4）装接高、低压母线。母线中心线应与套管中心线相符。应特别注意不能使套管端部受到额外拉力。

（5）在变压器的接地螺栓上接上地线。如果变压器的接线组别是 Y，yn0，则还应将接地线与变压器低压侧的零线端子相连。变压器基础轨道亦应和接地干线连接。接地线的材料可用铜绞线或扁钢，其接触处应搪锡，以免锈蚀，并应连接牢固。

（6）当需要在变压器顶部工作时，必须用梯子上下，不得攀拉变压器的附件。变压器顶盖应用油布盖好，严防工具材料跌落，损坏变压器附件。

（7）变压器油箱外表面如有油漆剥落，应进行喷漆或补刷。

（六）变压器试验

新装电力变压器试验的目的是验证变压器性能是否符合有关标准和技术条件的规定；制造上是否存在影响运行的各种缺陷；在交接运输过程中是否遭受损伤或性能发生变化。

1600kVA 以下的变压器试验项目是：

（1）测量绕组连同套管的直流电阻；

（2）检查所有分接头的变压比；

（3）检查三相变压器的结线组别和单相变压器引出线的极性；

（4）测量绕组连同套管的绝缘电阻、吸收比或极化指数；

（5）绕组连同套管的交流耐压试验；

（6）测量与铁芯绝缘的各紧固件及铁芯接地线引出套管对外壳的绝缘电阻；

（7）非纯瓷套管的试验；

（8）油箱中的绝缘油试验；

（9）有载调压切换装置的检查和试验；

（10）相位检查。

干式变压器试验则无绝缘油试验和非瓷套管的试验。

（七）变压器试运行

变压器试运行，是指变压器开始带电，并带一定负荷即可能的最大负荷，连续运行24h 所经历的过程。试运行是对变压器质量的直接考验。因此试运行前应对变压器进行补充注油、整体密封检查等全面试验。

变压器试运行，往往采用全电压冲击合闸的方法。一般应进行 5 次空载全电压冲击合闸，无异常情况，即可空载运行 24h，正常后，再带负荷运行 24h 以上，无任何异常情况，则认为试运行合格。

二、高、低压开关柜的安装

高、低压开关柜施工安装程序可参照图 2-32。在基础型钢上的放置方式见图 2-33所示。

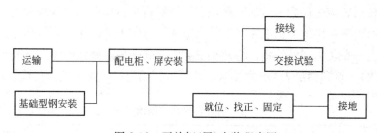

图 2-32 开关柜（屏）安装程序图

开关柜安装所用基础型钢多选用槽钢。先按图纸要求矫正平直、预制加工，待土建施工时，配合土建工程进行预埋。埋设方法一般有下列两种：

（1）随土建施工时在基础上根据型钢固定尺寸，先预埋好地脚螺栓，待基础强度符合要求后再安放型钢。也可在基础施工时留置方洞，基础型钢与地脚螺栓同时配合土建施工进行安装。

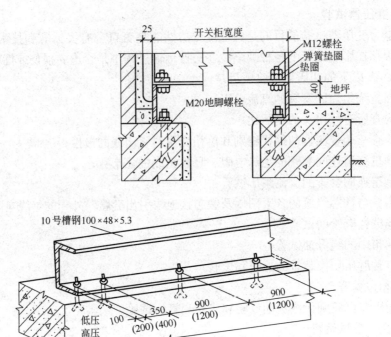

图 2-33 基础型钢安装

（2）随土建施工时预先埋设固定基础型钢的底板，待安装基础型钢时与底板进行焊接。

基础型钢要找正、找平，应完全符合规范要求。其顶部宜高出室内抹平地面 10mm，手车式成套柜应按产品技术要求执行，一般应与抹平地面相平。

在浇筑基础型钢的混凝土凝固达到要求强度之后，即可将开关柜就位。就位时应根据图纸及现场条件确定就位顺序，一般情况是以不妨碍其他柜（屏）就位为原则，先内后外，先靠墙处后入口处，依次将开关柜放在安装位置上。

开关柜就位后，应先调到大致的水平位置，然后再进行精调。当柜较少时，先精确地调整第一块柜，再以第一块柜为标准逐个调整其余柜，使其柜面一致、排列整齐、间隙均匀。当柜较多时，宜先安装中间一块柜，再调整安装两侧其余柜。调整时可在下面加铁垫（同一处不宜超过 3 块），直到满足表 2-9 之要求，才可进行固定。并继续完成接线、调试等工作。

盘、柜安装的允许偏差   表 2-9

项 次	项 目		允许偏差（mm）
1	垂直度（每米）		<1.5
2	水 平 偏 差	相邻两盘顶部	<2
		成列盘顶部	<5
3	盘 面 偏 差	相邻两盘边	<1
		成列盘面	<5
4	盘 间 接 缝		<2

其余各种成套柜、屏的安装方法与此基本相同。

三、母线安装

变电所室内硬母线通常有两种，一种是硬裸母线，一种是封闭式母线。封闭式母线安装不需要对母线加工，只是按图纸所示位置用支架将封闭式母线架设起来；硬裸母线安装，必须在现场加工，并应在设备安装就位调整后进行，其施工程序：测量→支架制作安装→绝缘子加工安装→母线矫正→下料→母线加工→母线安装→母线涂色刷油→检测送电。下面仅介绍硬裸母线的安装。

（一）母线加工

1. 母线矫正

安装前母线必须进行矫正。矫正的方法有手工矫正和机械矫正两种。手工矫正是把母线放在平台上或平直的型钢上，用硬木锤直接敲打平直，也可以用垫块（铜、铝、木垫块）垫在母线上，用铁锤间接敲打平直，敲打时用力要均匀适当，不能过猛，否则会引起变形。不准用铁锤直接敲打。对于截面较大的母线，可用母线矫正机进行矫正。将母线的不平整部分，放在矫正机的平台上，然后转动操作手柄，利用丝杆的压力将母线矫正，如图2-34所示。

2. 母线切割

切割母线可用钢锯或手动剪切机。用钢锯切割母线，虽然工具轻比较方便，但工作效率低。用手动剪切机剪切母线，工作效率高，操作方便。大截面的切割则可用电动无齿锯（见图2-35）。切割时，将母线置于锯床的托架上，然后接通电源使电动机转动，慢慢压下操作手柄2，边锯边浇水，用以冷却锯片，一直到锯断为止。

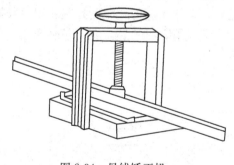

图2-34 母线矫正机

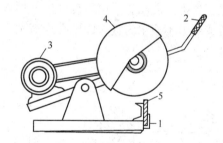

图2-35 电动无齿锯
1—托架；2—手柄；3—电动机；4—保护罩；5—母线

3. 母线弯曲

母线的安装，除必要的弯曲外，应尽量减少弯曲。矩形硬母线的弯曲应进行冷弯，不得进行热弯。弯曲形式有平弯、立弯、扭弯三种，如图2-36所示。可分别采用平弯机、立弯机和扭弯器进行。

（二）母线连接

矩形硬母线连接应采用焊接或螺栓搭接。一般情况下搭接只用于需要拆卸的接头或与设备连接。母线焊接常用气焊和氩弧焊等几种方法。

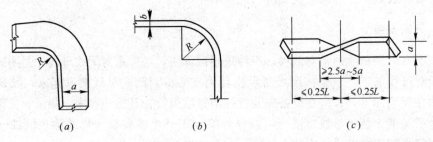

图 2-36　矩形母线弯曲形式

(*a*)立弯；(*b*)平弯；(*c*)扭弯

a—母线宽度；*b*—母线厚度；*L*—母线两支持点之间的距离

(三) 支架制作安装

支架要采用∟50×50 的角钢制作，其形式和尺寸应依据图纸尺寸和母线架设路径来决定。角钢的切割不得采用电、气焊进行，应进行除锈刷防腐漆。螺孔宜加工成长孔，以便于调整。支架埋入墙内部分必须开叉成燕尾状。

支架一般是埋设在墙上或固定在建筑物的构件上。装设支架时，应横平竖直，支架埋入深度宜大于 150mm。孔洞要用混凝土填实、灌注牢固。

(四) 绝缘子加工安装

室内用绝缘子种类较多，且有高低压之分。比较常用的是高压支柱绝缘子(ZA-10Y)和低压电车绝缘子(WX-01)，其外形见图 2-37 所示。

WX-01 型电车绝缘子在安装前首先应用填料将螺栓及螺帽埋入瓷瓶孔内。其填料可采用 32.5 级(或 32.5 级以上)水泥和洗净的细砂掺合，其配合比按重量为 1∶1。具体做法是：先把水泥和砂子均匀混合后，加入 0.5% 的石膏，加水调匀，湿度控制在用手紧抓能结成团但不滴水为宜。瓷瓶孔应清洗干净，把螺栓和螺帽放入孔内，加放填料压实，见图 2-38。

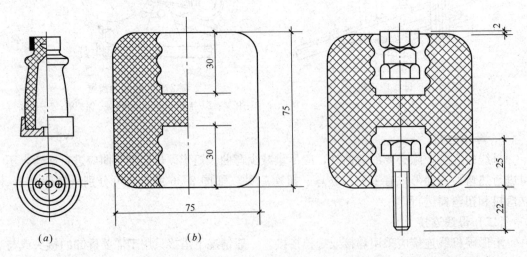

图 2-37　常用绝缘子外形

(*a*)高压支柱绝缘子；(*b*)低压电车绝缘子

图 2-38　绝缘子与螺栓胶合

胶合好的瓷瓶用布擦净，经检查无缺陷后，即可固定到支架上。固定瓷瓶时，应垫红钢纸垫，以防拧紧螺母时损坏瓷瓶。如果在直线段上有许多支架时，为使瓷瓶安装整齐，可先在两端支架的螺栓孔上拉一根细钢丝，再将瓷瓶顺钢丝依次固定在每个支架上。

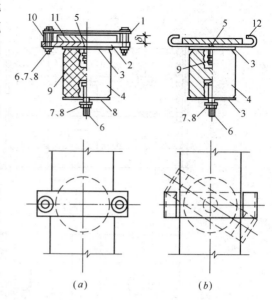

（五）母线安装

支架和绝缘子均安装完毕后，即可将加工好了的母线架设到支架上，固定于绝缘子上。矩形母线在瓷瓶上的固定方法，常用的有两种方法，用夹板或用卡板。见图 2-39 所示。用卡板固定是将母线放入卡板内，然后将卡板扭转一定角度卡住母线。

母线相序的排列当按设计或规范要求。安装固定结束刷相色漆，L_1—黄色、L_2—绿色、L_3—红色。

图 2-39 矩形母线在瓷瓶上的固定方法
（a）用夹板固定母线；（b）用卡板固定母线

1—上夹板；2—下夹板；3—红钢纸垫圈；4—绝缘子；
5—沉头螺钉；6—螺栓；7—螺母；8—垫圈；9—螺母；
10—套筒；11—母线；12—卡板

（六）母线过墙做法

高压母线穿过墙壁时应安装高压穿墙套管，低压母线过墙要安装过墙隔板。

高压穿墙套管的安装，多是在墙上预留长方形孔洞，在孔洞内装设角钢框架用以固定钢板，根据穿墙套管尺寸在钢板上钻孔，然后将穿墙套管固定在钢板上，如图 2-40 所示。

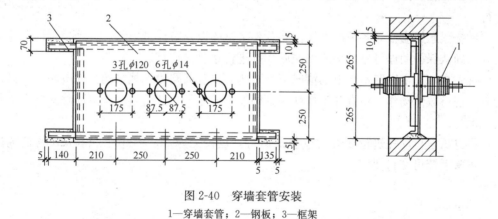

图 2-40 穿墙套管安装
1—穿墙套管；2—钢板；3—框架

低压母线过墙隔板的安装方法，如图 2-41 所示。隔板多采用硬质塑料板开槽制成。

四、系统调试

为了保证新安装的变配电装置安全投入运行和保护装置及自动控制系统的可靠工作。除对单体元件进行调试外，还必须对整个保护装置及各自动控制系统进行一次全面的调试工作。

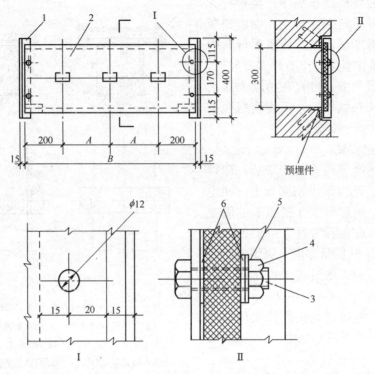

图 2-41　低压母线过墙隔板安装

1—角钢；2—绝缘夹板；3—螺栓；4—螺母；5—垫圈；6—橡胶或石棉板垫圈

10kV 变配电系统的调试工作主要是对各保护装置(过流保护装置、差动保护装置、欠压保护装置、瓦斯保护装置及零序保护装置等)进行系统调试和进行变配电系统的试运行。

系统试运行应在对各种继电保护装置整组试验以及对计量回路、自动控制回路等通电检验，确认保护动作可靠、接线无误后，再进行系统试运行。

首先在一次主回路不带电的情况下，对所有二次回路输入规定的操作电源，以模拟运行方式进行故障动作，检查其工作性能，即模拟试运行。然后给一次主回路送电，进行带电试运行。

带电试运行应先进行 24h 的空载试运行，运行无异常，再进行 24～72h 的负载试运行，正常后即可交付使用。

思考题与习题

1. 简述电力系统的组成。

2. 变电所的功能是什么？

3. 简述我国电力设备额定电压等级的划分，电力负荷等级的划分。

4. 简述低压配电系统广泛采用的中性点运行方式。

5. 简述供配电系统图的基本特点。

·6. 在供配电系统中何谓一次设备？了解这些设备的安装方法。

·7. 10kV 变配电系统中常用高压开关设备有哪些？简述它们的功能和特点。

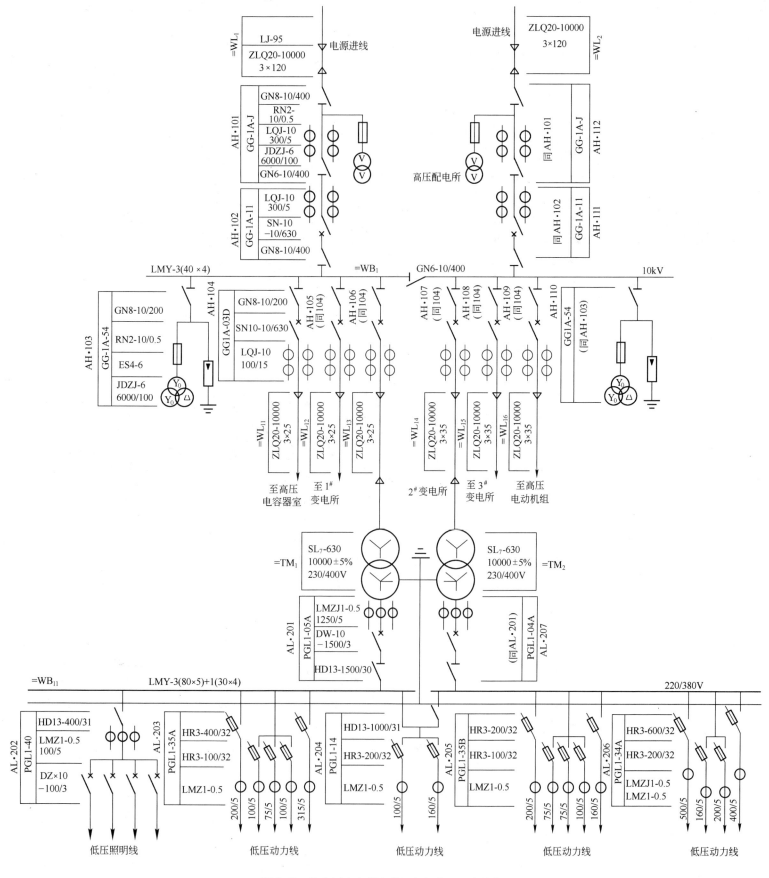

图 2-42　某高压配电所和附设车间变电所主接线图

8. 电力变压器安装施工程序。

9. 简述矩形硬母线安装工艺。

10. 阅读图 2-42 某高压配电所和附设车间变电所主接线图,阐述其系统的组成。

11. 阅读图 2-43 某车间变电所平剖面图(附设备材料表 2-10)。简述该变电所工程概况。

设 备 材 料 表 表 2-10

图位号	名 称	型 号 及 规 格	单 位	数 量
1	三相电力变压器	S-800/10 型 800kVA 10/0.4~0.23kV	台	1
2	三相电力变压器	S-1000/10 型 1000kVA 10/0.4~0.23kV	台	1
3	户内高压负荷开关	FN$_3$-10 型 10kV 400A	台	2
4	手动操作机构	CS3 型	台	2
5	低压配电屏	PGL$_1$-05A	台	1
6	低压配电屏	PGL$_1$-06A	台	1
7	低压配电屏	PGL$_1$-07A	台	1
8	低压配电屏	PGL$_1$-21	台	1
9	低压配电屏	PGL$_1$-23A	台	2
10	低压配电屏	PGL$_1$-23B	台	2
11	低压铝母线	LMY-100×8	m	40
12	高压铝母线	LMY-40×4	m	10
13	中性母线	LMY-40×4	m	12
14	电车绝缘子	WX-01 500V	个	40
15	高压支柱绝缘子	ZA-10Y 10kV	个	2
16	FN$_3$-10 型负荷开关安装		台	2
17	低压母线支架及穿墙隔板	1 型	个	2
18	电车绝缘子装配		个	40
19	低压母线夹板	1 型	个	2
20	低压母线桥型支架		个	2
21	低压配电屏后母线桥支架		个	2
22	户内尼龙电缆终端盒	NTN-33 型 10kV 3×70mm^2	个	2
23	电缆头固定件	∟ 40×4	个	2
24	电缆固定件		个	6
25	低压母线支架		个	4
26	信号箱		台	1
27	L 型电缆支架	L$_3$ 型	个	22

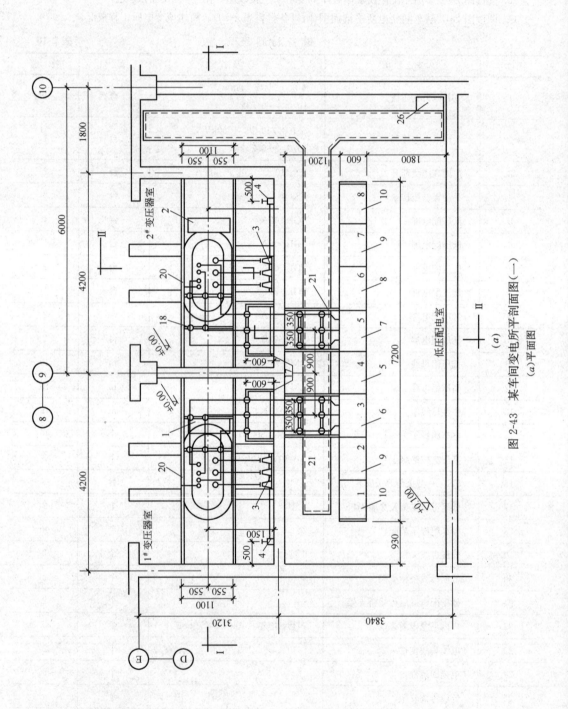

图 2-43 某车间变电所平面剖面图（一）

(a)平面图

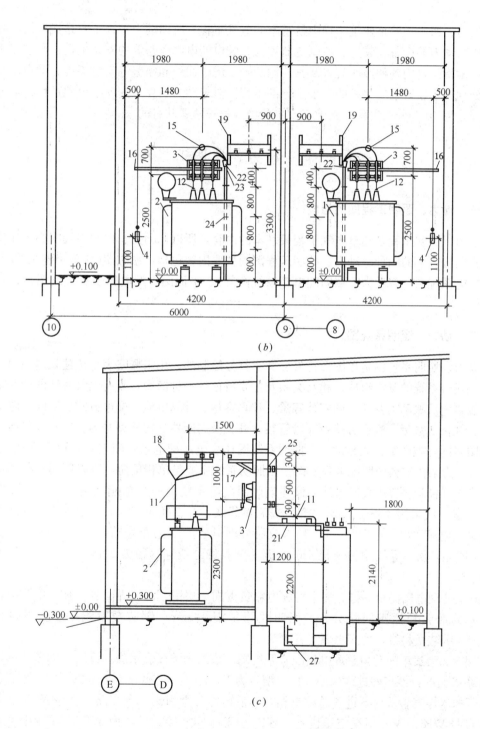

图 2-43 某车间变电所平剖面图(二)

(b)Ⅰ—Ⅰ断面图;(c)Ⅱ—Ⅱ断面图

第三章　动力、照明工程

动力、照明工程是建筑工程中最基本的电气工程，所谓动力工程主要是指建筑内由电动机作为动力的设备、装置、控制电器和为其配电的电气线路等的安装工程；所谓照明工程主要是指建筑内各种照明装置及其控制装置、配电线路和插座等安装工程。动力、照明工程分别属于建筑电气工程的一个子分部工程。电气动力工程分为 8 个分项工程，电气照明工程分为 10 个分项工程；其中有 5 个分项工程是两者共有的。

第一节　动力、照明工程图

一、动力、照明工程图的组成

动力、照明工程是建筑电气工程最基本的内容，所以，动力、照明工程图亦为建筑电气工程图最基本的图种。动力、照明工程图的主要内容包括：系统图（含整个建筑的动力、照明配电系统图，各动力、照明配电箱系统图等）、平面图、配电箱安装接线图、设备材料表等。

二、动力、照明系统图

动力、照明系统图是用图形符号、文字符号绘制的，用来概略表示该建筑内动力、照明系统或分系统的基本组成、相互关系及主要特征的一种简图，具有电气系统图的基本特点。能集中反映动力及照明的安装容量、计算容量、计算电流、配电方式、导线或电缆的型号、规格、数量、敷设方式及穿管管径、开关及熔断器的规格型号等。它和变电所配电系统图属同一类图纸，只是动力、照明系统图比变电所配电系统图表示得更为详细一些。如图 3-1 为某住宅楼照明配电系统图。因照明系统主要是单相负荷，所以照明系统图用多线法表示。阅读图 3-1 我们可知：该住宅照明配电系统由一个总配电箱和 6 个分配电箱组成。进户线采用 4 根 16mm² 的铝芯塑料绝缘线，穿直径为 32mm 的水煤气管，墙内暗敷。总配电箱引出 4 条支路，1、2、3 支路分别引至 5、6 分配电箱，3、4 分配电箱和 1、2 分配电箱，所用导线均为 3 根 4mm² 铜芯塑料绝缘线穿直径为 20mm 的水煤气管墙内暗敷。

6 个分配电箱完全一样。每个分配电箱负责同一层甲、乙、丙、丁 4 住户的配电，每一住户的照明和插座回路分开。照明线路采用 1.5mm² 铜芯塑料线；插座线路采用 2.5mm² 铜芯塑料线，均穿水煤气管暗敷。

图 3-2 为某车间动力总配电箱配电系统图。该图为单线表示法。读图可知该车间动力配电系统概况：该车间进线采用 2 根，型号为 VLV$_{22}$ 型 4 芯低压电力电缆，穿 2 根直径为 70mm 的水煤气管从地下进入总配电箱，然后电能分配引出 5 条支路。其中 WP$_1$ 引至车间裸母线 WB$_1$；WP$_2$ 引至空压机室；WP$_3$ 引至车间插接式母线槽 WB$_2$；WP$_4$ 引至该车间机加工装配工段吊车滑触线 WT$_2$；WP$_5$ 引至用于该车间功率补偿的电容器柜。各支路所用导线均为 BLV 型铝芯塑料绝缘线，采用穿管敷设。所用导线规格如图中标注。若需

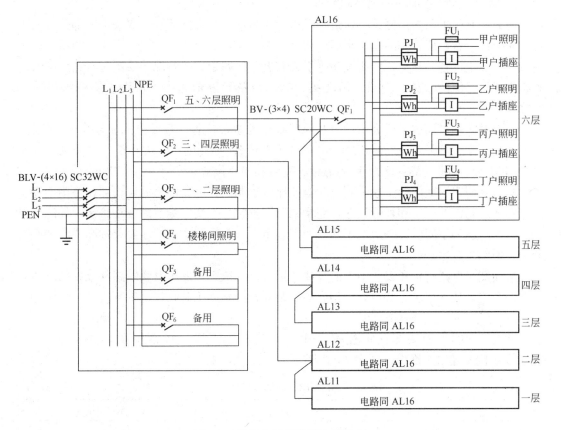

图 3-1　某住宅楼照明配电系统图

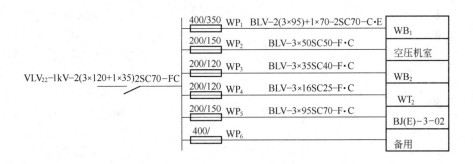

图 3-2　某车间动力配电系统图

再进一步了解各支路敷设位置及各分配电箱在车间内的安装位置,则可阅读车间动力平面图。

三、动力、照明平面图

动力、照明平面图是编制动力、照明工程施工方案和工程造价,进行安装施工的主要依据,是用电气图形符号加文字标注绘制出来的,用来表示建筑物内动力、照明设备及其配电线路平面布置,属于位置简图。

1. 动力、照明平面图的用途和特点

动力、照明平面图是假设将建筑物经过门、窗沿水平方向切开，移去上面部分，人再站在高处往下看，所看到的建筑平面形状、大小、墙柱的位置、厚度、门窗的类型，以及建筑物内配电设备、动力、照明设备等平面布置、线路走向等情况。绘图时，常用细实线先绘出建筑平面的墙体、门窗、吊车梁、工艺设备等外形轮廓，再用中实线绘出电气部分。

动力及照明平面图主要表示动力及照明线路的敷设位置、敷设方式、导线规格型号、导线根数、穿管管径等，同时还要标出各种用电设备（如照明灯、电动机、电风扇、插座等）及配电设备（配电箱、开关等）的数量、型号和相对位置。

动力及照明平面图的土建平面是完全按比例绘制的，电气部分的导线和设备则不完全按比例画出它们的形状和外形尺寸，而是采用图形符号加文字标注的方法绘制。导线和设备的垂直距离和空间位置一般也不用立面图表示，只是采用文字标注安装标高或附加必要的施工说明来解决。

平面图虽然是造价和安装施工的主要依据，但一般平面图不反映线路和设备的具体安装方法及安装技术要求，必须通过相应的安装大样图和施工验收规范来解决。

2. 动力、照明平面图图面标注

动力、照明平面图图面标注多采用《建筑电气工程设计常用图形和文字符号》00DX001 国家建筑标准设计图集中的标注方法，见表 3-1。

电力设备的标注方法　　　　　　　　　　　　　　　表 3-1

序号	名　称	标注方式	说　明	示　例
1	用电设备	$\dfrac{a}{b}$	a—设备编号或设备位号 b—额定功率（kW 或 kVA）	$\dfrac{P01B}{37kW}$　热煤泵的位号为 P01B，容量为 37kW
2	概略图电气箱（柜、屏）标注	$-a+b/c$	a—设备种类代号 b—设备安装位置的位置代号 c—设备型号	—AP1+1·B6/XL21-15　动力配电箱种类代号—AP$_1$，位置代号+1·B6 即安装位置在一层 B、6 轴线，型号为 XL21-15
3	平面图电气箱（柜、屏）标注	$-a$	a—设备种类代号	—AP1　动力配电箱—AP$_1$，在不会引起混淆时可取消前缀"—"即表示为 AP1
4	照明、安全、控制变压器标注	$a\ b/c\ d$	a—设备种类代号 b/c——次电压/二次电压 d—额定容量	TL1　220/36V　500VA 照明变压器 TL1，变比 220/36V，容量 500VA
5	照明灯具标注	$a-b\dfrac{c\times d\times L}{e}f$	a—灯数 b—型号或编号（无则省略） c—每盏照明灯具的灯泡数 d—灯泡安装容量 e—灯泡安装高度（m），"—"表示吸顶安装 f—安装方式 L—光源种类	5-BYS80$\dfrac{2\times40\times FL}{3.5}$CS 5 盏 BYS-80 型灯具，灯管为二根 40W 荧光灯管，灯具链吊安装，安装高度距地 3.5m

序号	名 称	标注方式	说 明	示 例
6	线路的标注	$a\ b-c(d\times e+ f\times g)i-jh$	a—线缆编号 b—型号(不需要可省略) c—线缆根数 d—电缆线芯数 e—线芯截面(mm²) f—PE、N 线芯数 g—线芯截面(mm²) i—线缆敷设方式 j—线缆敷设部位 h—线缆敷设安装高度(m) 上述字母无内容则省略该部分	WP201 YJV-0.6/1kV-2(3×150+2×70)SC80-WS3.5 电缆号为 WP201 电缆型号、规格为 YJV-0.6/1kV-(3×150+2×70) 2 根电缆并联连接 敷设方式为穿 DN80 焊接钢管沿墙明敷 线缆敷设高度距地 3.5m
7	电缆桥架标注	$\dfrac{a\times b}{c}$	a—电缆桥架宽度(mm) b—电缆桥架高度(mm) c—电缆桥架安装高度(m)	$\dfrac{600\times150}{3.5}$ 电缆桥架宽 600mm,桥架高度 150mm,安装高度距地 3.5m
8	电缆与其他设施交叉点标注	$\dfrac{a-b-c-d}{e-f}$	a—保护管根数 b—保护管直径(mm) c—保护管长度(m) d—地面标高(m) e—保护管埋设深度(m) f—交叉点坐标	$\dfrac{6-DN100-1.1m--0.3m}{-1.1m-A=174.235;B=243.621}$ 电缆与设施交叉,交叉点坐标为 $A=174.235$;$B=243.621$,埋设 6 根长 1.1m DN100 焊接钢管,钢管埋设深度为-1.1m(地面标高为-0.3m)
9	电话线路的标注	$a-b(c\times2\times d)$ $e-f$	a—电话线缆编号 b—型号(不需要可省略) c—导线对数 d—线缆截面 e—敷设方式和管径(mm) f—敷设部位	W1-HPVV(25×2×0.5)M-WS W1 为电话电缆号 电话电缆的型号、规格为 HPVV(25×2×0.5) 电话电缆敷设方式为用钢索敷设,电话电缆沿墙面敷设
10	电话分线盒、交接箱的标注	$\dfrac{a\times b}{c}d$	a—编号 b—型号(不需要标注可省略) c—线序 d—用户数	$\dfrac{\sharp3\times NF\text{-}3\text{-}10}{1\sim12}6$ ♯3 电话分线盒的型号规格为 NF-3-10,用户数为 6 户,接线线序为 1~12
11	断路器整定值的标注	$\dfrac{a}{b}c$	a—脱扣器额定电流 b—脱扣整定电流值 c—短延时整定时间(瞬断不标注)	$\dfrac{500A}{500A\times3}0.2s$ 断路器脱扣器额定电流为 500A,动作整定值为 500A×3,短延时整定值为 0.2s
12	相序标注	L_1 L_2 L_3 U V W	交流系统电源第一相 交流系统电源第二相 交流系统电源第三相 交流系统设备端第一相 交流系统设备端第二相 交流系统设备端第三相	

表 3-1 线路标注中的线路用途符号以及线路敷设方式和敷设部位用文字符号，在《电气制图》(GB 6988)、《电气图用图形符号》(GB 4728)及《电气技术中的文字符号制定通则》(GB 7159)中对建筑电气用符号都未作出明确规定。2001 年 1 月 15 日中华人民共和国建设部批准《建筑电气工程设计常用图形和文字符号》00DX001 为国家建筑标准设计图集，使全国建筑电气工程图纸标注得到了统一。其常用文字符号见表3-2、表3-3。

标注线路用文字符号　　　　　　　　　　　　　　　　　　　　表 3-2

序　号	中 文 名 称	英 文 名 称	常用文字符号		
			单字母	双字母	三字母
1	控制线路	Control line		WC	
2	直流线路	Direct-current line		WD	
3	应急照明线路	Emergency lighting line		WE	WEL
4	电话线路	Telephone line		WF	
5	照明线路	Illuminating(Lighting)line	W	WL	
6	电力线路	Power line		WP	
7	声道(广播)线路	Sound gate(Broadcasting)line		WS	
8	电视线路	TV. line		WV	
9	插座线路	Socket line		WX	

注：也可用数字序号或数字组标注。

线路敷设方式和敷设部位用文字符号　　　　　　　　　　　　　表 3-3

	序号	名　称	文字符号	英 文 名 称
线路敷设方式	1	穿焊接钢管敷设	SC	Run in welded steel conduit
	2	穿电线管敷设	MT	Run in electrical metallic tubing
	3	穿硬塑料管敷设	PC	Run in rigid PVC conduit
	4	电缆桥架敷设	CT	Installed in cable tray
	5	金属线槽敷设	MR	Installed in metallic raceway
	6	塑料线槽敷设	PR	Installed in PVC raceway
	7	用钢索敷设	M	Supported by messenger wire
	8	穿聚氯乙烯塑料波纹电线管敷设	KPC	Run in corrugated PVC conduit
	9	穿金属软管敷设	CP	Run in flexible metal conduit
	10	直接埋设	DB	Direct burying
	11	电缆沟敷设	TC	Installed in cable trough
	12	混凝土排管敷设	CE	Installed in concrete encasement

序号	名　称	文字符号	英文名称
13	沿或跨梁(屋架)敷设	AB	Along or across beam
14	暗敷在梁内	BC	Concealed in beam
15	沿或跨柱敷设	AC	Along or across column
16	暗敷设在柱内	CLC	Concealed in column
17	沿墙面敷设	WS	On wall surface
18	暗敷设在墙内	WC	Concealed in wall
19	沿顶棚或顶板面敷设	CE	Along ceiling or slab surface
20	暗敷设在屋面或顶板内	CC	Concealed in ceiling or slab
21	吊顶内敷设	SCE	Recessed in ceiling
22	地板或地面下敷设	F	In floor or ground

表格第一列纵向合并单元格文字为"导线敷设部位"。

灯具的安装方式主要有吸顶安装、嵌入式安装、吸壁安装及吊装,其中吊装方式又分线吊、链吊及管吊。灯具安装方式的文字符号可参见表3-4。常用光源的种类有:白炽灯(IN)、荧光灯(FL)、汞灯(Hg)、钠灯(Na)、碘灯(I)、氙灯(Xe)、氖灯(Ne)等。但光源种类一般很少标注。

灯具安装方式文字符号　　　　　　　　　　　表3-4

序　号	名　称	文字符号	英文名称
1	线吊式自在器线吊式	SW	Wire suspension type
2	链　吊　式	CS	Catenary suspension type
3	管　吊　式	DS	Conduit suspension type
4	壁　装　式	W**	Wall mounted type
5	吸　顶　式	C*	Ceiling mounted type
6	嵌　入　式	R	Flush type
7	顶棚内安装	CR	Recessed in ceiling
8	墙壁内安装	WR	Recessed in wall
9	支架上安装	S	Mounted on support
10	柱上安装	CL	Mounted on column
11	座　装	HM	Holder mounting

＊＊　当图形能区别时也可不注。

＊　也可在标注安装高度处打一横线,而不必注明符号。

3. 动力、照明平面图阅读方法及注意事项

动力、照明平面图是动力、照明工程的主要图纸,是安装施工单位编制工程造价和施

工方案，进行安装施工的主要依据之一，必须熟悉阅读，全面掌握。读图时，一般应注意以下几点：

（1）应按阅读建筑电气工程图的一般顺序进行阅读。首先应阅读相对应的动力、照明系统图，了解整个系统的基本组成，相互关系，做到心中有数。

（2）阅读说明。平面图常附有设计或施工说明，以表达图中无法表示或不易表示，但又与施工有关的问题。有时还给出设计所采用的非标准图形符号。了解这些内容对进一步读图是十分必要的。

（3）了解建筑物的基本情况，如房屋结构、房间分布与功能等。熟悉电气设备、灯具等在建筑物内的分布及安装位置，同时要了解它们的型号、规格、性能、特点和对安装的技术要求。对于设备的性能、特点及安装技术要求，往往要通过阅读相关技术资料及施工验收规范来了解。如在照明平面图中，当照明开关的安装高度设计没有明确规定时，我们就可按《建筑电气工程施工质量验收规范》（GB 50303—2002）的有关规定执行，即：开关安装的位置应便于操作，开关边缘距门框的距离宜为 0.15～0.2m；开关距地面高度宜为 1.3m；拉线开关距地面高度宜为 2～3m，层高小于 3m时，拉线开关距顶板不小于 100mm，且拉线出口应垂直向下。如图 3-3 为某住宅一层甲住户照明平面图。因各房间内灯具均为普通灯具，所用光源为普通白炽灯和荧光灯，所以平面图中只简单标出了灯泡(灯管)的功率、安装方式和安装高度。开关插座的安装高度即可按规范执行。

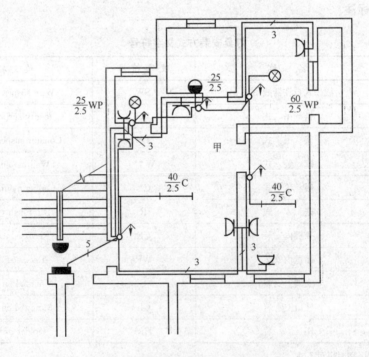

图 3-3 某住宅一层甲住户照明平面

（4）了解各支路的负荷分配情况和连接情况。在了解了电气设备的分布之后，就要进一步明确它是属于哪条支路的负荷，从而弄清它们之间的连接关系，这是最重要的。一般从进线开始，经过配电箱后，一条支路一条支路的看。如果这个问题解决不好，就无法进行实际配线施工。

由于动力线路负荷多是三相负荷，所以主接线连接关系比较清楚。然而照明线路负荷都是单相负荷，而且照明灯具的控制方式也多种多样，对相线、零线、保护线的连接各有要求，所以其连接关系较复杂。如相线必须经开关后再接灯座，而零线则可直接进灯座，保护线则直接与灯具金属外壳相连接。这样就会造成灯具之间、灯具与开关之间出现导线根数的变化。其变化规律要通过熟悉照明基本线路和配线基本要求才能掌握。如图 3-3 中，从照明分配电箱引出 5 根线进入甲户房间，与图 3-1 相对照阅读，就能很清楚地知道这 5 根线是照明支路的相线和零线及插座支路的相线、零线和PE 线。

（5）动力、照明平面图是施工单位用来指导施工的依据，也是施工单位用来编制施工方案和编制工程预算的依据。而常用设备、灯具的具体安装方法又往往在平面图上不加表示，这个问题要通过阅读安装大样图来解决。将阅读平面图和阅读安装大样图（国家标准图）结合起来，就能编制出可行的施工方案和准确的工程预算。

（6）动力、照明平面图只表示设备和线路的平面位置而很少反映空间高度。但是我们在阅读平面图时，必须建立起空间概念。这对造价技术人员特别重要，可以防止在编制工程预算时，造成垂直敷设管线的漏算。

（7）相互对照、综合看图。为避免建筑电气设备及电气线路与其他建筑设备及管路在安装时发生位置冲突，在阅读动力、照明平面图时要对照阅读其他建筑设备安装工程施工图，同时还要了解规范要求。如电气线路与管道间的距离就应符合表 3-5 的规定。

电气线路与管道间最小距离（mm）　　　　　　　　　　　　表 3-5

管 道 名 称	配线方式		穿管配线	绝缘导线的配线	裸导线配线
蒸汽管	平行	管道上	1000	1000	1500
		管道下	500	500	1500
	交　叉		300	300	1500
暖气、热水管	平行	管道上	300	300	1500
		管道下	200	200	1500
	交　叉		100	100	1500
通风、给排水及压缩空气管	平　行		100	200	1500
	交　叉		50	100	1500

注：1. 对蒸汽管道，当在管外包隔热层后，上下平行距离可减至 200mm。

2. 暖气管、热水管应设隔热层。

3. 对裸导线，应在裸导线处加装保护网。

学习建筑电气工程图纸是一个循序渐进，理论联系实际的过程，只要在掌握了识图基本知识和规律的基础上勇于实践，一定会取得进步。

第二节　建筑电气照明基本知识

一、照明方式和种类

1. 照明方式

照明方式一般可分为一般照明和局部照明。

所谓一般照明就是为使整个照明场所获得均匀明亮的水平照度，灯具在整个照明场所基本上均匀布置的照明方式。有时也可根据工作面布置的实际情况及其对照度的不同要求，将灯具集中或分区集中均匀地布置在工作区上方，使不同被照面上产生不同的照度。也有人称这种照明方式为分区一般照明。

所谓局部照明，是为了满足照明范围内某些部位的特殊需要而设置的照明。它仅限于照亮一个有限的工作区，通常采用从最适宜的方向装设台灯、射灯或反射型灯泡。其优点是灵活、方便、节电，能有效地突出重点。

以上两种方式往往在同一场所同时存在，这种由一般照明和局部照明共同组成的照明，人们习惯称为混合照明。

2. 照明种类

照明种类多以其主要作用划分。通常有正常照明、应急照明、值班照明、警卫照明、障碍照明、装饰照明、艺术照明等。

（1）正常照明。也称工作照明。是为满足正常工作而设置的照明。它起着满足人们基本视觉要求的功能，是照明工程中的主要照明。它一般是单独使用，也可与应急照明和值班照明同时使用，但控制线路必须分开。

（2）应急照明。在正常照明因事故熄灭后，供事故情况下继续工作，或保证人员安全顺利疏散的照明。它包括备用照明、安全照明和疏散照明。疏散照明一般多设置在人员比较集中的公共建筑内。

（3）值班照明。在非工作时间供值班人员观察用的照明称值班照明。可利用正常照明中能单独控制的一部分或用应急照明的一部分作为值班照明。

（4）警卫照明。用于警卫区内重点目标的照明称为警卫照明，可按警戒任务的需要，在警卫范围内装设，应尽量与正常照明合用。

（5）装饰照明。为美化和装饰某一特定空间而设置的照明。装饰照明可以是正常照明和局部照明的一部分，建筑内安装的各种灯具本身对建筑就起到了美化装饰的作用。但它是指以纯装饰为目的的照明，不兼作一般照明和局部照明。

（6）艺术照明。通过运用不同的灯具、不同的投光角度和不同的光色，制造出一种特定空间气氛的照明。

二、常用电光源

1. 电光源的分类

根据光的产生原理，电光源主要分为两大类。

一类是以热辐射作为光辐射原理的电光源，包括白炽灯和卤钨灯，它们都是用钨丝为辐射体，通电后使之达到白炽温度，产生热辐射。这种光源统称为热辐射光源，目前仍是重要的照明光源，生产数量极大。

另一类是气体放电光源，它们主要以原子辐射形式产生光辐射。根据这些光源中气体的压力，可分为低压气体放电光源和高压气体放电光源。常用低压气体放电光源有荧光灯和低压钠灯；常用高压气体放电光源有高压汞灯、金属卤化物灯、高压钠灯、氙灯等。

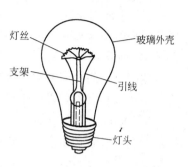

图 3-4 普通白炽灯泡结构

2. 常用电光源

（1）普通白炽灯。普通白炽灯是最早出现的电光源，称作第一代电光源，其结构如图 3-4 所示。由玻壳、灯丝、支架、引线和灯头等部分组成。

普通白炽灯泡的灯头形式分插口和螺口两种。插口灯头接触面小，灯的功率大时，接触处温度过高，故一般用于小功率普通白炽灯。螺口灯头接触面较大，可适用于任何功率的灯泡。

普通白炽灯泡的规格有 15、25、40、60、100、150、200、300、500W 等。

（2）卤钨灯。其工作原理与普通白炽灯一样，其突出的特点是灯管(泡)内在充入气体的同时加入了微量的卤素物质，所以称为卤钨灯。目前国内用的卤钨灯主要有两类：一类是充入微量碘化物的，称为碘钨灯；另一类是灯内充入微量溴化物的，称为溴钨灯。卤钨灯多制成管状。如图 3-5 所示。灯管功率一般都比较大，所以适用于体育场、广场、机场等场所照明。

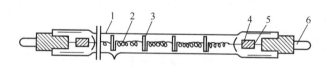

图 3-5　碘钨灯结构

1—石英玻璃管；2—灯丝；3—支架；4—钼箔；5—导丝；6—电极

（3）荧光灯。荧光灯是室内照明应用最广的光源，被称为第二代光源，与白炽灯相比，具有光效高、寿命长的特点。因此应用广、发展快，类型也比较多。目前国内荧光灯主要类型有直管型荧光灯、异形荧光灯和紧凑型荧光灯等。

直管型荧光灯作为一般照明用，使用最为广泛，且品种较多，有日光色、白色、暖白色及彩色等。常用异型荧光灯主要有 U 型和环型两种，便于照明布置，更具装饰作用。紧凑型荧光灯是近年发展起来的，有双 U 型、双 D 型、H 型等；具有体积小、光效高、造型美观、安装使用方便等特点，有逐渐代替白炽灯的发展趋势。

（4）高压汞灯。又称高压水银灯，靠高压汞气放电而发光。其结构分外镇流和自镇流两种。见图 3-6 所示。自镇流式高压汞灯使用方便，不必在电路中再安装镇流器。适用于大空间场所的照明，如礼堂、展览馆、车间、码头等。

（5）钠灯。钠灯和汞灯一样也是气体放电光源，只是在灯管内放入适量的钠和惰性气体，就成为钠

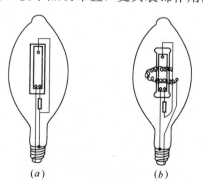

(a)　　　　　(b)

图 3-6　高压汞灯

(a)外镇流式；(b)自镇流式

灯。钠灯分为高压钠灯和低压钠灯两种，具有省电、光效高、透雾能力强等特点，所以适用于作室外道路、隧道等照明。

（6）金属卤化物灯。金属卤化物灯的结构与高压汞灯极其相似，只是在放电管中除了像高压汞灯那样充入汞和氩气外，还填充了各种不同的金属卤化物。按填充的金属卤化物的不同，主要有钠铊铟灯、镝灯、钪钠灯等。

我国使用的金属卤化物灯在放电管中一般不装辅助电极，因此不能自行启燃，必须在电路中接入触发器，以产生启燃高压脉冲。目前使用的一般都是电子触发器。

（7）氙灯。氙灯也是一种弧光放电灯，放电管两端装有钍钨棒状电极，管内充有高纯度的氙气。具有功率大、光色好、体积小、亮度高、启动方便等优点，被人们称誉为"小太阳"。多用于广场、车站、码头、机场等大面积场所照明。

（8）霓虹灯。又称氖气灯、年红灯。霓虹灯并不是照明用光源。但常用于建筑灯光装饰、娱乐场所、商业装饰，是用途最广泛的装饰彩灯。

三、常用灯具

灯具主要由灯座和灯罩等部件组成。其作用是固定和保护光源、控制光线、将光源光通量重新分配，以达到合理利用和避免眩光的目的。按其结构特点可分为开启式、闭合式（保护式）、封闭式、密闭式、防爆式等。若按安装方式分类，可分为吸顶式、嵌入顶棚式、悬挂式(有线吊、管吊、链吊)、附墙式和嵌墙式等。

灯具其他分类方法不再赘述。

四、建筑装饰照明装置

将灯与建筑构件(顶棚、墙、梁、柱、檐及窗帘盒等)合成一体的照明方式，因其有较好的建筑装饰作用，所以常称为建筑装饰照明。常用形式有以下几种：

1. 发光顶棚。在透光吊顶与建筑构造之间装灯时，该顶棚就成了发光顶棚。其一般构造如图 3-7。

发光顶棚的光源安装在顶棚上面的夹层中。夹层要有一定的高度，以保证灯之间的距离与灯悬挂高度之比值选得恰当，并可以在夹层中对照明设备进行维护。

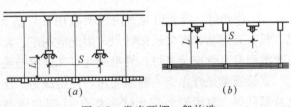

图 3-7　发光顶棚一般构造
(a)玻璃发光顶棚；(b)格栅发光顶棚

发光顶棚的优点是工作面上可以获得均匀的照度，可以减小，甚至消除室内的阴影，且顶棚明亮，使人觉得敞亮，但这种照明方式往往缺乏立体感，显得平淡单调，因此大面积的发光顶棚已较少采用。

2. 光带。房间顶棚上长条状的照明装置称为光带。采用光带照明可以克服发光顶棚照明的平淡单调，并可在顶棚上排列成各种图案，装饰效果好。

光带的光源最常用的是荧光灯。光带的透光部分所用材料可以与发光顶棚一样，主要用漫射透光材料或格栅型透光面。用抛光铝合金制成的大格栅透光面使用较多，其特点是既能有效地控制眩光，又能获得较高的灯具效率。

3.檐板照明装置。利用不透光檐板遮住光源，将墙壁照亮的照明设备就称檐板照明装置。这种照明装置中的檐板作为建筑装饰构件，可以安装在墙的上部，也可固定在顶棚上。与窗帘盒合为一体的就称为窗帘盒照明装置。无论是檐板照明装置还是窗帘盒照明装置，一般多采用荧光灯作光源。

4.暗槽照明装置。凡是利用凹槽遮住光源，并将光主要投向上方和侧方的间接照明装置就称暗槽照明装置。暗槽照明装置种类多种多样，图3-8中介绍了其中几种形式。

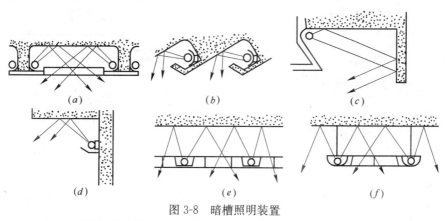

图 3-8　暗槽照明装置

(a)光龛；(b)侧顶暗槽照明；(c)侧暗槽照明；(d)光檐；(e)组合光梁；(f)悬挂式组合光源

暗槽照明装置基本上属于间接照明，光线柔和，无阴影。比较多地用于装饰照明，能形成温馨的气氛。

五、照明基本线路

熟悉掌握照明基本控制线路是我们提高读图效率的基本保证。常用照明控制基本线路有下面几种：

1.一只开关控制一盏灯或多盏灯。这是一种最简单的照明控制线路，其平面图上的表示如图3-9(a)。图3-9(b)为一只开关控制多盏灯。

图 3-9　一只开关控制一盏灯和多盏灯的平面图表示

值得注意的是要清楚平面图和实际接线图的区别。见图3-10。从实际接线图我们要清楚两点：①开关必须接在相线上；零线不进开关，直接接灯座；②一只开关控制多盏灯时，几盏灯均应并联接线，而不是串联接线。

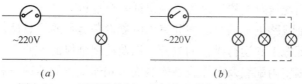

图 3-10　一只开关控制一盏灯和多盏灯的实际接线

2.两只双控开关控制一盏灯。用2只双控开关控制一盏灯的线路通常用于楼梯、过道等处，其实际接线如图 3-11(a)所示，图 3-11(b)为其平面图。从图中我们看出双控开关比普通开关多了一个接点，开关上要接 3 根线，所以也有人称双控开关为三线开关。如果在线路中再增加一只中间开关，还可实现在 3 处(即用 3 只开关)控制一盏灯。

3. 荧光灯控制线路。荧光灯不像白炽灯接线那么方便。因为荧光灯必须要有配套的镇流器、起辉器等附件。其实际接线如图 3-12(a)所示。但在平面图上就把灯管、镇流器、起辉器等作为一个整体反映出来，表示方法如图 3-12(b)。这是应该十分清楚的。

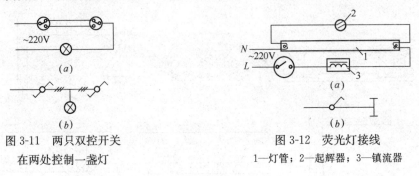

图 3-11　两只双控开关　　　　　　　图 3-12　荧光灯接线
　　　在两处控制一盏灯　　　　　　1—灯管；2—起辉器；3—镇流器

第三节　室内配电线路

室内配电线路是敷设在建筑物内为建筑设备和照明装置供电的线路。由于建筑结构的不同，室内配电线路的敷设方式、敷设部位，以及所用导线的种类都会有所不同。而这些内容都会在动力、照明平面图上反映出来，在本章第一节我们已经介绍了平面图上的标注方法，但是，要根据施工平面图做出合理的工程造价，我们还必须了解室内配电线路常用敷设方式及其施工工艺。

一、线路敷设方式、基本要求及施工工序

1. 室内配线方式

室内配线按其敷设方式可分为明敷设和暗敷设两种。所谓明敷设，就是将绝缘导线直接或穿于管子、线槽等保护体内，敷设于墙壁、顶棚的表面及桁架、支架等处；所谓暗敷设，就是将导线穿于管子、线槽等保护体内，敷设于墙壁、顶棚、地坪及楼板等内部或在混凝土板孔内敷设等。

常用配线方法有：瓷瓶配线、管子配线、线槽配线、塑料护套线配线、钢索配线等。

2. 室内配线基本要求

尽管室内配线方法较多，而且不同配线方法的技术要求也各不相同，但都要符合室内配线共同的基本要求，也可以说是室内配线应遵循的基本原则。即：

(1) 安全。室内配线及电器、设备必须保证安全运行。

(2) 可靠。保证线路供电的可靠性和室内电器设备运行的可靠性。

(3) 方便。保证施工和运行操作的方便，以及使用维修的方便。

(4) 美观。不因室内配线及电器设备安装而影响建筑物的美观，相反应有助于建筑物的美化。

(5) 经济。在保证安全、可靠、方便、美观和具有发展可能的条件下，应考虑其经济

性，尽量选用最合理的施工方法，节约资金。

3. 室内配线施工工序

（1）定位划线。根据施工图纸，确定电器安装位置、线路敷设途径、线路支持件位置、导线穿过墙壁及楼板的位置等。

（2）预埋支持件。在土建抹灰前，在线路所有固定点处，打好孔洞，埋设好支持构件。此项工作应尽量配合土建施工时完成。

（3）装设绝缘支持物、线槽或桥架、保护管。

（4）敷设导线。

（5）安装灯具、开关及电器设备等。

（6）测试导线绝缘、连接导线。

（7）校验、自检、试通电。

二、室内配电线路常用绝缘电线及电缆

（一）常用绝缘电线

绝缘电线主要有聚氯乙烯绝缘电线和橡皮绝缘电线，目前使用最多的是聚氯乙烯绝缘电线。其型号类型见表 3-6。

聚氯乙烯绝缘电线型号类型及特点　　　　　　　　　　表 3-6

类　型		型　号		主要特点
		铝　芯	铜　芯	
聚氯乙烯绝缘电线	普通型	BLV、BLVV（圆型）BLVVB（扁型）	BV、BVV（圆型）BVVB（扁型）	这类普通电线的绝缘性能良好，制造工艺简便，价格较低。缺点是对气候适应性能差，低温时变硬发脆，高温或日光照射下增塑剂容易挥发而使绝缘老化加快。因此，在未具备有效隔热措施的高温环境、日光经常照射或严寒地方，宜选择相应的特殊型塑料电线
	绝缘软线		BVR，RV、RVB（扁型）RVS（绞型）	
	阻燃型		ZR-BV、ZR-BVV、ZR-RV、ZR-RVB（扁型）ZR-RVS（绞型）	
	耐热型	BLV_{105}	BV_{105}、RV_{105}	
	耐火型		NH-BV、NH-BVV	

（二）常用电缆

在配电系统中，最常见的电缆有电力电缆和控制电缆。输配电能的电缆，称为电力电缆。用在保护、操作等回路中传导电流的称控制电缆。电缆既可用于室外配电线路，也可用于室内电缆布线。

1. 电缆的型号及名称

我国电缆产品的型号系采用汉语拼音字母组成，有外护层时则在字母后加上两个阿拉伯数字。常用电缆型号中字母的含义及排列顺序如表 3-7 所示。

常用电缆型号字母含义及排列顺序　　　　　　　　　　表 3-7

类　别	绝缘种类	线芯材料	内护层	其他特征	外护层
电力电缆不表示K-控制电缆Y-移动式软电缆P-信号电缆H-市内电话电缆	Z-纸绝缘X-橡皮V-聚氯乙烯Y-聚乙烯YJ-交联聚乙烯	T-铜（省略）L-铝	Q-铅护套L-铝护套H-橡套（H）F-非燃性橡套V-聚氯乙烯护套Y-聚乙烯护套	D-不滴流F-分相铅包P-屏蔽C-重型	2个数字（含义见表3-8）

表示电缆外护层的两个数字,前一个数字表示铠装结构,后一个数字表示外被层结构。数字代号的含义见表3-8。但目前电缆生产厂家仍有很多使用老的代号,为方便识别特列出电缆外护层代号新旧对照表(表3-9)。

电缆外护层代号的含义			表 3-8
第一个数字		第二个数字	
代号	铠装层类型	代号	外被层类型
0	无	0	无
1	—	1	纤维绕包
2	双钢带	2	聚氯乙烯护套
3	细圆钢丝	3	聚乙烯护套
4	粗圆钢丝	4	—

电缆外护层代号新旧对照表			表 3-9
新代号	旧代号	新代号	旧代号
02,03	1,11	(31)	3,13
20	20,120	32,33	23,39
(21)	2,12	(40)	50,150
22,23	22,29	41	5,25
30	30,130	(42,43)	59,15

注:表内括号中数字的外护层结构不推荐使用。

2. 电力电缆的种类

电力电缆按绝缘类型和结构可分成以下几类:

(1)油浸纸绝缘电力电缆。

(2)塑料绝缘电力电缆,包括聚氯乙烯绝缘电力电缆,聚乙烯绝缘电力电缆,交联聚乙烯绝缘电力电缆。

(3)橡皮绝缘电力电缆,包括天然一丁苯橡皮绝缘电力电缆、乙基橡皮绝缘电力电缆、丁基橡皮绝缘电力电缆等。

当前在建筑电气工程中使用最广泛的是塑料绝缘电力电缆。用于塑料绝缘电力电缆中的塑料材料,主要有聚氯乙烯塑料和交联聚乙烯塑料,以及它们的派生产品:阻燃型聚氯乙烯塑料和阻燃型交联聚乙烯塑料。

常用聚氯乙烯绝缘电力电缆和交联聚乙烯绝缘电力电缆的型号及用途见表3-10和表3-11。阻燃型电缆则在其型号前加"ZR"。

聚氯乙烯绝缘电力电缆型号		表 3-10
型 号		名 称
铜 芯	铝 芯	
VV	VLV	聚氯乙烯绝缘聚氯乙烯护套电力电缆
VY	VLY	聚氯乙烯绝缘聚乙烯护套电力电缆
VV$_{22}$	VLV$_{22}$	聚氯乙烯绝缘钢带铠装聚氯乙烯护套电力电缆
VV$_{23}$	VLV$_{23}$	聚氯乙烯绝缘钢带铠装聚乙烯护套电力电缆
VV$_{32}$	VLV$_{32}$	聚氯乙烯绝缘细钢丝铠装聚氯乙烯护套电力电缆
VV$_{33}$	VLV$_{33}$	聚氯乙烯绝缘细钢丝铠装聚乙烯护套电力电缆
VV$_{42}$	VLV$_{42}$	聚氯乙烯绝缘粗钢丝铠装聚氯乙烯护套电力电缆
VV$_{43}$	VLV$_{43}$	聚氯乙烯绝缘粗钢丝铠装聚乙烯护套电力电缆

型　　号		名　　称	主　要　用　途
铜　芯	铝　芯		
YJV	YJLV	交联聚乙烯绝缘聚氯乙烯护套电力电缆	敷设于室内、隧道、电缆沟及管道中，也可埋在松散的土壤中，电缆不能承受机械外力作用，但可承受一定敷设牵引
YJY	YJLY	交联聚乙烯绝缘聚乙烯护套电力电缆	
YJV$_{22}$	YJLV$_{22}$	交联聚乙烯绝缘钢带铠装聚氯乙烯护套电力电缆	适用于室内、隧道、电缆沟及地下直埋敷设，电缆能承受机械外力作用，但不能承受大的拉力
YJV$_{23}$	YJLV$_{23}$	交联聚乙烯绝缘钢带铠装聚乙烯护套电力电缆	
YJV$_{32}$	YJLV$_{32}$	交联聚乙烯绝缘细钢丝铠装聚氯乙烯护套电力电缆	敷设在竖井、水下及具有落差条件下的土壤中，电缆能承受机械外力作用的相当的拉力
YJV$_{33}$	YJLV$_{33}$	交联聚乙烯绝缘细钢丝铠装聚乙烯护套电力电缆	
YJV$_{42}$	YJLV$_{42}$	交联聚乙烯绝缘粗钢丝铠装聚氯乙烯护套电力电缆	适于水中、海底电缆能承受较大的正压力和拉力的作用
YJV$_{43}$	YJLV$_{43}$	交联聚乙烯绝缘粗钢丝铠装聚乙烯护套电力电缆	

三、管子配线

把绝缘导线穿入保护管内敷设，称为管子配线，是目前建筑内配线使用最多的配线方法。

（一）常用管材

管子配线所用管材多为金属管和聚氯乙烯（塑料）管。

1. 金属管

配管工程中常使用的钢管有厚壁钢管、薄壁钢管、金属波纹管和普利卡套管四类。厚壁钢管又称焊接钢管或低压流体输送钢管（水煤气管），有镀锌和不镀锌之分。薄壁钢管又称电线管。

（1）厚壁钢管（水煤气管）

水煤气钢管用作电线电缆的保护管，可以暗配于一些潮湿场所或直埋于地下，也可以沿建筑物、墙壁或支吊架敷设。其规格见表 3-12 所示。

（2）电线管

电线管多用于敷设在干燥场所的电线、电缆的保护管，可明敷或暗敷。电线管的规格应符合《电气安装用导管　特殊要求——金属导管》（GB/T 14823.1—1993）的规定。见表 3-13、表 3-14。

表 3-12

低压流体输送用焊接钢管(GB 3092—82)

公称口径		外　径		普通钢管			加厚钢管		
		公称尺寸 (mm)	允许偏差 (mm)	壁　厚		理论重量 (kg/m)	壁　厚		理论重量 (kg/m)
(mm)	(in)			公称尺寸 (mm)	允许偏差 (%)		公称尺寸 (mm)	允许偏差 (%)	
15	$\frac{1}{2}$	21.3		2.75		1.25	3.25		1.45
20	$\frac{3}{4}$	26.8		2.75		1.63	3.50		2.01
25	1	33.5	±0.50	3.25	+12 −15	2.42	4.00	+12 −15	2.91
32	$1\frac{1}{4}$	42.3		3.25		3.13	4.00		3.78
40	$1\frac{1}{2}$	48.0		3.50		3.84	4.25		4.58
50	2	60.0		3.50		4.88	4.50		6.16
65	$2\frac{1}{2}$	75.5		3.70		6.64	4.50		7.88
80	3	88.5	±1	4.00	+12 −15	8.34	4.75	+12 −15	9.81
100	4	114.0		4.00		10.85	5.00		13.44
125	5	140.0		4.50		15.04	5.50		18.24
150	6	165.0		4.50		17.81	4.50		21.63

注：1. 表中的公称直径系近似内径的名义尺寸，它不表示公称外径减去两个公称壁厚所得的内径；

　　2. 钢管理论重量计算(钢的相对密度为 7.85)的公式为：

$$P = 0.02466S(D-S)$$

　　式中　P——钢管的理论重量，kg/m；

　　　　　D——钢管公称外径，mm；

　　　　　S——钢管的公称壁厚，mm。

表 3-13

不可形成螺纹导管的外径及壁厚(mm)

导管外径尺寸	16	20	25	32	40	50	63
壁　厚	1.0±0.1		1.2±0.12				
外径公差	0 −0.3			0 −0.4		0 −0.5	0 −0.6

表 3-14

可形成螺纹导管的外径及壁厚(mm)

导管外径尺寸	16	20	25	32	40	50	63
外径公差	0 −0.3			0 −0.4		0 −0.5	0 −0.6
最小壁厚	1.5±0.15		1.6±0.15				1.9±0.18

(3) 金属波纹管

金属波纹管也叫金属软管或蛇皮管，主要用于设备上的配线，或用于管、槽与设备的连接等。它是用 0.5mm 以上的双面镀锌薄钢带加工压边卷制而成，轧缝处有的加石棉垫，有的不加，其规格尺寸与电线管相同。

（4）普利卡金属套管

普利卡金属套管是电线电缆保护套管的更新换代产品，其种类很多，但其基本结构类似，都是由镀锌钢带卷绕成螺纹状，属于可挠性金属套管。具有搬运方便、施工容易等特点。可用于各种场合的明、暗敷设和现浇混凝土内的暗敷设。

1）LZ-3 型普利卡金属套管

LZ-3 型为单层可挠性电线保护管，外层为镀锌钢带（FeZn）；里层为电工纸（P）。主要用于室内装修和电气设备及低压室内配线。其构造如图 3-13 所示。

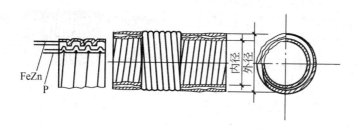

图 3-13　LZ-3 型普利卡金属套管构造图

2）LZ-4 型普利卡金属套管

LZ-4 型为双层金属可挠性保护套管，属于基本型，外层为镀锌钢带（FeZn）；中间层为冷轧钢带（Fe），里层为电工纸（P）。金属层与电工纸重叠卷绕呈螺旋状，再与卷材方向相反地施行螺纹状折褶，构成可挠性。其规格见表 3-15。构造如图 3-14。

LZ-4 型普利卡金属套管规格表　　　表 3-15

规　格 （号）	内　径 （mm）	外　径 （mm）	外径公差 （mm）	每卷长 （m）	螺　距 （mm）	每卷重量 （kg）
10	9.2	13.3	±0.2	50		11.5
12	11.4	16.1	±0.2	50	1.6 ± 0.2	15.5
15	14.1	19.0	±0.2	50		18.5
17	16.6	21.5	±0.2	50		22.0
24	23.8	28.8	±0.2	25		16.25
30	29.3	34.9	±0.2	25	1.8 ± 0.25	21.8
38	37.1	42.9	±0.4	25		24.5
50	49.1	54.9	±0.4	20		28.2
63	62.6	69.1	±0.6	10		20.6
76	76.0	82.9	±0.6	10	2.0 ± 0.3	25.4
83	81.0	88.1	±0.6	10		26.8
101	100.2	107.3	±0.6	6		18.72

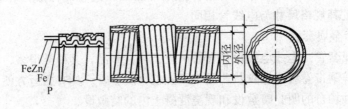

图 3-14　LZ-4 型普利卡金属套管构造图

3）LV-5 型普利卡金属套管

LV-5 型普利卡金属套管是用特殊方
法在 LZ-4 套管表面被覆一层具有良好韧
性的软质聚氯乙烯（PVC）。除具有 LZ-4
型套管的特点外，且具有优良的耐水性、
耐腐蚀性、适用于室内、外多潮湿及有水
蒸气的场所使用。其规格见表 3-16，构造
如图 3-15 所示。

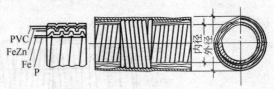

图 3-15　LZ-5 型普利卡金属套管构造图

LV-5 型普利卡金属套管规格表　　　　　　　　表 3-16

规　格 （号）	内　径 （mm）	外　径 （mm）	外径公差 （mm）	乙烯层厚度 （mm）	每卷长 （m）	重　量 （kg/m）	每卷重量 （kg）
10	9.2	14.9	±0.2	0.8	50	0.31	15.5
12	11.4	17.7	±0.2	0.8	50	0.40	20.0
15	14.1	20.6	±0.2	0.8	50	0.45	22.5
17	16.6	23.1	±0.2	0.8	50	0.54	25.5
24	23.8	30.4	±0.2	0.8	25	0.80	20.0
30	29.3	36.5	±0.2	0.8	25	0.98	24.5
38	37.1	44.9	±0.4	0.8	25	1.26	31.5
50	49.1	56.9	±0.4	1.0	20	1.80	36.0
63	62.3	71.5	±0.6	1.0	10	2.38	23.8
76	76.0	85.3	±0.6	1.0	10	2.88	28.8
83	81.0	90.9	±0.8	2.0	10	3.41	34.1
101	100.2	110.1	±0.8	2.0	6	4.64	27.84

除以上几种类型外，尚有 LE-6、LVH-7、LAL-8、LS-9 型等多种类型，适用于多潮
湿或有腐蚀性气体等场所。

2. 塑料管

建筑电气工程中常用的塑料管有硬质塑料管（PVC 管）、半硬质塑料管和软塑料管。

（1）PVC 塑料管

PVC 硬质塑料管适用于民用建筑或室内有酸、碱腐蚀性介质的场所。由于塑料管在
高温下机械强度下降，老化加速，且蠕变量大，所以环境温度在 40℃以上的高温场所不

应使用。在经常发生机械冲击、碰撞、摩擦等易受机械损伤的场所也不应使用。

PVC 硬质塑料管的规格应符合《电气安装用导管　特殊要求——刚性绝缘材料平导管》(GB/T 14823.2—1993)或《建筑用绝缘电工套管及配件》(GB 3050—1998)的规定，参见表 3-17。

PVC 塑料管

表 3-17

外径(mm)	壁厚(mm)	外径(mm)	壁厚(mm)
16	$2.0^{+0.4}_{0}$	45	$3.0^{+0.6}_{0}$
20	$2.0^{+0.4}_{0}$	50	$3.0^{+0.6}_{0}$
25	$2.0^{+0.4}_{0}$	63	$3.6^{+0.7}_{0}$
32	$2.4^{+0.5}_{0}$	75	$3.6^{+0.7}_{0}$
40	$3.0^{+0.6}_{0}$		

在电气线路中使用的硬质 PVC 塑料管必须有良好的阻燃性能。并应使用与管材相配套的各种难燃材料制成的附件。

(2) 半硬塑料管和塑料波纹管

半硬塑料管多用于一般居住和办公建筑等干燥场所的电气照明工程中，暗敷布线。

也可把半硬塑料管分为难燃平滑塑料管和难燃聚氯乙烯波纹管(简称塑料波纹管)，如图 3-16 所示。其规格见表 3-18 和表 3-19。

平滑半硬塑料管规格及编号表

表 3-18

公称口径(mm)	规格尺寸(mm)			编 号	
	D_2	b	D_1	PVCBY-1 (通用型)	PVCBY-2 (耐寒型)
15	16	2	12	HY 1011	HY 1021
20	20	2	16	HY 1012	HY 1022
25	25	2.5	20	HY 1013	HY 1023
32	32	3	26	HY 1014	HY 1024
40	40	3	34	HY 1015	HY 1025
50	50	3	44	HY 1016	HY 1026

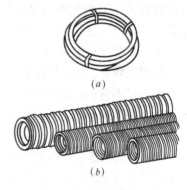

图 3-16　半硬塑料管外形图
(a)难燃平滑塑料管；
(b)难燃聚氯乙烯波纹管

聚氯乙烯难燃型可挠电线管(KRG)规格表

表 3-19

标准直径(mm)	内径 D_1(mm)	外径 D_2(mm)	每米重量(kg)	产品供应长度(m)	编 号
15	$14.3^{+0.5}_{0}$	18.7 ± 0.1	0.060	100	HSR 1001
20	$16.5^{+0.5}_{0}$	21.2 ± 0.15	0.070	100	HSR 1011
25	$23.3^{+0.5}_{0}$	28.9 ± 0.15	0.105	50	HSR 1021
32	$29^{+0.5}_{0}$	34.5 ± 0.15	0.130	50	HSR 1031
40	$36.2^{+0.6}_{0}$	42.5 ± 0.2	0.184	50	HSR 1014
50	$47.7^{+0.8}_{0}$	54.5 ± 0.2	0.260	25	HSR 1051

（二）管子敷设

管子敷设俗称配管，配管分为明配管和暗配管。所谓明配管就是把管子敷设于墙壁、桁架、柱子等建筑结构的表面，要求横平竖直、整齐美观、固定牢靠。暗配管就是把管子敷设于墙壁、地坪、楼板等内部，要求管路短、弯头少、不外露。管子敷设工序如下：

1. 管子加工

配管之前首先按照施工图纸要求选择好管子，再根据现场实际情况进行必要的加工。

（1）除锈涂刷防腐漆。若使用黑铁管则要对管子内、外壁除锈，刷防腐漆。镀锌管则不需。

（2）切割套丝。配管时要根据实际需要长度，将管子切割、套丝，以便连接。

管子的切割通常使用钢锯、管子割刀或电动切割机。严禁使用气割。切割的管口应光滑。

使用厚壁钢管时，管子与管子的连接，管子与配电箱、接线盒的连接都需要在管子端部套丝。套丝方法多采用管子绞板（如图 3-17 所示）或电动套丝机。不管采用何种方法，套丝完毕，都应随即清扫管口，将管口端面和内壁的毛刺用锉刀锉光，使管口保持光滑，以免穿线时割破导线绝缘。

（3）管子弯曲。管线改变方向是不可避免的，所以管子的弯曲是不可少的。钢管的弯曲方法多使用弯管器或电动弯管机。PVC 管的弯曲可先将弯管专用弹簧插入管子的弯曲部分，然后进行弯曲，其目的是避免将管子弯扁。

图 3-17　管子绞板套丝示意

管子弯曲半径的大小直接影响穿线的难易程度，因此，在弯曲管子时必须保证弯曲半径符合规范规定。即：明配管不宜小于管外径的 6 倍，当两个接线盒间只有一个弯曲时，其弯曲半径不宜小于管外径的 4 倍。暗配管不应小于管外径的 6 倍，当敷设于地下或混凝土内时，则不应小于管外径的 10 倍。

2. 管子的连接

（1）钢管的连接。当钢管采用螺纹连接时（管接头连接），其管端螺纹长度不应小于管接头长度的 1/2；连接后，其螺纹宜外露 2～3 扣。为保证管接口的严密性，管端螺纹部分可缠以聚四氟乙烯塑料带，用管钳子拧紧。当钢管采用套管连接时，套管长度宜为所连接钢管外径的 1.5～3 倍。管与管的对口处应位于套管的中心。套管采用焊接连接时，焊缝应牢固严密；采用紧定螺钉连接时，螺钉应拧紧；在振动场所，紧定螺钉应有防松动措施。镀锌钢管和薄壁钢管应采用螺纹连接和套管紧定螺钉连接，不应采用熔焊连接。禁止采用对头焊接。

为保证钢管有良好的接地，当黑色钢管采用管接头连接时，连接处的两端应焊接跨接接地线，见图 3-18。跨接接地线选择，见表 3-20。或采用专用接地线卡跨接。镀锌钢管或可挠金属电线保护管的跨接接地线宜采用专用接地线卡跨接，不应采用熔焊连接。

（2）钢管与盒（箱）的连接。暗配的黑色钢管与盒（箱）连接可采用焊接连接，管口宜凸出盒（箱）内壁 3～5mm，且焊后应补涂防腐漆；明配钢管或暗配的镀锌钢管与盒（箱）连接应采用锁紧螺母或护圈帽固定，用锁紧螺母固定的管端螺纹宜外露锁紧螺母 2～3 扣。

76

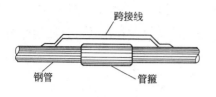

图 3-18 钢管连接处跨接接地线示意

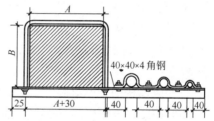

钢跨接线选择表 表 3-20

钢管公称直径(mm)		跨接线(mm)	
电线管	钢 管	圆 钢	扁 钢
≤32	≤25	φ6	
40	32	φ8	
50	40~50	φ10	
70~80	70~80		25×4

（3）可挠金属管连接。可挠金属管的互接，应使用带有螺纹的专用接头进行。

（4）塑料管之间及塑料管与盒（箱）等器件的连接，应采用插入法，连接处结合面应涂专用胶粘剂，插入深度宜为管外径的 1.1~1.8 倍。管与管之间也可采用套管连接，套管长度宜为管外径的 1.5~3 倍，也应涂专用胶粘剂。

3. 管子敷设

管子明敷设多数是沿墙、柱及各种构架的表面用管卡固定，其安装固定可用塑料胀管、膨胀螺栓或角钢支架（见图 3-19）。固定点与终端、转弯中心、电器或接线盒边缘的距离视管子规格宜为 150~500mm；其中间固定点间距应符合表 3-21 的规定。

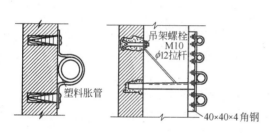

图 3-19 明配管固定方法

管卡间最大距离 表 3-21

敷设方式	导管种类	导管直径(mm)				
		15~20	25~32	32~40	50~65	65 以上
		管卡间最大距离(m)				
支架或沿墙明敷	壁厚>2mm 刚性钢导管	1.5	2.0	2.5	2.5	3.5
	壁厚≤2mm 刚性钢导管	1.0	1.5	2.0	—	—
	刚性绝缘导管	1.0	1.5	1.5	2.0	2.0

暗配管的关键是保证埋入建筑物、构筑物内的电线保护管，与建筑物、构筑物表面的距离不应小于 15mm。进入落地式配电箱的管子应排列整齐，管口宜高出配电箱基础面 50~80mm。埋于地坪下的管路不宜穿过设备基础，在穿过建筑物基础时，应加保护套管保护。配至用电设备的管子，管口应高出地坪 200mm 以上。

配管时应注意根据管路的长度、弯头的多少等实际情况在管路中间适当设置接线盒或拉线盒。其设置原则为：

（1）安装电器的部位应设置接线盒。

（2）线路分支处或导线规格改变处应设置接线盒。

（3）水平敷设管路遇下列情况之一时，中间应增设接线盒或拉线盒，且接线盒或拉线盒的位置应便于穿线：

a. 管子长度每超过 30m，无弯曲。

b. 管子长度每超过 20m，有 1 个弯曲。

c. 管子长度每超过 15m，有 2 个弯曲。

d. 管子长度每超过 8m，有 3 个弯曲。

（4）垂直敷设的管路遇下列情况之一时，应增设固定导线用的拉线盒；

a. 导线截面 50mm² 及以下，长度每超过 30m。

b. 导线截面 70～95mm²，长度每超过 20m。

c. 导线截面 120～240mm² 导线，长度每超过 18m。

（5）管子通过建筑物变形缝处应增设接线盒作补偿装置。

（三）管内穿线

管内穿线时应注意：

（1）电线、电缆穿管前，应清除管内杂物和积水。管口应有保护措施，不进入接线盒（箱)的垂直管口穿入电线、电缆后，管口应密封。

（2）当采用多相供电时，同一建筑物、构筑物的电线绝缘层颜色选择应一致，即保护地线(PE 线)应是黄绿相间色，零线用淡蓝色；相线用：A 相——黄色、B 相——绿色、C 相——红色。

（3）三相或单相的交流单芯电缆，不得单独穿于钢管内。

（4）不同回路、不同电压等级和交流与直流的电线不应穿于同一导管内；同一交流回路的电线应穿于同一金属导管内，且管内电线不得有接头。

（5）爆炸危险环境照明线路的电线和电缆额定电压不得低于 750V，且电线必须穿于钢导管内。

四、金属线槽配线

金属线槽多由厚度为 1～2.5mm 的钢板制成，一般适用于正常环境（干燥和不易受机械损伤)的室内场所明敷设。其中具有槽盖的封闭式金属线槽，具有与金属管相当的耐火性能，可用在建筑物顶棚内敷设。

金属线槽在墙上安装时，可根据线槽的宽度采用 1 个或 2 个塑料胀管配合木螺钉并列固定。一般线槽的宽度 $b \leqslant 100mm$ 时，采用一个胀管固定；线槽宽度 $b > 100mm$ 时，采用 2 个胀管并列固定。如图 3-20 所示。每节线槽的固定点不应少于 2 个，固定点间距一般为 500mm，线槽在转角、分支处和端部应有固定点。金属线槽还可采用托架、吊架等进行固定架设。如图 3-21 所示。

金属线槽的连接应无间断，直线段连接应采用连接板，用垫圈、螺栓、螺母紧固，且螺母应在线槽外侧。连接处间隙应严密、平直、无扭曲变形。在线槽的两个固定点之间，线槽的直线段连接点只允许有一个。线槽进行转角、分支以及与盒(箱)连接时应采用配套弯头、二通、三通等专用附件。金属线槽在穿过墙壁或楼板处不得进行连接，穿过建筑物

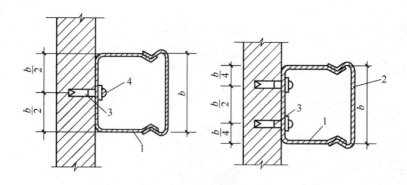

图 3-20　金属线槽在墙上安装
1—金属线槽；2—槽盖；3—塑料胀管；4—8×35 半圆头木螺钉

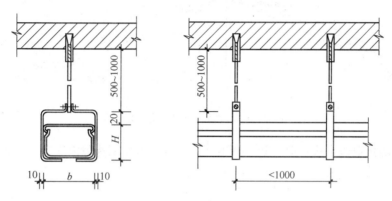

图 3-21　金属线槽用吊架安装

变形缝处应装设补偿装置。

线槽内导线敷设，不应出现挤压、扭结、损伤绝缘等现象，应将放好的导线按回路（或按系统）整理成束，并用尼龙绳绑扎成捆，分层排放在线槽内，做好永久性编号标志。线槽内导线的规格和数量应符合设计规定；当设计无规定时，导线总截面积包括绝缘层在内不应大于线槽截面积的 60％。在盖板可拆卸的线槽内，导线接头处所有导线截面积之和（包括绝缘层），不应大于线槽截面积的 75％；在盖板不易拆卸的线槽内，导线的接头应置于线槽的接线盒内。

金属线槽应可靠接地或接零，当设计无要求时，金属线槽全长不少于 2 处与接地（PE）或接零（PEN）干线连接。但金属线槽不作为设备的接地导体。

五、地面内暗装金属线槽配线

地面内暗装金属线槽配线，是为适应现代化建筑物电气线路日趋复杂而配线出口位置又多变的实际需要而推出的一种新型配线方式。它是将电线或电缆穿在经过特制的壁厚为 2mm 的封闭式矩形金属线槽内，直接敷设在混凝土地面、现浇钢筋混凝土楼板或预制混凝土楼板的垫层内。其组合安装见图 3-22 所示。

地面内暗装金属线槽分为单槽型及双槽分离型两种结构形式，当强电与弱电线路同时

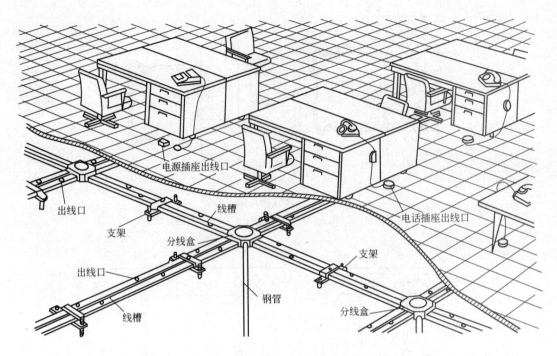

图 3-22　地面内暗装金属线槽组装示意图

敷设时，为防止电磁干扰，应将强、弱电线路分隔而采用双槽分离型线槽分槽敷设。槽内允许容纳导线数量见表 3-22。

线槽内允许容纳导线及电缆数量表　　　　　　　　表 3-22

导线型号名称及规格	BV-500V 绝缘导线						通信及弱电线路导线及电缆				
	单芯导线规格 (mm²)						RVB 平形软线	HYV 电话电缆		SYU 同轴电缆	
线槽型号及规格	1	1.5	2.5	4	6	10	2×0.2	2×0.5		75—5	75—9
	槽内容纳导线根数						槽内容纳导线对数或电缆（条数）				
50 系列	60	35	25	20	15	9	40 对	(1)×80 对		(25)	(15)
70 系列	130	75	60	45	35	20	80 对	(1)×150 对		(60)	(30)

　　地面内暗装金属线槽安装时应根据单线槽或双线槽不同结构形式，选择单压板或双压板与线槽组装并上好地脚螺栓，将组合好的线槽及支架，沿线路走向水平放置在地面或楼（地）面的抄平层或楼板的模板上，如图 3-23 所示，然后再进行线槽的连接。线槽连接应使用线槽连接头进行。线槽支架的设置，一般在直线段 1～1.2m 间隔或在线槽接头处、距分线盒 200mm 处。

　　因地面内暗装金属线槽为矩形断面，不能进行线槽的弯曲加工，当遇有线路交叉、分支或弯曲转向时，必须安装分线盒。线槽插入分线盒的长度不宜大于 10mm。当线槽直线长度超过 6m 时，为方便穿线也宜加装分线盒。

　　线槽内导线敷设与管内穿线方法一样。槽内导线应按用途分色。

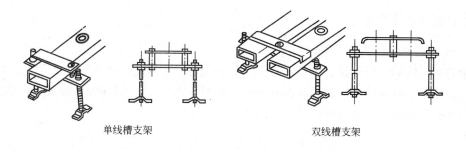

单线槽支架 双线槽支架

图 3-23　单、双线槽支架安装示意图

六、塑料线槽配线

塑料线槽配线一般适用于正常环境室内场所的配线，也用于预制墙板结构及无法暗配线的工程。塑料线槽由槽底、槽盖及附件组成，由难燃型硬质聚氯乙烯工程塑料挤压成型，产品具有多种规格、外形美观，可起到对建筑物的装饰作用。配线示意见图 3-24。

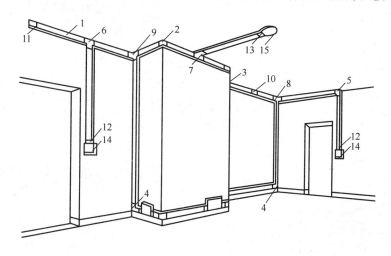

图 3-24　塑料线槽的配线示意图

1—直线线槽；2—阳角；3—阴角；4—直转角；5—平转角；6—平三通；
7—顶三通；8—左三通；9—右三通；10—连接头；11—终端头；12—开关
盒插口；13—灯位盒插口；14—开关盒及盖板；15—灯位盒及盖板

塑料线槽敷设时，宜沿建筑物顶棚与墙壁交角处的墙上及墙角和踢脚板上口线上敷设。槽底固定方法基本与金属线槽相同，其固定点间距应根据线槽规格而定，一般线槽宽度 20～40mm，固定点最大间距 0.8m；线槽宽度 60mm，固定点最大间距 1.0m；线槽宽度 80～120mm，固定点最大间距 0.8m。端部固定点距槽底端点不应小于 50mm。

槽底的转角、分支等均应使用与槽底相配套的弯头、三通、分线盒等标准附件。线槽的槽盖及附件一般为卡装式，将槽盖及附件平行放置对准槽底，用手一按，槽盖及附件就可卡入到槽底的凹槽中。槽盖与各种附件相对接时，接缝处应严密平整、无缝隙，无扭曲和翘角变形现象。

七、绝缘导线的连接

(一) 铜芯导线的连接

单芯铜导线的直线连接、分支连接可采用绞接法或缠卷法，如图 3-25 所示。多芯铜导线的连接方法有缠卷法、单卷法及复卷法。如图 3-26 所示。铜导线在接线盒内的连接，多采用并接和压线帽连接。如图 3-27 所示。

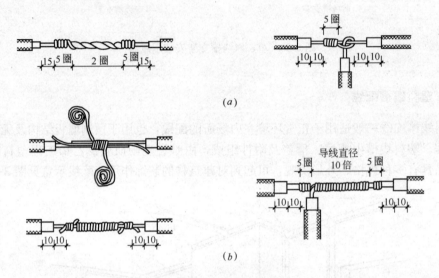

图 3-25　单芯铜导线连接
(a)绞接法；(b)缠卷法

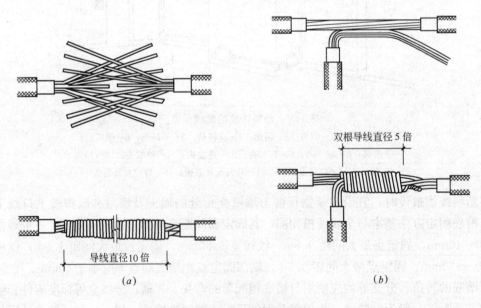

图 3-26　多芯铜导线连接
(a)直接连接；(b)分支连接

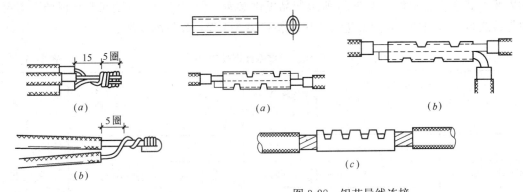

图 3-27 铜导线在接线盒内连接

图 3-28 铝芯导线连接
(a)单线直线压接;(b)单线分支压接;(c)多股绞线压接

(二) 铝芯导线连接

铝芯导线的直线连接、分支连接可采用压接,如图 3-28 所示。单芯铝线的并头连接可采用管压接、塑料压线帽或螺旋接线钮,如图 3-29 所示。也可以采用电阻焊接。

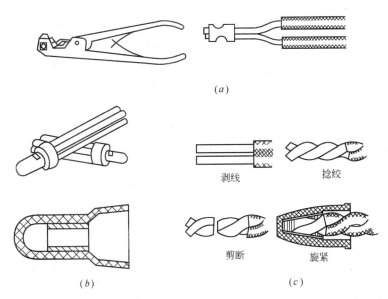

图 3-29 单芯铝线并头连接
(a)管压接;(b)塑料压线帽;(c)螺旋接线钮

八、封闭插接母线安装

封闭插接母线是工矿企业、事业建筑和现代高层建筑中新型的供配电装置。在民用建筑中主要用在变压器低压侧出线与低压配电柜的连接和电气竖井中照明、电力供电干线等。与硬裸母线相比,以其安全、可靠、安装迅速方便、使用美观大方等优点,得到越来越广泛的应用。

生产封闭插接母线的厂家较多,型号、规格、外形和尺寸也不尽相同,同时又有各自的安装方式和安装附件。表 3-23 所示产品可供参考。但共同的特点是在安装现场不需再对母线进行一系列加工，只需进行连接组装和架设工作，参见图 3-30。

封闭、插接母线型号表 表 3-23

型 号	额定电流(A)	导体截面(厚×宽)(mm)	阻抗(×10⁻⁴Ω/m) R	阻抗(×10⁻⁴Ω/m) X	电压降(V/m)cosφ=0.9时	外形尺寸(mm) W	外形尺寸(mm) H	外形图	重量(kg/m)	生产厂
CCx1-	250	6×30	1.25	0.45	0.0572	165/170	85		18/19	长征电气控制设备厂
(原CMC-2A)	400	6×40	1.16	0.44	0.0856	165/170	95	外附PE线	22/23	
	630	6×50	1.02	0.35	0.1168	165/170	105		23/25	
	800	6×60	0.953	0.33	0.1388	165/170	115		25/27	
	1000	6×80	0.55	0.177	0.0991	165/170	135		31/34	
	1250	6×100	0.4427	0.148	0.1002	165/170	155		37/40	
CZL3	250	6×30	1.24	0.41		140	101			上海淞江电气控制设备厂
	400	6×40	0.94	0.31		140	111			
	630	6×50	0.76	0.25		140	121			
	800	6×80	0.64	0.21		140	131			
	1000	6×100	0.50	0.17		140	151			
	1250	6×100	0.42	0.14		140	171			
MF1-315	315	6×30	0.883	1.821	0.050	290	80			北京电器厂
400	400	6×35	0.840	1.707	0.059	290	85			
500	500	6×45	0.805	1.687	0.073	290	95			
630	630	6×60	0.794	1.588	0.087	290	110			
800	800	6×85	0.609	1.401	0.093	290	135			
1000	1000	6×100	0.551	1.318	0.101	290	150			
MF2-100	100	φ10×15	4.711	1.644	0.050	145	50		6.6	北京电器厂
200	200	φ10	2.563	1.704	0.061	145	50		8	
MC-100	100	钢4×40				92	195		12	北京电器厂
250	250	铜4×25				92	195		10.3	
350	350	铜4×40				92	195		12.4	
800	800	铜2-6×30				164	195		19.4	
BMC-M-630	630	63×55			0.074	140	115		23.5	杭州鸿雁电器厂
800	800	63×60			0.097	140	120		25	
1000	1000	6.3×75	0.386	0.42	0.054	140	135		30.5	
1250	1250	6.3×100			0.091	140	160		37	

型 号	额定电流（A）	导体截面（厚×宽）（mm）	阻 抗（×10⁻⁴Ω/m）		电压降(V/m)cosφ=0.9时	外形尺寸（mm）		外 形 图	重 量（kg/m）	生产厂
			R	X		W	H			
CBX-2-	100	375×10				90(106)	43			扬州市华联电器设备厂
	250	4×40				160(200)	85			
	400	5×40				160(200)	85			
	630	6×50				160(200)	110			
	800	6×60				160(200)	120			
	1000	6×80				160(200)	140			
	1250	6×100				160(200)	190			
HMC-2-	250	6×30			0.053	165	130		24.4	江苏扬中华联实业总公司
	400	6×40			0.092	165	140		26.5	
	630	6×40			0.110	165	150		27.4	
	800	6×50			0.120	165	160		29.8	
	1000	6×60			0.118	165	180		35.7	

1. 支架的制作与安装

封闭插接母线支架的形式是由母线的安装方式决定的。母线安装方式有垂直式，水平侧装式和水平悬吊式等。常用支架形式有"一"字形、"U"形、"L"形、"T"字形以及三角形等多种形式，应视施工现场结构类型决定，并选用角钢或槽钢、扁钢等制作。

支架安装位置应根据母线架设需要确定。母线直线段水平敷设时，用支架或吊架固定，固定点间距应符合设计要求和产品技术规定，一般为2～3m，悬吊式母线槽的吊架固定点间距不得大于3m。

封闭插接母线的拐弯处以及与箱（盘）连接处必须加支架。垂直敷设的封闭插接母线，当进箱及末端悬空时，应采用支架固定。

2. 母线安装

（1）母线垂直安装。母线沿墙垂直安装，可以使用U形支架固定。母线在U形支架上可以采用平卧式或侧卧式固定，如图3-31所示。母线平卧固定使用平卧压板，母线侧卧固定使用侧卧压板，这两种压板均由生产厂家提供。

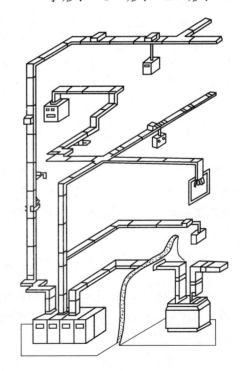

图3-30　封闭插接母线安装示意图

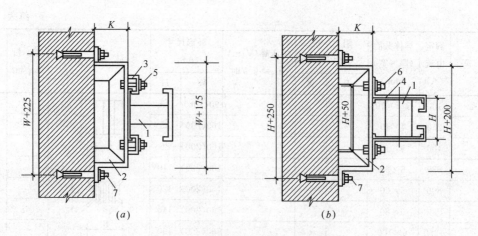

图 3-31　母线在 U 形支架上垂直安装

(a)母线平卧安装；(b)母线侧卧安装

1—母线；2—支架；3—平卧压板；4—侧卧压板；5—M8×45 六角螺栓；

6—M8×20 六角螺栓；7—M12×110 膨胀螺栓

（2）母线水平安装。母线水平安装在各种不同类型的支、吊架上亦有平卧式和侧卧式之分，均用厂家配套供应的平卧压板或侧卧压板固定。如图 3-32 所示。MC 型母线外形与其他型号母线不同，在支架上安装时，可使用∟30×30×4 的角钢支架，此角钢支架中间适当位置有卡固母线的豁口，待母线安装调直后再与支持母线的支架进行焊接，如图 3-32(c)所示。

3. 母线连接

封闭插接母线连接时，母线与外壳间应同心，误差不得超过 5mm。段与段连接时，两相邻段母线及外壳应对准，连接后不应使母线及外壳受到额外应力。连接处应躲开母线支架，且不应在穿楼板或墙壁处进行。母线在穿墙及楼板时，应采取防火隔离措施，一般是在母线周围填充防火堵料。

4. 封闭插接母线的接地

封闭插接母线的接地形式各有不同。一般封闭式母线的金属外壳仅作为防护外壳，不得作保护接地干线（PE 线）用，但外壳必须接地。每段母线间应用截面不小于 16mm² 的编织软铜带跨接，使母线外壳连成一体。也有的是利用壳体本身做接地线，即当母线连接安装后，外壳已连通成一个接地干线，外壳上焊有接地螺栓供接地用。也有的带有附加接地装置。无论采用什么形式接地，均应接地牢固，并应与专用保护线（PE 线）连接。

九、电缆桥架安装和桥架内电缆敷设

所谓电缆桥架，根据《电控配电用电缆桥架》（JB/T 10216—2000）所下定义是：由托盘或梯架的直线段、弯通、组件以及托臂（臂式支架）、吊架等构成具有密接支撑电缆的刚性结构系统之全称。

电缆桥架的安装主要有沿顶板安装、沿墙水平和垂直安装、沿竖井安装、沿地面安装、沿电缆沟及管道支架等。安装所用支（吊）架可选用成品或自制。支（吊）架的固定

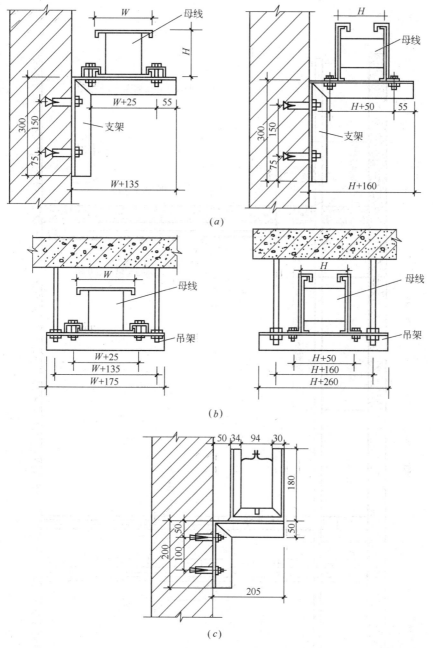

图 3-32　母线在支、吊架上水平安装

(a)在墙体角钢支架上安装；(b)在楼板吊架上安装；(c)MC型母线在角钢支架上安装

方式主要有预埋铁件上焊接、膨胀螺栓固定等。

电缆桥架安装要求见图 3-33。

桥架内电缆敷设严禁有绞拧、铠装压扁、护层断裂和表面严重划伤等缺陷。大于 45° 倾斜敷设的电缆每隔 2m 应设置固定点；水平敷设的电缆，首尾两端、转弯两侧及每隔 5～10m 处设固定点，垂直敷设在桥架内的电缆固定点间距，应不大于表 3-24 的规定。

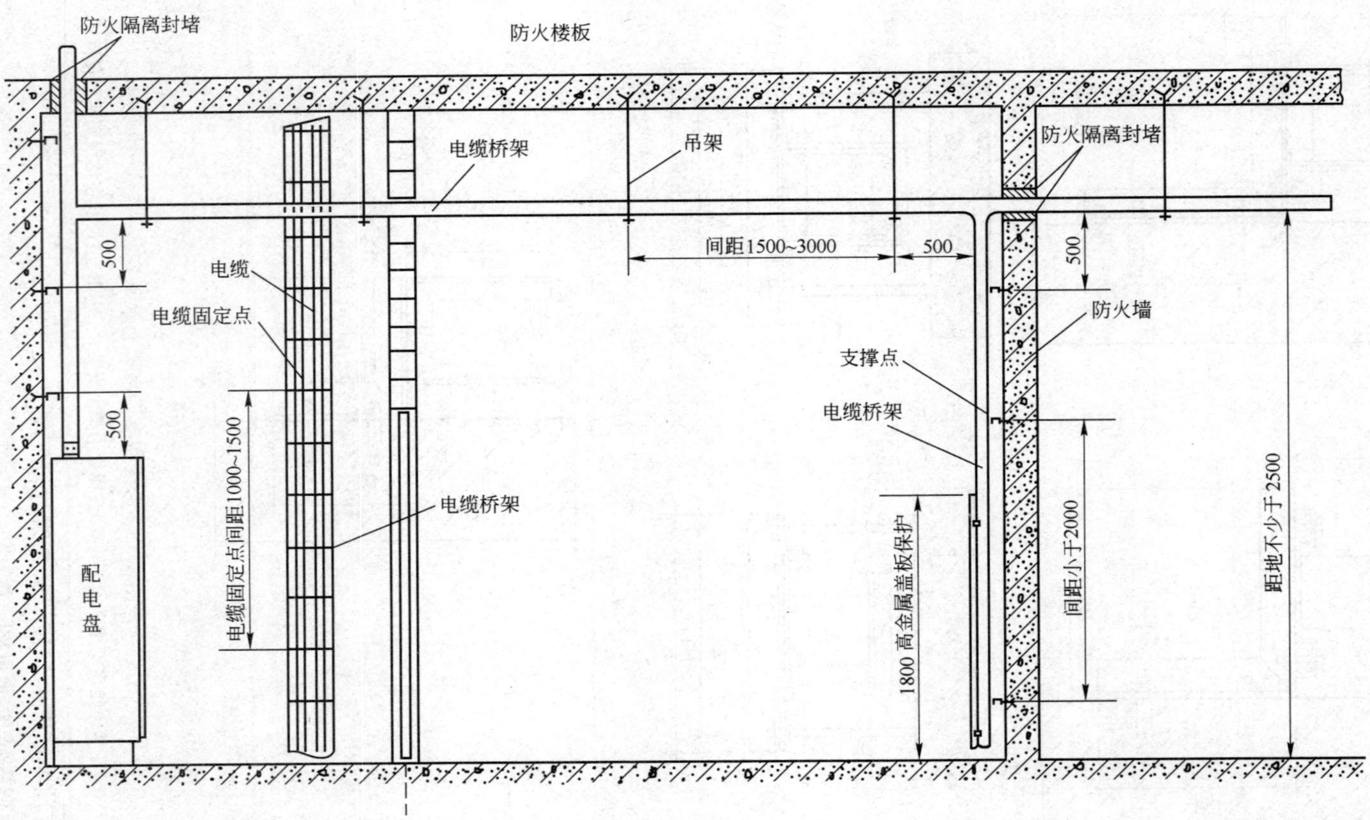

图 3-33 电缆桥架安装要求示意图

电缆固定点间距（mm） 表 3-24

电缆种类		固定点的间距
电力电缆	全塑型	1000
	除全塑型外的	1500
控制电缆		1000

在桥架内电力电缆的总截面（包括外护层）不应大于桥架有效横断面的 40%，控制电缆不应大于 50%。为保障电缆线路安全运行和避免相互间的干扰和影响，下列不同电压、不同用途的电缆，不宜敷设在同一层桥架上。若受条件限制需要安装在同一层桥架上时，则须用隔板隔开。

（1）1kV 以上和 1kV 以下的电缆；

（2）同一路径向一级负荷供电的双路电源电缆；

（3）应急照明和其他照明的电缆；

（4）强电和弱电电缆。

电缆芯线与电器设备的连接，一般应制作电缆终端头。目前使用最广泛的是热缩型电缆终端头。图 3-34 为 0.6/1kV 及以下电压等级的交联聚乙烯绝缘电缆或聚氯乙烯绝缘电缆，电缆头的制作安装方法。终端头所需材料应由厂家配套供给。铠装电力电缆头的接地线应采用铜绞线或镀锡铜编织线，截面积不应小于表 3-25 的规定。电缆线间和线对地间绝缘电阻值必须大于 0.5MΩ。并联运行的电缆，其型号、规格、长度、相位应一致。

电缆芯线和接地线截面积（mm²） 表 3-25

电缆芯线截面积	接地线截面积
120 及以下	16
150 及以上	25

注：电缆芯线截面积在 16mm² 及以下，接地线截面积与电缆芯线截面积相等。

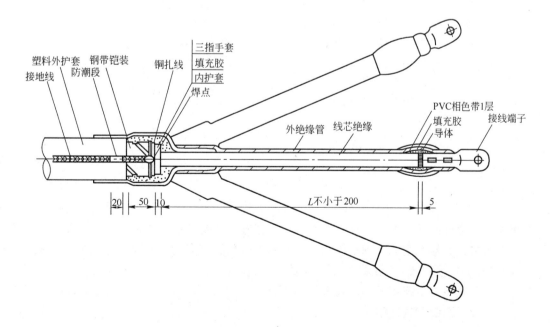

图 3-34 热缩型塑料绝缘电缆终端头安装方法

十、竖井内配线

在高层及超高层的民用建筑中，电气垂直供电线路常采用竖井。因为高层建筑层数多，低压供电距离长，供电负荷大，为了减少线路电压损失及电能损耗，干线截面都比较大。因此，干线一般不能暗敷在墙壁内，而是敷设在专用的电缆竖井里，并利用电缆竖井作为各层的配电小间，层配电箱均设在此处。

电气竖井应将强电与弱电分别设置，如条件不允许，也可将强电与弱电分侧设立。

在竖井内敷设线路，有梯形托架、分隔式线槽以及封闭式母线的垂直敷设，也有穿线管的垂直、水平明敷。竖井中电缆桥架安装可参照图3-35，电缆沿墙的垂直敷设可参照图3-36。

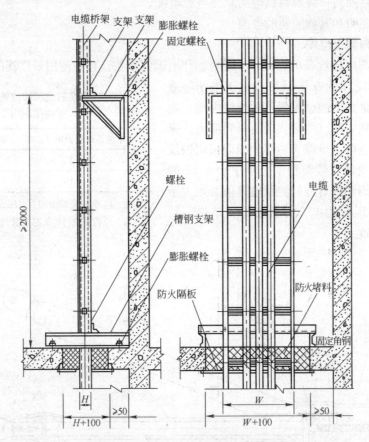

图 3-35　竖井内电缆桥架垂直安装方法

高层建筑垂直供电干线和层配电箱的分支连接是一个比较难解决的问题，特别是干线采用电力电缆时，每一层都要做分支接头，这在施工现场是难以做到的。自预制分支电力电缆出现之后，就免去了现场制作电缆头的麻烦。预制分支电力电缆的电缆接头是在工厂一次预制成型，图3-37为预制电缆分支接头的外形图，包括主干电缆、连接件、分支电缆。预制分支电力电缆在竖井内的安装可参见图3-38。由于预制分支电力电缆需要工厂定做，因此，电缆定货选型时，需要向生产厂家提供以下资料（或工厂派人到现场实际勘察）：主干电缆和分支电缆的规格与长度、建筑物楼层层高和用电点（层配电箱）的位置等。预制分支电力电缆规格选择可参见表3-26。

90

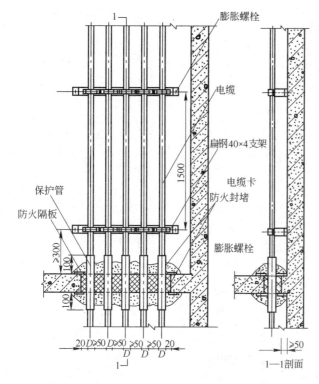

图 3-36 电缆垂直敷设安装方法

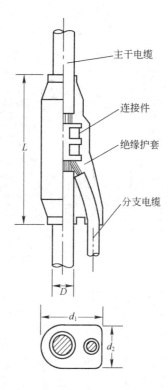

图 3-37 预制电缆分支接头外形图

标准型预制分支电力电缆规格 表 3-26

主　干　电　缆		分支电缆截面	分支接头尺寸		
截面(mm²)	外径 D(mm)	(mm²)	d_1(mm)	d_2(mm)	L(mm)
10	9.0	10	$(2.5\sim3)D$	1.7D	120
16	9.5	10～16	$(2.5\sim3)D$	1.7D	120
25	11.6	10～25	$(2.5\sim3)D$	1.7D	125
35	12.0	10～35	$(2.5\sim3)D$	1.7D	125
50	14.0	10～50	$(2.5\sim3)D$	1.7D	125
70	16.0	10～50	$(2.5\sim3)D$	1.7D	125
95	18.0	10～50	$(2.5\sim3)D$	1.7D	125
120	20.0	10～50	$(2.5\sim3)D$	1.7D	125
150	22.0	10～70	$(2.5\sim3)D$	1.7D	125
185	24.0	10～70	$(2.5\sim3)D$	1.7D	125
240	27.0	10～70	$(2.5\sim3)D$	1.7D	150
300	30.0	10～70	$(2.5\sim3)D$	1.7D	150
400	34.0	10～70	$(2.5\sim3)D$	1.7D	150
500	37.0	10～70	$(2.5\sim3)D$	1.7D	175
630	41.0	10～95	$(2.5\sim3)D$	1.7D	175
800	46.0	10～95	$(2.5\sim3)D$	1.7D	185
1000	51.0	10～95	$(2.5\sim3)D$	1.7D	185

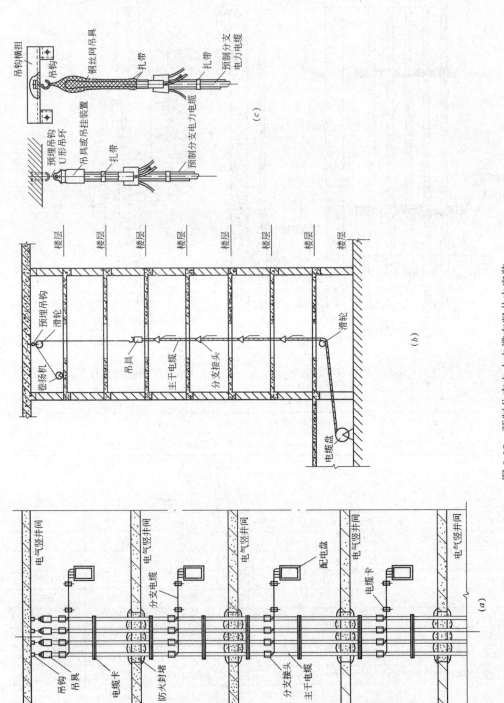

图 3-38 预制分支电力电缆在竖井内安装

(a)预制分支电力电缆安装方法示意；(b)分支电力电缆吊装示意；(c)分支电力电缆吊具安装方法

第四节 电气照明装置安装

一、普通灯具安装

室内照明灯具的安装方式，主要是根据配线方式、室内净高以及对照度的要求来确定，作为安装工作人员则是依据设计施工图纸进行。常用安装方式有悬吊式、壁装式、吸顶式、嵌入式等。悬吊式又可分为软线吊灯、链吊灯、管吊灯。如图3-39所示。

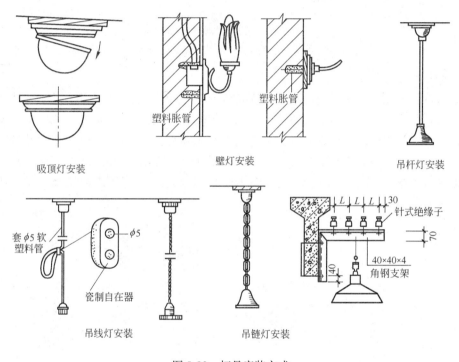

吸顶灯安装　　　　壁灯安装　　　　吊杆灯安装

吊线灯安装　　　　吊链灯安装

图 3-39　灯具安装方式

灯具安装一般在配线完毕之后进行，其安装高度一般室内不低于 2m，在危险性较大及特别危险场所，如灯具高度低于 2.4m 应采用 36V 及以下的照明灯具。灯具的可接近裸露导体必须接地（PE）或接零（PEN）可靠，并应有专用接地螺栓，且有标识。

（一）吊灯的安装

吊灯基本上可分为软线吊灯、链吊灯和管吊灯。灯具重量在 0.5kg 及以下时，采用软电线自身吊装；大于 0.5kg 的灯具采用吊链，或用钢管做灯杆。灯具固定应牢固可靠。每个灯具固定用螺钉或螺栓不应小于 2 个；当绝缘台直径为 75mm 及以下时，可采用 1 个螺钉或螺栓固定。采用吊链时，灯线应与吊链编叉在一起，灯线不应受拉力。采用钢管作灯具的吊杆时，其钢管内径不应小于 10mm，管壁厚度不应小于 1.5mm。当吊灯灯具重量超过 3kg 时，则应固定在预埋吊钩或螺栓上，如图 3-40 所示。吊式花灯均应固定在预埋的吊钩上。固定花灯的圆钢吊钩直径不应小于灯具吊挂销钉的直径，且不得小于 6mm。大型花灯的固定及悬吊装置，应按灯具重量的 2 倍做过载试验，以达到安全使用不发生坠落的目的。

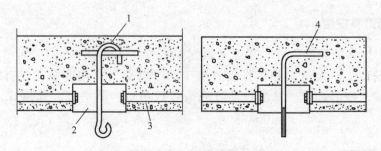

图 3-40　吊钩和螺栓的预埋
1—吊钩；2—接线盒；3—电线管；4—螺栓

（二）吸顶灯的安装

吸顶灯的安装一般可直接将绝缘台固定在顶棚的预埋木砖上或用预埋的螺栓固定，然后再把灯具固定在绝缘台上。超过 3kg 的吸顶灯，应把灯具（或绝缘台）直接固定在预埋螺栓上，或用膨胀螺栓固定。对装有白炽灯泡的吸顶灯具，灯泡不应紧贴灯罩；当灯泡和绝缘台之间的距离小于 5mm 时（如半扁罩灯），灯泡与绝缘台之间应放置隔热层（石棉板或石棉布），见图 3-41。在灯位盒上安装吸顶灯，其灯具或绝缘台应完全遮盖住灯位盒。

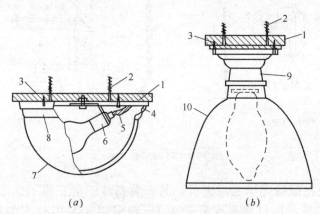

(a)　　　　　　　*(b)*

图 3-41　吸顶灯安装
(a)半圆罩吸顶灯；(b)深罩形吸顶灯
1—圆木（厚 25mm，直径按灯架尺寸选配）；2—固定圆木用木螺钉（2″以上）；
3—固定灯架用木螺钉 3/4″；4—灯架；5—灯头引线（规格与线路相同）；
6—管接式瓷质螺口灯座；7—玻璃灯罩；8—固定灯罩用机螺丝；
9—铸铝壳瓷质螺口灯座；10—搪瓷灯罩（注意灯罩上口应与灯座铝壳配合）

（三）壁灯的安装

壁灯可以装在墙上或柱子上，当装在墙上时，一般在砌墙时应预埋木砖，禁止用木楔代替木砖，也可以预埋螺栓或用膨胀螺栓固定。安装在柱子上时，一般在柱子上预埋金属构件或用抱箍将金属构件固定在柱子上，然后再将壁灯固定在金属构件上。同一工程中成排安装的壁灯，安装高度应一致，高低差不应大于 5mm。

（四）荧光灯的安装

荧光灯的安装方法有吸顶、嵌入、吊链和吊管。应注意灯管、镇流器、起辉器、电容器的互相匹配，不能随便代用。特别是带有附加线圈的镇流器，接线不能接错，否则要损坏灯管。

（五）嵌入式灯具安装

嵌入顶棚内的灯具应固定在专设的框架上，导线不应贴近灯具外壳，且在灯盒内应留有余量，灯具的边框应紧贴在顶棚面上。矩形灯具的边框宜与顶棚面的装饰直线平行，其偏差不应大于 5mm。

（六）对灯头及其接线的要求

1. 引向每个灯具的导线线芯最小截面积应符合表 3-27 的规定。

导线线芯最小截面积（mm²）　　　　　　　　　　　　　　　表 3-27

灯具安装的场所及用途		线芯最小截面积		
		铜芯软线	铜　　线	铝　　线
灯头线	民用建筑室内	0.5	0.5	2.5
	工业建筑室内	0.5	1.0	2.5
	室　　外	1.0	1.0	2.5

2. 软线吊灯的软线两端要做保护扣，两端芯线搪锡；当装升降器时，应套塑料软管，采用安全灯头。

3. 除敞开式灯具外，其他各类灯具灯泡容量在 100W 及以上者采用瓷质灯头。

4. 连接灯具的软线应盘扣、搪锡压线，当采用螺口灯头时，相线接于螺口灯头中间的端子上。

二、专用灯具安装

（一）应急照明灯具安装

应急照明灯具安装应符合下列规定：

1. 应急照明灯的电源除正常电源外，另有一路电源供电；或者是独立于正常电源的柴油发电机组供电；或由蓄电池柜供电或选用自带电源型应急灯具；

2. 应急照明在正常电源断电后，电源转换时间为：疏散照明≤15s；备用照明≤15s（金融商店交易所≤1.5s）；安全照明≤0.5s；

3. 疏散照明由安全出口标志灯和疏散标志灯组成。安全出口标志灯距地高度不低于 2m，且安装在疏散出口和楼梯口里侧的上方；

4. 疏散标志灯安装在安全出口的顶部，楼梯间、疏散走道及其转角处应安装在 1m 以下的墙面上。不易安装的部位可安装在上部。疏散通道上的标志灯间距不大于 20m（人防工程不大于 10m）；

5. 疏散标志灯的设置，不影响正常通行，且不在其周围设置容易混同疏散标志灯的其他标志牌等；

6. 应急照明灯具、运行中温度大于 60℃的灯具，当靠近可燃物时，采取隔热、散热等防火措施。当采用白炽灯、卤钨灯等光源时，不直接安装在可燃装修材料或可燃物件上；

7. 应急照明线路在每个防火分区有独立的应急照明回路，穿越不同防火分区的线路有防火隔堵措施；

8. 疏散照明线路采用耐火电线、电缆，穿管明敷或在非燃烧体内穿刚性导管暗敷，暗敷保护层厚度不小于 30mm。电线采用额定电压不低于 750V 的铜芯绝缘电线；

9. 疏散照明采用荧光灯或白炽灯；安全照明采用卤钨灯，或采用瞬时可靠点燃的荧光灯；

10. 安全出口标志灯和疏散标志灯装有玻璃或非燃材料的保护罩，面板亮度均匀度为1:10(最低:最高)，保护罩应完整、无裂纹。

(二) 防爆灯具安装

防爆灯具安装应符合下列规定：

1. 灯具的防爆标志、外壳防护等级和温度组别与爆炸危险环境相适配。当设计无要求时，灯具种类和防爆结构的选型应符合表 3-28 的规定；

灯具种类和防爆结构的选型　　　　　　　　表 3-28

照明设备种类 ＼ 爆炸危险区域防爆结构	Ⅰ 区		Ⅱ 区	
	隔爆型 d	增安型 e	隔爆型 d	增安型 e
固定式灯	○	×	○	○
移动式灯	△	—	○	—
携带式电池灯	○	—	○	—
镇流器	○	△	○	○

注：○为适用；△为慎用；×为不适用。

2. 灯具配套齐全，不用非防爆零件替代灯具配件(金属护网、灯罩、接线盒等)；

3. 灯具的安装位置离开释放源，且不在各种管道的泄压口及排放口上下方安装灯具；

4. 灯具及开关安装牢固可靠，灯具吊管及开关与接线盒螺纹啮合扣数不少于 5 扣，螺纹加工光滑、完整、无锈蚀，并在螺纹上涂以电力复合脂或导电性防锈脂；

5. 开关安装位置便于操作，安装高度 1.3m；

6. 灯具及开关的外壳完整，无损伤、无凹陷或沟槽，灯罩无裂纹，金属护网无扭曲变形，防爆标志清晰；

7. 灯具及开关的紧固螺栓无松动、锈蚀，密封垫圈完好。

(三) 手术台无影灯安装

手术台无影灯安装应符合下列规定：

1. 固定灯座的螺栓数量不少于灯具法兰底座上的固定孔数，且螺栓直径与底座孔径相适配；螺栓采用双螺母锁固；底座紧贴顶板，四周无缝隙；

2. 在混凝土结构上螺栓与主筋相焊接或将螺栓末端弯曲与主筋绑扎锚固；

3. 配电箱内装有专用的总开关及分路开关，电源分别接在两条专用的回路上，开关至灯具的电线采用额定电压不低于 750V 的铜芯多股绝缘电线；

4. 灯具表面保持整洁、无污染，灯具镀、涂层完整无划伤。

（四）36V 及以下行灯变压器和行灯安装

36V 及以下行灯变压器和行灯安装必须符合下列规定：

1. 行灯电压不大于 36V，在特殊潮湿场所或导电良好的地面上以及工作地点狭窄、行动不便的场所行灯电压不大于 12V；

2. 变压器外壳、铁芯和低压侧的任意一端或中性点，接地（PE）或接零（PEN）可靠；行灯变压器的固定支架牢固，油漆完整；

3. 行灯变压器为双圈变压器，其电源侧和负荷侧有熔断器保护，熔丝额定电流分别不应大于变压器一次、二次的额定电流；

4. 行灯灯体及手柄绝缘良好，坚固耐热耐潮湿；灯头与灯体结合紧固，灯头无开关，灯泡外部有金属保护网、反光罩及悬吊挂钩，挂钩固定在灯具的绝缘手柄上；

5. 携带式局部照明灯电线采用橡套软线。

三、灯开关安装

灯开关按其安装方式可分为明装开关和暗装开关两种；按其开关操作方式又有拉线开关、跷板开关、床头开关等；按其控制方式有单控开关和双控开关。

灯开关安装位置应便于操作，开关边缘距门框边缘的距离宜为 0.15～0.2m；开关距地面高度宜为 1.3m；拉线开关距地面高度宜为 2～3m，层高小于 3m 时，拉线开关距顶板不小于 100mm 且拉线出口应垂直向下。

为了装饰美观，安装在同一建筑物、构筑物内的开关，宜采用同一系列的产品，开关的通断位置应一致，且操作灵活、接触可靠。并列安装的相同型号开关距地面高度应一致，高度差不应大于 1mm；同一室内安装的开关高度差不应大于 5mm；并列安装的拉线开关的相邻间距不宜小于 20mm。

跷板、指甲式开关均为暗装开关，均应与开关盒配套一起安装。开关芯和盖板连成一体，安装比较方便，埋设好开关盒，将导线接到接线柱上，将盖板用螺钉固定在开关盒上，注意不应横装。跷板上部顶端有压制条纹或红色标志的应朝上安装。当跷板或面板上无任何标志时，应装成跷板下部按下时，开关处在合闸位置，跷板上部按下时，开关处在断开位置，即从侧面看，跷板上部突出时灯亮，下部突出时灯熄。开关面板应紧贴墙面，四周无缝隙。

四、插座安装和接线

插座是各种移动电器的电源接取口，如台灯、电视机、电风扇、洗衣机等多使用插座。

1. 插座的安装高度应符合设计的规定，当设计无规定时应符合下列要求：

（1）一般距地面高度不宜小于 1.3m；托儿所、幼儿园、小学校等儿童活动场所，未采用安全型插座时，高度不小于 1.8m；潮湿场所采用密封型并带保护地线触头的保护型插座，安装高度不应低于 1.5m。同一场所安装的插座高度应一致。

（2）车间及试验室的插座安装高度距地面不宜小于 0.3m；特殊场所暗装的插座不应小于 0.15m；同一室内安装的插座高度应一致。

（3）地插座应具有牢固可靠的保护盖板。插座面板与地面齐平，盖板固定牢固，密封良好。

新系列暗装插座与面板连成一体，在接线桩上接好线后，将面板安装在预先埋好的插座盒上。还有一类是插座芯与盖板是活装面板式的，先接好线后，把插座芯安装在插座盒内的安装板上，最后安装插座盖板。盖板应端正，并紧贴墙面。

2. 插座的接线应符合下列要求：

（1）单相两孔插座，面对插座的右孔或上孔与相线连接，左孔或下孔与零线连接；单相三孔插座，面对插座右孔与相线连接，左孔与零线连接。

（2）单相三孔、三相四孔及三相五孔插座的接地线或接零线均应接在上孔。见图 3-42 所示。插座的接地端子不应与零线端子直接连接。

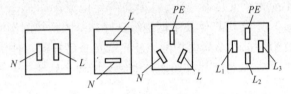

图 3-42　插座安装接线

（3）当交流、直流或不同电压等级的插座安装在同一场所时，应有明显的区别，且必须选择不同结构、不同规格和不能互换的插座；其配套的插头，应按交流、直流或不同电压等级区别使用。

（4）同一场所的三相插座，其接线的相序必须一致。

五、吊扇安装

吊扇安装前，应对预埋的挂钩进行检查，吊扇挂钩应安装牢固，挂钩的直径不应小于吊扇悬挂销钉的直径，且不得小于 8mm。能承受住吊扇的重量和运转时的扭力。吊扇挂钩伸出建筑物的长度应以盖上吊杆护罩后，能将整个挂钩全部遮没为宜。安装方法如图 3-43所示。

挂钩弯好后，在挂上吊扇时，应使吊扇的重心和挂钩的直线部分处在同一条直线上。见图 3-43（a）。挂钩上装防振橡胶垫，挂销的防松零件齐全、可靠。

吊扇安装时，将吊扇托起，使吊扇的耳环放入挂钩。接好线后，上移吊杆护罩，将接头扣于其内，护罩应紧贴建筑物，拧紧固定螺丝。为避免在运转时人手碰到扇叶，吊扇扇叶距地面高度不宜小于 2.5m。

吊扇组装时，严禁改变扇叶角度，扇叶的固定螺钉应装设防松装置。接好线的吊扇，送电运转时扇叶应无明显颤动和异常声响。

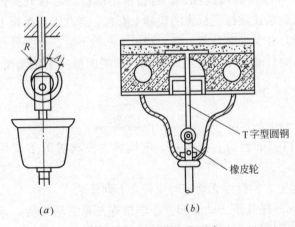

图 3-43　吊扇挂钩安装要求

六、照明配电箱安装

照明配电箱有标准型和非标准型两种。标准配电箱可按设计要求直接向生产厂家购买，常用照明配电箱型号参见表3-29。非标准配电箱可自行制作。照明配电箱型号繁多，但其安装方式不外乎有悬挂式明装和嵌入式暗装两种。

常用标准照明配电箱 表 3-29

型 号	安装方式	箱内主要电器元件	备 注
XM-34-2	嵌入、半嵌入、悬挂	DZ12 型断路器	可用于工厂企业及民用建筑
XXM-□	嵌入、悬挂	DZ12 型断路器、小型蜂鸣器等	可用于民用建筑等
XZK-2 $\frac{1}{3}$	嵌入、悬挂	DZ12 型断路器	
XM-□	嵌入、悬挂	DZ12 型断路器	
XRM-12	嵌入、悬挂	DZ10、DZ12 型断路器	
XPR	悬 挂	DZ5 型断路器、DD17 型电度表	用于一般民用建筑
PX	嵌入、悬挂	DZ10、DZ15 型断路器	
PXT-□	嵌入、悬挂	DZ6 型断路器	可用于工厂企业、民用建筑
X$\frac{X}{R}$M-1N	嵌入、悬挂	DZ12、DZ15、DZ10 型断路器，小型熔断器	可用于工厂企业、民用建筑
X$\frac{X}{R}$M-2	嵌入、悬挂	DZ12 型断路器	可用于民用建筑
X$\frac{X}{R}$M-3	嵌入、悬挂	DZ12 型断路器、JC 漏电开关	可用于民用建筑

（一）悬挂式配电箱的安装

悬挂式配电箱可安装在墙上或柱子上。

直接安装在墙上时，应先埋设固定螺栓，或用膨胀螺栓。螺栓的规格应根据配电箱的型号和重量选择。其长度应为埋设深度（一般为 120～150mm）加箱壁厚度以及螺帽和垫圈的厚度，再加 3～5 扣的余量长度，见图 3-44。

施工时，先量好配电箱安装孔的尺寸，在墙上划好孔位，然后打洞，埋设螺栓（或用金属膨胀螺栓）。待填充的混凝土牢固后，即可安装配电箱。安装配电箱时，要用水平尺放在箱顶上，测量箱体是否水平。

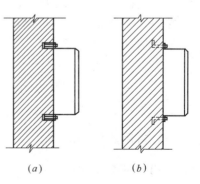

(a)　　　　　(b)

图 3-44 悬挂式配电箱安装
(a)墙上胀管安装；(b)墙上螺栓安装

99

如果不平，可调整配电箱的位置以达到要求，同时在箱体的侧面用磁力吊线锤，测量配电箱上下端与吊线的距离，如果相等，说明配电箱装得垂直，否则应查明原因，并进行调整。

配电箱安装在支架上时，应先将支架加工好，支架上钻好安装孔，然后将支架埋设固定在墙上，或用抱箍固定在柱子上，再用螺栓将配电箱安装在支架上，并调整其水平和垂直，如图 3-45。应注意在加工支架时，下料和钻孔严禁使用气割，支架焊接应平整，不能歪斜，并应除锈露出金属光泽，而后刷樟丹漆一道，灰色油漆两道。

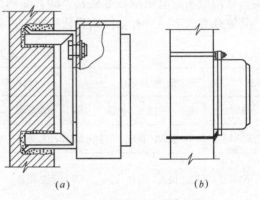

图 3-45　配电箱在支架上安装
(a)用坊埋支架固定；(b)用抱箍支架固定

照明配电箱的安装高度应符合施工图纸要求。若无要求时，一般底边距地面为 1.5m，安装垂直允许偏差为 1.5‰。配电箱上应注明用电回路名称。

(二) 嵌入式配电箱安装

配电箱嵌入式安装通常是配合土建砌墙时将箱体预埋在墙内。面板四周边缘应紧贴墙面，箱体与墙体接触部分应刷防腐漆；按需要砸下敲落孔压片；有贴脸的配电箱，应把贴脸揭掉。一般当主体工程砌至安装高度就可以预埋配电箱，配电箱的宽度超过 300mm 时，箱上应加过梁，避免安装后受压变形。放入配电箱时应使其保持水平和垂直，应根据箱体的结构形式和墙面装饰厚度来确定突出墙体的尺寸。预埋的电线管均应配入配电箱内。配电箱安装之前，应对箱体和线管的预埋质量进行检查，确认符合设计要求后，再进行板面的安装。暗装照明配电箱安装高度一般为底边距地面 1.5m；安装垂直允许偏差为 1.5‰。导线引出盘面，均应套绝缘管。箱内装设螺旋式熔断器时，其电源线应接在中间触点的端子上，负荷线接在螺纹的端子上。

(三) 照明配电箱接线要求

箱内配线应整齐，无绞接现象。导线连接紧密，不伤芯线、不断股。回路编号齐全，标识正确。同一端子上导线连接不多于 2 根，防松垫圈等零件齐全。箱内应分别设置零线 (N) 和保护地线 (PE) 汇流排，零线和保护地线应分别经汇流排配出。

箱内开关应动作灵活可靠，带有漏电保护的回路，漏电保护装置动作电流不大于 30mA，动作时间不大于 0.1s。

第五节　备用和不间断电源安装

一、常用备用电源

(一) 不间断电源 (UPS)

不间断电源是低压交流型的装置，平时由低压 380/220V 经整流滤波后，再向蓄电池充电，贮蓄电能；交流停电时，经逆变器又将蓄电池中的直流电变成交流电供用户用电，它的供电对象是交流连续静止的设备。

（二）蓄电池组

蓄电池组主要适用于高压配电的直流操作电源、建筑内部电话机房电话交换机的备用电源，以及重要场所照明等。

在民用建筑中，目前基本上都是采用浮冲式的镍铬电池产品。它由交流供电部分、整流滤波部分、浮冲的镍铬电池部分组成。正常时，由整流器直接供用户用电，交流停电时，自动转成由镍铬电池向用户供电。

（三）柴油发电机组

柴油发电机组大部分用在高层或大面积建筑群中作自备应急电源，以保证一级负荷中特别重要负荷的连续供电。

柴油发电机组应选用 Y 形接线绕组，中性点直接接地系统。机组中心点可直接与建筑物内综合接地装置相连。柴油发电机的安装位置一般仅供特别重要负荷时，应靠近负荷中心；供消防、特别重要用户及重要用户时应靠近变配电所。机房宜设在裙房及主楼底层，且应避开主要入口；不应设在厕所、浴室、水池的下方，或与水池相邻。

二、不间断电源安装

不间断电源装置的安装应符合以下规定：

1. 不间断电源的整流装置、逆变装置和静态开关装置的规格、型号必须符合设计要求。内部结线连接正确，紧固件齐全，可靠不松动，焊接连接无脱落现象。安放不间断电源的机架组装应横平竖直，水平度、垂直度允许偏差不应大于 1.5‰，紧固件齐全。

2. 引入或引出不间断电源装置的主回路电线、电缆和控制电线、电缆应分别穿保护管敷设，在电缆支架上平行敷设时应保持 150mm 的距离；电线、电缆的屏蔽护套接地连接可靠，与接地干线就近连接，紧固件齐全。装置间连线的线间、线对地间绝缘电阻值应大于 $0.5M\Omega$。

3. 不间断电源输出端的中性线（N 极），必须与由接地装置直接引来的接地干线相连接，做重复接地。装置的可接近裸露导体应接地（PE）或接零（PEN）可靠，且有标识。

4. 不间断电源的输入、输出各级保护系统和输出的电压稳定性、波形畸变系数、频率、相位、静态开关的动作等各项技术性能指标试验调整必须符合产品技术文件要求，且符合设计文件要求。

5. 不间断电源正常运行时产生的 A 声级噪声，不应大于 45dB；输出额定电流为 5A 及以下的小型不间断电源噪声，不应大于 30dB。

三、柴油发电机组安装

柴油发电机组安装应符合下列规定：

1. 发电机组随带的控制柜接线应正确，紧固件紧固状态良好，无遗漏脱落。开关、保护装置的型号、规格正确，验证出厂试验的锁定标记应无位移，有位移应重新按制造厂要求试验标定。

2. 发电机本体和机械部分的可接近裸露导体应接地(PE)或接零(PEN)可靠，且有标识。发电机中性线(工作零线)应与接地干线直接连接，螺栓防松零件齐全。

3. 发电机组至低压配电柜馈电线路的相间、相对地间的绝缘电阻值应大于 0.5MΩ；塑料绝缘电缆馈电线路直流耐压试验为 2.4kV，时间 15min，泄漏电流稳定，无击穿现象。

4. 柴油发电机馈电线路连接后，两端的相序必须与原供电系统的相序一致。

5. 受电侧低压配电柜的开关设备、自动或手动切换装置和保护装置等试验合格，应按设计的自备电源使用分配预案进行负荷试验，机组连续运行 12h 无故障。

发电机的试验必须符合表 3-30 的规定。

发电机交接试验   表 3-30

序号	内容部位	试 验 内 容	试 验 结 果
1	定子电路	测量定子绕组的绝缘电阻和吸收比	绝缘电阻值大于 0.5MΩ 沥青浸胶及烘卷云母绝缘吸收比大于 1.3 环氧粉云母绝缘吸收比大于 1.6
2	静态试验	在常温下，绕组表面温度与空气温度差在±3℃范围内测量各相直流电阻	各相直流电阻值相互间差值不大于最小值 2%，与出厂值在同温度下比差值不大于 2%
3		交流工频耐压试验 1min	试验电压为 1.5Un＋750V，无闪络击穿现象，Un 为发电机额定电压
4	转子电路	用 1000V 兆欧表测量转子绝缘电阻	绝缘电阻值大于 0.5MΩ
5		在常温下，绕组表面温度与空气温度差在±3℃范围内测量绕组直流电阻	数值与出厂值在同温度下比差值不大于 2%
6		交流工频耐压试验 1min	用 2500V 摇表测量绝缘电阻替代
7	励磁电路	退出励磁电路电子器件后，测量励磁电路的线路设备的绝缘电阻	绝缘电阻值大于 0.5MΩ
8		退出励磁电路电子器件后，进行交流工频耐压试验 1min	试验电压 1000V，无击穿闪络现象
9	其他	有绝缘轴承的用 1000V 兆欧表测量轴承绝缘电阻	绝缘电阻值大于 0.5MΩ
10		测量检温计(埋入式)绝缘电阻，校验检温计精度	用 250V 兆欧表检测不短路，精度符合出厂规定
11		测量灭磁电阻，自同步电阻器的直流电阻	与铭牌相比较，其差值为±10%

序号	内容部位	试 验 内 容	试 验 结 果
12	运转试验	发电机空载特性试验	按设备说明书比对，符合要求
13		测量相序	相序与出线标识相符
14		测量空载和负荷后轴电压	按设备说明书比对，符合要求

第六节　电气照明工程图阅读

某办公试验楼是一幢两层楼带地下室的平顶楼房。图 3-46、图 3-47 和图 3-48 分别为该楼照明配电系统图、一层照明平面图和二层照明平面图并附有施工说明。

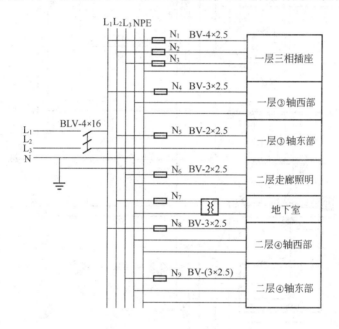

图 3-46　某办公试验楼照明配电系统图

施工说明：

（1）电源为三相四线 380/220V，进户导线采用 BLV-500-4×16mm²，自室外架空线路引来，室外埋设接地极引出接地线作为 PE 线随电源引入室内。

（2）化学试验室、危险品仓库按爆炸性气体环境分区为 2 区，导线采用 BV-500-2.5mm²。

（3）一层配线：三相插座电源导线采用 BV-500-4×2.5mm²，穿直径为 20mm 普通水煤气管理地暗敷；化学试验室和危险品仓库为普通水煤气管明敷设；其余房间为 PVC 硬质塑料管暗敷设。导线采用 BV-500-2.5mm²。

二层配线：为 PVC 硬质塑料管暗敷，导线用 BV-500-2.5mm²。

楼梯：均采用 PVC 硬质塑料管暗敷。

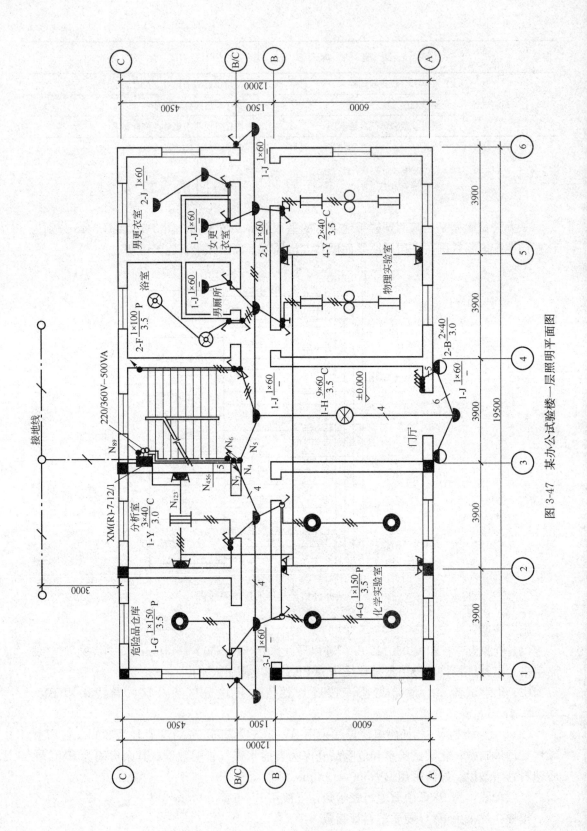

图 3-47 某办公试验楼一层照明平面图

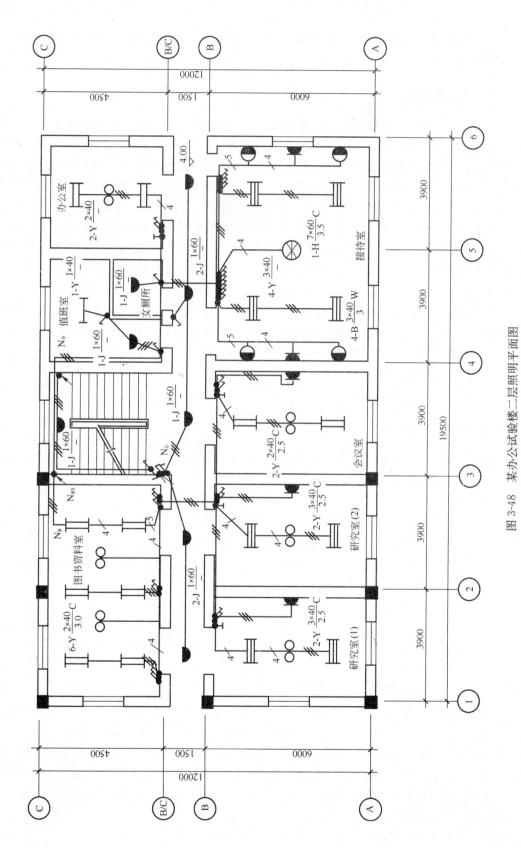

图 3-48 某办公试验楼二层照明平面图

（4）灯具代号说明：G—隔爆灯；J—半圆球吸顶灯；H—花灯；F—防水防尘灯；B—壁灯；Y—荧光灯。

一、阅读系统图

按阅读工程图的一般顺序，首先阅读图 3-46 办公试验楼照明配电系统图可知：该照明工程电源由室外低压配电线路引来，三相四线制。中性线（N）和接地保护线（PE）分开单独敷设。接户线所用导线为 BLV-4×16mm²。进入配电箱后，配出 9 条支路（N_1～N_9）。其中 N_1、N_2、N_3 同时向一层三相插座供电；N_4 向一层③轴线西部的室内照明灯具及走廊灯供电；N_5 向一层③轴线以东部分的照明灯供电；N_6 向二层走廊灯供电；N_7 引向干式变压器（220/36V-500VA），变压器次级 36V 出线引下穿过楼板向地下室内照明灯具和地下室楼梯灯供电；N_8、N_9 支路引向二楼，N_8 为二层④轴线西部的会议室、研究室、图书资料室内的照明灯具、吊扇、插座供电；N_9 为二层④轴线东部的接待室、办公室、值班室及女厕所内的照明灯具、吊扇、插座供电。

设计考虑到三相负荷应均匀分配的原则，N_1～N_9 支路应分别接在 L_1、L_2、L_3 三相上。因 N_1、N_2、N_3 是向三相插座供电的，故必须分别接在 L_1、L_2、L_3 三相上；N_4、N_5 和 N_8、N_9 各为同一层楼的照明线路，应尽量不要接在同一相上。因此，将 N_1、N_4、N_8 接在 L_1 相上；将 N_2、N_5、N_7 接在 L_2 相上；将 N_3、N_6、N_9 接在 L_3 相上。使得 L_1、L_2、L_3 三相负荷比较接近。

二、阅读平面图

我们根据阅读建筑电气照明平面图的一般规律，按电流入户方向依次阅读，即进户线→配电箱→支路→支路上的用电设备。

（一）进户线

从一层照明平面图知该工程进户点处于③轴线和ⓒ轴线交叉处，进户线采用 4 根 16mm² 铝芯聚氯乙烯绝缘导线穿钢管自室外低压架空线路引至室内照明配电箱（XM(R)-7-12/1）。室外埋设垂直接地体 3 根，用扁钢连接引出接地线作为 PE 线随电源线引入室内照明配电箱。

（二）照明设备的分布

一层：物理实验室装有 4 盏双管荧光灯，每个灯管 40W，采用链吊安装，安装高度为 3.5m，4 盏灯用两只暗装单极开关控制；另外有 2 只暗装三相插座，2 台吊扇。化学试验室有防爆要求，装有 4 盏隔爆灯，每盏装 1 只 150W 白炽灯泡，管吊式安装，安装高度为 3.5m，4 盏灯用 2 只防爆式单极开关控制；另外还装有密闭防爆三相插座 2 个。危险品仓库亦有防爆要求，装有一盏隔爆灯，灯泡功率为 150W，采用管吊式安装，安装高度为 3.5m，由 1 只防爆单极开关控制。分析室要求光色较好，装有 1 盏三管荧光灯，每只灯管功率为 40W，采用链吊式安装，安装高度为 3m，用 2 只暗装单极开关控制，另有暗装三相插座 2 个。由于浴室内水汽较多，较潮湿，所以装有 2 盏防水防尘灯，内装 100W 白炽灯泡，采用管吊式安装，安装高度为 3.5m，2 盏灯用 1 个单极开关控制。男厕所、男女更衣室、走廊及东、西出口门外都装有半圆球吸顶灯。一层门厅安装的灯具主要起装饰作用，厅内装有 1 盏花灯，装有 9 个 60W 白炽灯泡，采用链吊安装，安装高度 3.5m。

进门雨棚下安装 1 盏半圆球吸顶灯，内装 1 个 60W 灯泡，吸顶安装。大门两侧分别装有 1 盏壁灯，内装 2 个 40W 白炽灯泡，安装高度 3m。花灯、壁灯和吸顶灯的控制开关均装在大门右侧，共 4 个单极开关。

二层：接待室安装了三种灯具。花灯一盏，装有 7 个 60W 白炽灯泡，链吊式安装，安装高度 3.5m；3 管荧光灯 4 盏，灯管功率为 40W，采用吸顶安装；壁灯 4 盏，每盏装有 40W 白炽灯泡 3 个，安装高度 3m；单相带接地孔的插座 2 个，暗装。总计 9 盏灯由 11 个单极开关控制。会议室装有双管荧光灯 2 盏，灯管功率为 40W，采用链吊安装，安装高度 2.5m，由 2 只单极开关控制；另外还装有吊扇 1 台，带接地插孔的单相插座 1 个。研究室(1)(2)分别装有 3 管荧光灯 2 盏，灯管功率 40W，链吊式安装，安装高度 2.5m，均用 2 个单极开关控制；另有吊扇 1 台，单相带接地插孔插座 1 个。图书资料室装有双管荧光灯 6 盏，灯管功率 40W，链吊式安装，安装高度 3m；吊扇 2 台；6 盏荧光灯由 6 个单极开关分别控制。办公室装有双管荧光灯 2 盏，灯管功率 40W，吸顶安装，各用 1 个单极开关控制；还装有吊扇 1 台。值班室装有 1 盏单管 40W 荧光灯，吸顶安装；还装有 1 盏半圆球吸顶灯，内装 1 只 60W 白炽灯泡；2 盏灯各自用 1 个单极开关控制。女厕所、走廊和楼梯均安装有半圆球吸顶灯，每盏 1 个 60W 的白炽灯泡，共 7 盏。楼梯灯采用两只双控开关分别在二楼和一楼控制。

（三）各配电支路连接情况

各条线路导线的根数及其走向是电气照明平面图的主要表现内容之一。然而，要真正认识每根导线及导线根数的变化原因，是初读图者的难点之一。为解决这一问题，在识别线路连接情况时，就应首先了解采用的接线方法，是在开关盒、灯头盒内共头接线，还是在线路上直接接线？其次是了解各照明灯的控制方式，特别应注意分清，哪些是采用 2 个甚至 3 个开关控制一盏灯的接线，然后再一条线路一条线路地查看，这样就不难搞清楚了。下面对各支路的连接情况逐一进行阅读：

1. N_1、N_2、N_3 支路组成一条三相回路，再加一根 PE 线，共 4 条线，引向一层的各个三相插座。导线在插座盒内作共头连接。

2. N_4 支路的走向和连接情况。N_4、N_5、N_6 三根相线，共用一根零线，加上一根 PE 线（接防爆灯外壳）共 5 根线，由配电箱沿③轴线引出。其中 N_4 在③轴线和ⓑ/ⓒ轴线交叉处的开关盒处与 N_5、N_6 分开，转引向一层西部的走廊和房间，其连接情况如图 3-49 所示。

N_4 相线在③轴线与ⓑ/ⓒ轴线交叉处接入一只暗装单极开关控制西部走廊内的两盏半圆球吸顶灯。同时往西引至西部走廊第一盏半圆球吸顶灯的灯头盒内，在此灯头盒内分成 3 路。第一路引至分析室门侧面的二联开关盒内，与两只开关相接，用这两只开关控制 3 管荧光灯的 3 支灯管：即 1 只开关控制 1 支灯管，1 只开关控制 2 支灯管，以实现开 1 支、2 支或 3 支灯管的任意选择。第二路引向化学实验室右边门侧防爆开关的开关盒内，这只开关控制化学实验室右边 2 盏隔爆灯。第三路向西引至走廊内第二盏半圆球吸顶灯的灯头盒内，在这个灯头盒内又分成三路，一路引向西头门灯；一路引向危险品仓库；一路引向化学实验室左侧门边防爆开关盒。

零线在③轴线与ⓑ/ⓒ轴线交叉处的开关盒内分支，其一路和 N_4 相线一起走，同时还有一根 PE 线；并和 N_4 相线同样在一层西部走廊两盏半圆球吸顶灯的灯头盒内分支，另一

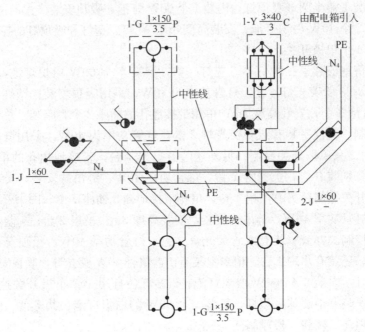

图 3-49 N₄ 支路连接情况示意图

路随 N₅、N₆ 引向东侧和引向二楼。

3. N₅ 支路的走向和连接情况。N₅ 相线在③轴线与⑧/⑥轴线交叉处的开关盒内带一根零线转向东南引至一层走廊正中的半圆球吸顶灯,在灯头盒内分成 3 路:1 路引至楼梯口右侧开关盒,接开关;第 2 路引向门厅,直至大门右侧开关盒,作为门厅花灯及壁灯等的电源;第 3 路沿走廊引至男厕所门前半圆球吸顶灯灯头盒,再分支引向物理实验室、浴室和继续向东引至更衣室门前半圆球吸顶灯灯头盒;在此盒内再分支引向物理实验室、更衣室及东端门灯。其连接情况详见图 3-50。

4. N₆ 支路走向和连接情况。N₆ 相线在③轴线与⑧/⑥轴线交叉处的开关盒内带一根零线垂直引向二楼相对应位置的开关盒,供二楼走廊 5 盏半圆球吸顶灯。

5. N₇ 支路走向和连接情况。N₇ 相线和零线从配电箱引出经 220/36V-500VA 的干式变压器,将 220V 电压回路变成 36V 电压回路,该回路沿③轴线向南引至③轴线和⑧/⑥轴线交叉处转引向下进入地下室。

6. N₈ 支路的走向和线路连接情况。N₈ 相线和零线,再加一根 PE 线,共三根线,穿 PVC 管由配电箱旁(③轴线和⑥轴线交叉处)引向二层,并穿墙进入西边图书资料室,向④轴线西部房间供电,线路连接情况详见图 3-51 所示。

从图 3-48 中看出,研究室(1)和研究室(2)中从开关至灯具、吊扇间导线根数标注依次是 4→4→3;其原因是两只开关不是分别控制两盏灯,而是分别同时控制两盏灯中的 1 支灯管和 2 支灯管。

7. N₉ 支路的走向和连接情况。N₉ 相线、零线和 PE 线共三根线同 N₈ 支路三根线一样引上二层后沿⑥轴线向东引至值班室门左侧开关盒,然后再引至办公室、接待室。具体连接情况见图 3-52。

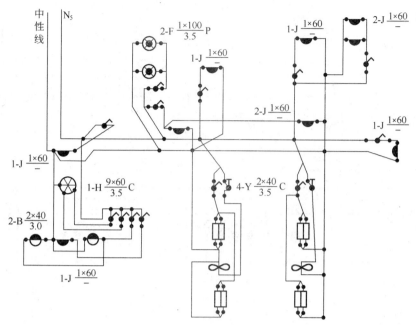

图 3-50 N₅ 支路连接情况示意图

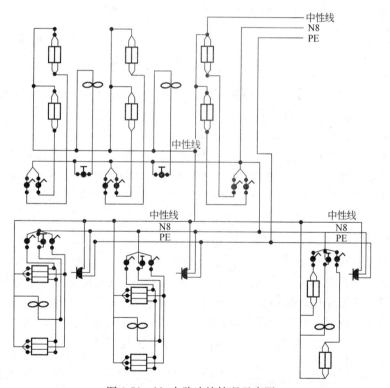

图 3-51 N₈ 支路连接情况示意图

前面几条支路我们分析的顺序都是从开关到灯具，反过来也可以从灯具到开关阅读。例如图 3-48 接待室内标注着引向南边壁灯的是两根线，当然应该是开关线和零线。在暗装单相三孔插座至北边的一盏壁灯之间，线路上标注是 4 根线，因接插座必然有相线、零

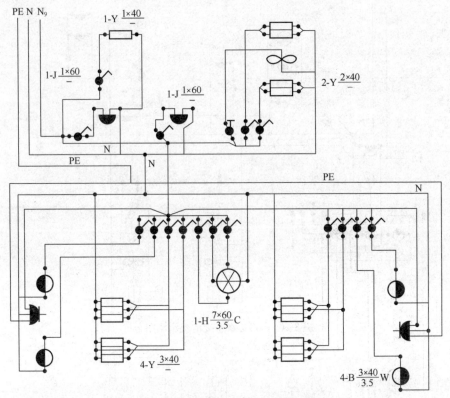

图 3-52　N_9 支路连接情况示意图

线、PE 线（三线接插座），另外一根则应是南边壁灯的开关线了。南边壁灯的零线则可从插座上的零线引一分支到壁灯就行了。北边壁灯与开关间标注的是 5 根线，这必定是相线、零线、PE 线（接插座）和两盏壁灯的两根开关线。

　　再看开关的分配情况。接待室西边门东侧有 7 只暗装单极开关，④轴线上有 2 盏壁灯，导线的根数是递减的 5→4→2，这说明两盏灯各使用一只开关控制。这样还剩下 5 只开关，还有 3 盏灯具。④～⑤轴线间的两盏荧光灯，导线根数标注都是 3 根，其中必有 1 根是零线，剩下的 2 根线中又不可能有相线，那必定是 2 根开关线，由此即可断定这 2 盏荧光灯是用 2 只开关控制的（控制方式与二层研究室相同）。这样剩下的 3 只开关必定都是控制花灯的了。那么 3 只开关如何控制花灯的 7 只灯泡呢？可作如下分配，即 1 只开关控制 1 个灯泡，另两只开关分别控制 3 只灯泡。这样即可实现分别开 1、3、4、6、7 只灯泡的方案。

　　以上分析了各支路的连接情况，并分别画出了各支路的连接示意图。在此给出连接示意图的目的是帮助读者更好地阅读图纸。但看图时不是先看连接图，而是应做到看了施工平面图，脑子里就能出现一个相应的连接图，而且还要能想像出一个立体布置的概貌。这样也就基本把平面图看懂了。

（四）线路敷设和照明装置安装

　　搞清楚了各条支路的连接情况，就为整个照明线路的敷设打下了良好的基础。该工程照明线路实际只采用了一种配线方式——管子配线。有关管子配线的施工方法和技术要求在本章第 3 节中已作介绍。在此只提醒读者，在做施工图预算，计算管线长度时，不要漏掉垂直管线的长度；穿入管内的导线长度应为管子长度加上导线两端预留长度。导线的预留长度可按表 3-31 的规定选取。

连接设备导线预留长度表 表 3-31

序 号	项 目	预留长度(mm)	说 明
1	各种开关箱、柜、板	长+宽	盘面尺寸
2	单独安装的(无箱、盘)铁壳开关、闸刀开关、启动器、母线槽进线盒等	300	从安装对象中心算起
3	由地坪管子出口引至动力接线箱	1000	以管口计算
4	电源与管内导线连接(管内穿线与软硬母线接头)	1500	以管口计算
5	出户线	1500	以管口计算

照明配电箱、灯具、开关、插座及吊扇等器具的安装参照本章第四节或有关国家标准图集阅读,不再赘述。

第七节 电力平面图阅读

图 3-53 为某建筑机房电力平面图。由图面标注我们知:

1. 机房分布情况:机房分为热水机房、制冷机房和水泵房。

2. 设备布置:热水机房内热水机组 2 台,热水循环泵 2 台;制冷机房内安装冷水机组 3 台,冷冻水循环泵 3 台;水泵房内安装冷却水循环泵 3 台,消火栓泵 2 台,喷淋泵 2 台,排污泵 1 台。

3. 配电箱:配电箱共有 9 台,其编号分别为 APd7~APd12,AEPd3~AEPd5。各配电箱供电对象参见表 3-32。

机房各配电箱供电负荷 表 3-32

序 号	配电箱编号	供 电 对 象
1	APd7	冷冻水循环泵 3 台
2	APd8	冷水机组 1
3	APd9	冷水机组 2
4	APd10	冷水机组 3
5	APd11	冷却水循环泵 3 台,除垢仪 1 台
6	APd12	热水机组 2 台,热水循环泵 2 台,膨胀水箱 1 台
7	AEPd3	排污泵 2 台,空压机 2 台,电动卷帘门 1 台
8	AEPd4	喷淋泵 2 台
9	AEPd5	消火栓泵 2 台

4. 配电箱出线：图 3-53 只标出了各配电箱至设备间所配线管的规格及敷设方式和部位。如 AEPd3 配至排污泵的 WE2，使用直径为 25mm 的钢管，埋地敷设；而配至电动卷帘门的 WE1，使用直径为 25mm 的钢管，在顶棚内敷设(CEC)；管内所穿导线却没有给出。为解决此问题，我们可阅读配电箱主接线图(系统图)，平面图中没有标注的原因，是为了保证平面图图面的清晰。配电箱主接线图见图 3-54、图 3-55、图 3-56、图 3-57。阅读以上配电箱主接线图就可知每一出线回路所用导线的规格、型号及敷设方式。

5. 配电箱进线：配电箱进线可通过阅读配电所低压配电系统图了解各配电箱进线的规格、型号和引自低压配电屏的编号及回路编号。通过阅读本建筑地下一层配电干线平面图即可了解各配电箱进线回路所采用的敷设方式和敷设部位。

6. 设备安装与管线敷设。参见本章第三、四节。

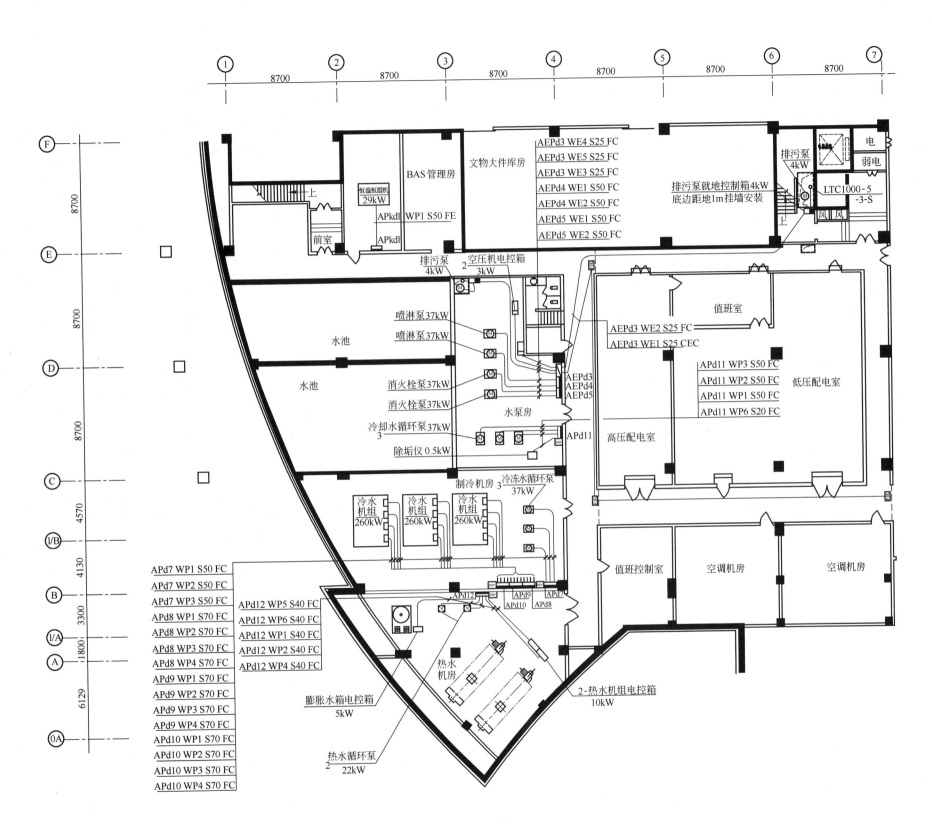

图 3-53　某建筑地下层机房电力平面图

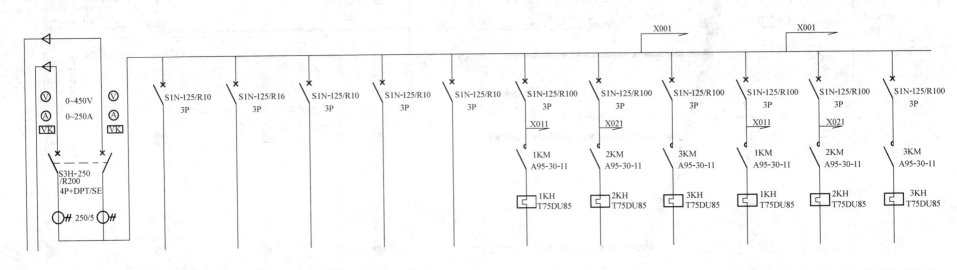

配电箱编号		AEPd3					AEPd4			AEPd5		
配电箱型号		XL-21					XL-21			XL-21		
回路编号		WE1	WE2	WE3	WE4	WE5	WE1	WE2	WE3	WE1	WE2	WE3
设备容量(kW)	87.7	1.5	4	2.2	3	3	37	37		37	37	
计算电流(A)	166	4	10	6	7	7	70	70		70	70	
导线选择		WL-YJFE/NR-0.6/1kV 1(5×4)	WL-YJFE/NR-0.6/1kV 1(5×2.5)	WL-YJFE/NR-0.6/1kV 1(5×2.5)	WL-YJFE/NR-0.6/1kV 1(5×2.5)	WL-YJFE/NR-0.6/1kV 1(5×2.5)	WL-YJFE/NR-0.6/1kV 1(4×35)	WL-YJFE/NR-0.6/1kV 1(4×35)		WL-YJFE/NR-0.6/1kV 1(4×35)	WL-YJFE/NR-0.6/1kV 1(4×35)	
设备名称		防火卷帘电控箱	排污泵就地控制箱	排污泵就地控制箱	空压机电控箱	空压机电控箱	喷淋泵	喷淋泵	备用	消火栓泵	消火栓泵	备用

图 3-54　配电箱 AEPd3~5 主接线图

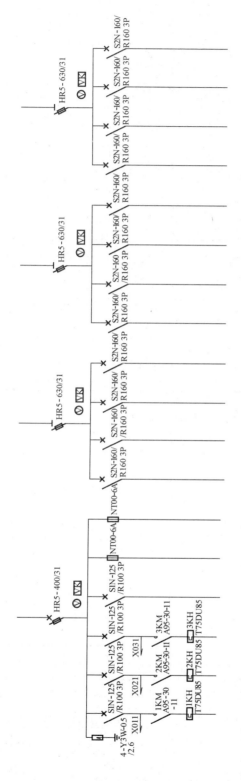

配电箱编号	APd7						APd8				APd9				APd10			
配电箱箱型号	XL-21(1600×600×370)						XL-21(1600×600×370)				XL-21(1600×600×370)				XL-21(1600×600×370)			
总设备容量(kW)	112						260				260				260			
回路编号	WP1	WP2	WP3	WP4	WP5	WP6	WP1	WP2	WP3	WP4	WP1	WP2	WP3	WP4	WP1	WP2	WP3	WP4
设备容量(kW)	37	37	37				65	65	65	65	65	65	65	65	65	65	65	65
计算电流(A)	70	70	70				123	123	123	123	123	123	123	123	123	123	123	123
出线WL-YJFE-0.6/1kV	1(4×35) S50 FC	1(4×35) S50 FC	1(4×35) S50 FC		BV-3× 2.5 S20 WC	BV-3× 2.5 S20 WC	1(4×70+ 1×35) S70 FC	1(4×70+ 1×35) S70 FC	1(4×70+ 1×35) S70 FC	1(4×70+ 1×35) S70 FC	1(4×70+ 1×35) S70 FC	1(4×70+ 1×35) S70 FC	1(4×70+ 1×35) S70 FC	1(4×70+ 1×35) S70 FC	1(4×70+ 1×35) S70 FC	1(4×70+ 1×35) S70 FC	1(4×70+ 1×35) S70 FC	1(4×70+ 1×35) S70 FC
设备名称	冷冻循环泵	冷冻循环泵	冷冻循环泵	备用	DDC箱	DDC箱	冷水机组	冷水机组	冷水机组	冷水机组	冷水机组	冷水机组	冷水机组	冷水机组	冷水机组	冷水机组	冷水机组	冷水机组

图 3-55　配电箱 APd7~10 主接线图

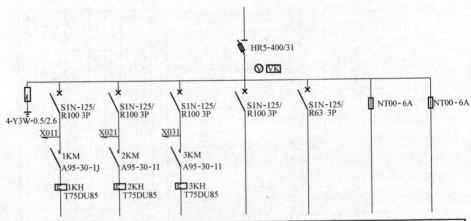

配电箱编号	APd11						
配电箱型号	XL-21(1600×600×370)						
总设备容量(kW)	136						
回路编号	WP1	WP2	WP3	WP4	WP5	WP6	WP7
设备容量(kW)	37	37	37		24	0.5	
计算电流(A)	70	70	70		54		
出线 WL-YJFE -0.6/1kV	1(4×35) S50 FC	1(4×35) S50 FC	1(4×35) S50 FC		YJV22-0.6/1kV 1(4×16)	BV-3×2.5 S20 FC	BV-3×2.5 S20 WC
设备名称	冷水循环泵	冷水循环泵	冷水循环泵	备用	APd11-1 冷却塔电控箱	电子除垢仪	DDC箱

图 3-56 配电箱 APd11 主接线图

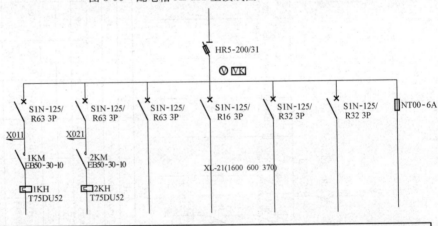

配电箱编号	APd12						
配电箱型号	XL-21(1600×600×370)						
总设备容量(kW)	69						
回路编号	WP1	WP2	WP3	WP4	WP5	WP6	WP7
设备容量(kW)	22	22		5	10	10	
计算电流(A)	42	42		11	22	22	
出线 WL-YJFE -0.6/1kV	1(4×16) S40 FC	1(4×16) S40 FC		1(4×4) S40 FC	1(4×6) S40 FC	1(4×6) S40 FC	BV-3×2.5 S20 WC
设备名称	热水循环泵	热水循环泵	备用	膨胀水箱电控箱	热水机组电控箱	热水机组电控箱	DDC箱

图 3-57 配电箱 APd12 主接线图

思 考 题 与 习 题

1. 动力、照明平面图的用途和特点是什么?

2. 熟悉线路、电气器具和设备在平面图上的文字标注方法。

3. 阅读动力、照明平面图应注意哪些问题?

4. 照明种类是怎样划分的?

5. 常用电光源有哪些?

6. 灯具有哪些作用? 按其安装方式划分有哪些类型?

7. 熟记照明基本线路,并能画出常用几种照明控制接线图。

8. 室内配线方式有哪些? 了解室内配线工程施工程序。

9. 何谓管子配线? 何谓明配管和暗配管? 其基本要求是什么?

10. 管子进行弯曲加工时,对弯曲半径是怎样要求的?

11. 配管时,设置接线盒的原则是什么?

12. 管子穿线有哪些规定? 导线与设备连接的预留长度是怎样规定的?

13. 了解线槽配线施工方法。

14. 动力、照明线路中插座有哪几种类型? 它们的接线是怎样规定的?

15. 在照明工程中,当设计没有明确规定时,开关和插座的安装高度如何确定?

16. 简述挂式动力、照明配电箱在墙上的安装方法。

17. 电缆桥架安装及桥架内电缆敷设的要求。

18. 建筑配电常用备用电源装置有哪些?

19. 不间断电源装置安装应符合哪些要求?

20. 图 3-58 为某 6 层住宅楼一层照明平面图(与图 3-1 配套)。已知该照明工程进户线进户点高 2.8m,住宅楼层高为 3m。试计算该工程进户线所需管线长度。总配电箱和各分配电箱之间管线的长度。

21. 图 3-59 为某爆炸危险性车间的照明平面图。阅读该照明平面图说明所有图形符号和文字标注的含义。计算出各回路管、线用量。(该车间屋架高度可假设为 11m)

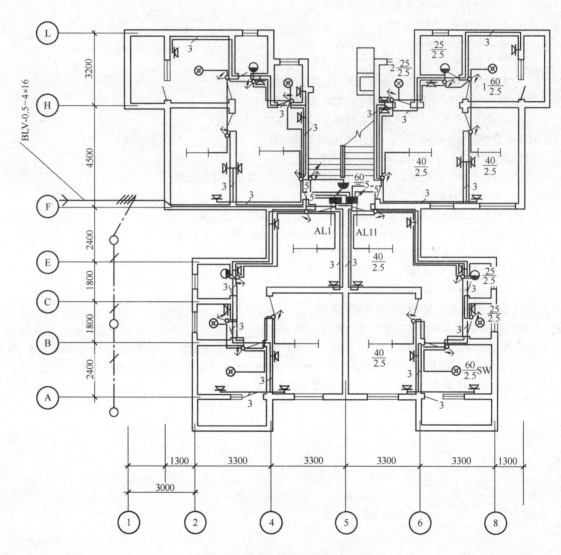

图 3-58　某住宅楼一层照明平面图

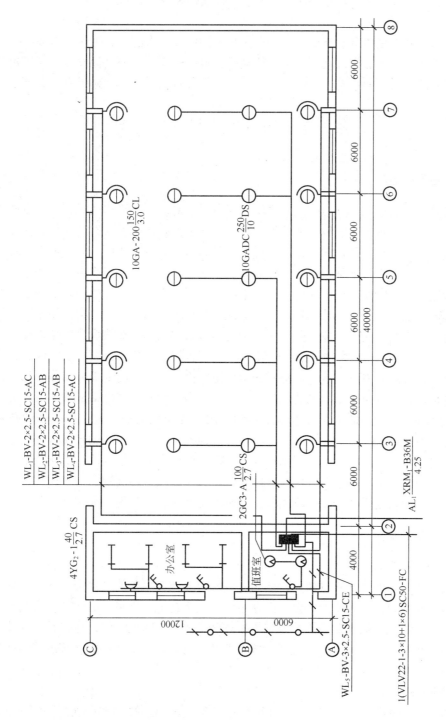

图 3-59　某车间照明平面图

第四章　建筑防雷接地工程

雷电是一种常见的自然现象，它能产生强烈的闪光、霹雳，有时落到地面上，击毁房屋、杀伤人畜，给人类带来极大危害。特别是随着我国建筑业的迅猛发展，高层建筑日益增多，如何防止雷电的危害，保证建筑物及设备、人身的安全，就显得更为重要了。

第一节　雷电的形成及其危害

一、雷电的形成

雷电是由"雷云"（带电的云层）之间或"雷云"对地面建筑物（包括大地）之间产生急剧放电的一种自然现象。一般认为，地面湿气受热上升，在空中与不同冷热气团相遇，凝成水滴或冰晶，形成积云，积云在运动过程中受到强烈气流的作用，形成了带有正、负不同电荷的两部分积云，这种带电积云称为雷云。在上下气流的强烈撞击和摩擦下雷云中的电荷越聚越多，一方面在空中形成了正负不同雷云间的强大电场；另一方面临近地面的雷云（实测表明负极性雷云占绝大多数）使大地或建筑物感应出与其极性相反的电荷，这样雷云与大地或建筑物之间也形成了强大的电场。当雷云附近的电场强度达到足以使空气绝缘破坏（约 $25\sim30kV/cm$）时，空气便开始游离，变为导电的通道，不过这个导电的通道是由雷云逐步向地面发展的，这个过程叫先导放电。由于雷云中的电荷分布是不均匀的，地面上的感应电荷分布也是不均匀的，只有从雷云的电荷中心到异性雷云的电荷中心，或地面上感应电荷中心之间的电场强度是最强的，因此先导放电是沿着这条最强的路径发展的。当先导放电的头部接近异性雷云电荷中心或地面感应电荷中心就开始进入放电的第二阶段，即主放电阶段。主放电又叫回击放电，其放电的电流即雷电流，可达几十万安，电压可达几百万伏，温度可达 2 万摄氏度，在几微秒时间内，使周围的空气通道烧成白热而猛烈膨胀，并出现耀眼的光亮和巨响，这就是通常所说的"打闪"和"打雷"。

二、雷电的危害

1. 直击雷

雷云与大地之间直接通过建（构）筑物、电气设备或树木等放电称为直击雷。强大的雷电流通过被击物时产生大量的热量，而在短时内又不易散发出来。所以，凡雷电流流过的物体，金属被熔化，树木被烧焦，建筑物被炸裂。尤其是雷电流流过易燃易爆物体时，会引起火灾或爆炸，造成建筑物倒塌、设备毁坏及人身伤害的重大事故。直击雷的破坏作用最为严重。

2. 感应雷

感应雷是由静电感应与电磁感应引起的。前者，是当建筑物或电气设备上空有雷云时，这些物体上就会感应出与雷云等量而异性的束缚电荷。当雷云放电后，放电通道中的电荷迅速中和，而残留的电荷就会形成很高的对地电位，这就是静电感应引起的过电压。后者，是发生雷击后，雷电流在周围空间迅速形成强大而变化的电磁场，处在这电磁场中的物体，就会感应出较大的电动势和感应电流，这就是电磁感应引起的过电压。不论静电感应还是电磁感应所引起的过电压，都可能引起火花放电，造成火灾或爆炸，并危及人身安全。

3. 雷电波侵入

当雷云出现在架空线路上方，在线路上因静电感应而聚集大量异性等量的束缚电荷，当雷云向其他地方放电后，线路上的束缚电荷被释放便成为自由电荷向线路两端行进，形成很高的过电压，在高压线路，可高达几十万伏，在低压线路也可达几万伏。这个高电压沿着架空线路、金属管道引入室内，这种现象叫做雷电波侵入。

雷电波侵入可由线路上遭受直击雷或发生感应雷所引起。据调查统计，供电系统中由于雷电波侵入而造成的雷害事故，在整个雷害事故中占 50%～70%，因此对雷电波侵入的防护应予足够的重视。

第二节 建筑物防雷

一、建筑物防雷等级划分

按《建筑物防雷设计规范》（GB 50057—94）的规定，将建筑物防雷等级分为三类。

1. 第一类防雷建筑物

（1）凡制造、使用或贮存炸药、火药、起爆药、火工品等大量爆炸物质的建筑物，因电火花而引起爆炸，会造成巨大破坏和人身伤亡者。

（2）具有 0 区或 10 区爆炸危险环境的建筑物。

（3）具有 1 区爆炸危险环境的建筑物，因电火花而引起爆炸，会造成巨大破坏和人身伤亡者。

2. 第二类防雷建筑物

（1）国家级重点文物保护的建筑物。

（2）国家级的会堂、办公建筑物、大型展览和博览建筑物、大型火车站、国家宾馆、国家级档案馆、大型城市的重要给水水泵房等特别重要的建筑物。

（3）国家级计算中心、国际通讯枢纽等对国民经济有重要意义且有大量电子设备的建筑物。

（4）制造、使用或贮存爆炸物质的建筑物，且电火花不易引起爆炸或不致造成巨大破坏和人身伤亡者。

（5）具有 1 区爆炸危险环境的建筑物，且电火花不易引起爆炸或不致造成巨大破坏和人身伤亡者。

（6）具有 2 区或 11 区爆炸危险环境的建筑物。

（7）工业企业有爆炸危险的露天钢质封闭气罐。

（8）预计雷击次数大于 0.06 次/a 的部、省级办公建筑物及其他重要或人员密集的公共建筑物。

（9）预计雷击次数大于 0.3 次/a 的住宅、办公楼等一般性民用建筑物。

3. 第三类防雷建筑物

（1）省级重点文物保护的建筑物及省级档案馆。

（2）预计雷击次数大于或等于 0.012 次/a，且小于或等于 0.06 次/a 的部、省级办公建筑物及其他重要或人员密集的公共建筑物。

（3）预计雷击次数大于或等于 0.06 次/a，且小于或等于 0.3 次/a 的住宅、办公楼等一般性民用建筑物。

（4）预计雷击次数大于或等于 0.06 次/a 的一般性工业建筑物。

（5）根据雷击后对工业生产的影响及产生的后果，并结合当地气象、地形、地质及周围环境等因素，确定需要防雷的 21 区、22 区、23 区火灾危险环境。

（6）在平均雷暴日大于 15d/a 的地区，高度在 15m 及以上的烟囱、水塔等孤立的高耸建筑物；在平均雷暴日小于或等于 15d/a 的地区，高度在 20m 及以上的烟囱、水塔等孤立的高耸建筑物。

二、建筑物易受雷击部位

建筑物的性质、结构以及建筑物所处位置等都对落雷有着很大影响。特别是建筑物屋顶坡度与雷击部位关系较大。建筑物易受雷击部位，如图 4-1 所示。

（1）平屋顶或坡度不大于 1/10 的屋顶——檐角、女儿墙、屋檐。

（2）坡度大于 1/10 且小于 1/2 的屋顶——屋角、屋脊、檐角、屋檐。

（3）坡度不小于 1/2 的屋顶——屋角、屋脊、檐角。

知道了建筑物易受雷击的部位，设计时就可对这些部位重点保护。

三、建筑物防雷措施

由于雷电有不同的危害形式，所以相应采取不同的防雷措施来保护建筑物。

（一）防雷措施的类型

1. 防直击雷的措施

防直击雷采取的措施是引导雷云对防雷装置放电，使雷电流迅速流入大地，从而保护建（构）筑物免受雷击。防直击雷的装置有避雷针、避雷带、避雷网、避雷线等。在建筑物屋顶易受雷击部位，应装设避雷针、避雷带、避雷网进行直击雷防护。如屋脊装有避雷带，而屋檐处于此避雷带的保护范围以内时，屋檐上可不装设避雷带。

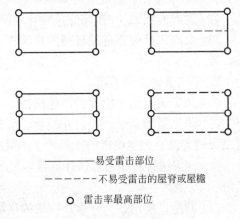

———— 易受雷击部位

－－－－－ 不易受雷击的屋脊或屋檐

○ 雷击率最高部位

图 4-1　建筑物易受雷击的部位

2. 防雷电感应的措施

防止由于雷电感应在建筑物上聚集电荷的方法是在建筑物上设置收集并泄放电荷的装置（如避雷带、网）。防止建筑物内金属物上雷电感应的方法是将金属设备、管道等金属物，通过接地装置与大地作可靠的连接，以便将雷电感应电荷迅即引入大地，避免雷害。

3. 防雷电波侵入的措施

防止雷电波沿供电线路侵入建筑物，行之有效的方法是安装避雷器将雷电波引入大地，以免危及电气设备。但对于有易燃易爆危险的建筑物，当避雷器放电时线路上仍有较高的残压要进入建筑物，还是不安全。对这种建筑物可采用地下电缆供电方式，这就根本上避免了过电压雷电波侵入的可能性，但这种供电方式费用较大。对于部分建筑物可以采用一段金属铠装电缆进线的保护方式，这种方式不能完全避免雷电波的侵入，但通过一段电缆后可以将雷电波的过电压限制到安全范围之内。

4. 防止雷电反击的措施

所谓反击，就是当防雷装置接受雷击时，在接闪器、引下线和接地体上都产生很高的电位，如果防雷装置与建筑物内外的电气设备、电线或其他金属管线之间的绝缘距离不够，它们之间就会发生放电，这种现象称为反击。反击也会造成电气设备绝缘破坏，金属管道烧穿，甚至引起火灾和爆炸。

防止反击的措施有两种。一种是将建筑物的金属物体(含钢筋)与防雷装置的接闪器、引下线分隔开，并且保持一定的距离。另一种是，当防雷装置不易与建筑物内的钢筋、金属管道分隔开时，则将建筑物内的金属管道系统，在其主干管道处与靠近的防雷装置相连接，有条件时，宜将建筑物每层的钢筋与所有的防雷引下线连接。

(二) 防雷装置的组成

建筑物的防雷装置一般由接闪器、引下线和接地装置三部分组成。其作用原理是：将雷电引向自身并安全导入地中，从而使被保护的建筑物免遭雷击。

1. 接闪器

接闪器是专门用来截受雷击的金属导体。通常有避雷针、避雷带、避雷网以及兼作接闪的金属屋面和金属构件(如金属烟囱，风管等)等。所有接闪器都必须经过接地引下线与接地装置相连接。

(1) 避雷针

1) 避雷针的作用和结构。避雷针是安装在建筑物突出部位或独立装设的针形导体。它能对雷电场产生一个附加电场(这是由于雷云对避雷针产生静电感应引起的)，使雷电场畸变，因而将雷云的放电通路吸引到避雷针本身，由它及与它相连的引下线和接地体将雷电流安全导入地中，从而保护了附近的建筑物和设备免受雷击。避雷针通常采用镀锌圆钢或镀锌钢管制成。当针长 1m 以下，圆钢直径≥12mm，钢管直径≥20mm；当针长为 1～2m 时，圆钢直径≥16mm，钢管直径≥25mm；烟囱顶上的避雷针，圆钢≥20mm。当避雷针较长时，针体则由针尖和不同直径的管段组成。针体的顶端均应加工成尖形，并用镀锌或搪锡等方法防止其锈蚀。它可以安装在电杆(支柱)、构架或建筑物上，下端经引下线与接地装置焊接。

2) 避雷针的保护范围。避雷针的保护范围，以它对直击雷所保护的空间来表示，可利用滚球法进行确定。滚球半径可按表 4-1 确定。单支避雷针保护范围如图 4-2 所示。

按建筑物防雷类别布置接闪器及滚球半径　　　　　　　　　　　表 4-1

建筑物防雷类别	滚球半径 h_r(m)	避雷网网格尺寸(m)
第一类防雷建筑物	30	≤5×5 或≤6×4
第二类防雷建筑物	45	≤10×10 或≤12×8
第三类防雷建筑物	60	≤20×20 或≤24×16

当需要保护的范围较大时，用一支高避雷针保护往往不如用两支比较低的避雷针保护有效，由于两针之间受到了良好的屏蔽作用，除受雷击的可能性极少外，而且便于施工和具有良好的经济效果。双支等高避雷针的保护范围，如图4-3所示。

近年来，国外有的文献提出一种大气高脉冲电压避雷针，其特点是在传统的避雷针上部设置了一个能在针尖产生刷形放电的电压脉冲发生装置，它利用雷暴时存在于周围电场中的大气能量，按选定的频率和振幅，把这种能量转变成高电压脉冲，使避雷针尖端出现刷形放电或高度离子化的等

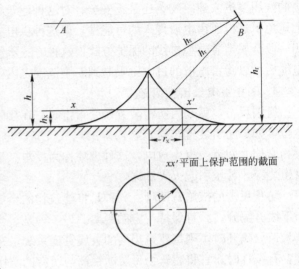

图 4-2 单支避雷针的保护范围

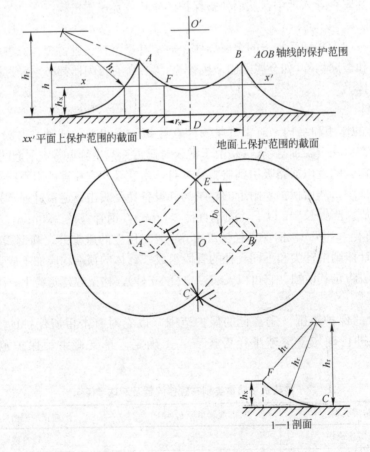

图 4-3 双支等高避雷针的保护范围

122

离子区。它与雷云下方的电荷极性相反，成为放电的良好通道，从而强化了引雷作用。脉冲的频率是按照有助于消除空间电荷，保证离子化通道处于最优化状态进行选定的，所以这种新型避雷针拥有比传统避雷针大若干倍的保护范围，特别是在建筑物顶部的保护范围。因此，应用大气高脉冲电压避雷针进行雷击保护可以减少避雷针的数量或降低避雷针的高度。

（2）避雷带和避雷网

避雷带就是用小截面圆钢或扁钢装于建筑物易遭雷击的部位，如屋脊、屋檐、屋角、女儿墙和山墙等的条形长带。避雷网相当于纵横交错的避雷带叠加在一起，形成多个网孔，既是接闪器，又是防感应雷的装置，因此是接近全部保护的方法，一般用于重要的建筑物。

避雷带和避雷网可以采用镀锌圆钢或扁钢，圆钢直径不得小于 8mm；扁钢截面不得小于 48mm²，厚度不得小于 4mm；装设在烟囱顶端的避雷环，其截面不得小于 100mm²。

避雷网也可以做成笼式，即笼式避雷网，或避雷笼网，也可简称为避雷笼。避雷笼是笼罩着整个建筑物的金属笼。根据电学中的 Faraday 笼的原理，对于雷电它起到均压和屏蔽的作用，任凭接闪时笼网上出现高电压，笼内空间的电场强度为零，笼内各处电位相等，形成一个等电位体，因此笼内人身和设备都是安全的。

我国高层建筑的防雷设计多采用避雷笼。避雷笼的特点是把整个建筑物的梁、柱、板、基础等主要结构钢筋连成一体，因此是最安全可靠的防雷措施。避雷笼是利用建筑物的结构配筋形成的，配筋的连接点只要按结构要求用钢丝绑扎的，就不必进行焊接。对于预制大板和现浇大板结构建筑，网格较小，是较理想的笼网；而框架结构建筑，则属于大格笼网，虽不如预制大板和现浇大板笼网严密，但一般民用建筑的柱间距离都在 7.5m 以内，故也是安全的。

（3）避雷线

避雷线一般采用截面不小于 35mm² 的镀锌钢绞线，架设在架空线路之上，以保护架空线路免受直接雷击。避雷线的作用原理与避雷针相同，只是保护范围要小一些。

2. 引下线

引下线是连接接闪器和接地装置的金属导体。一般采用圆钢或扁钢，宜优先采用圆钢。

（1）引下线的选择和设置

采用圆钢时，直径不应小于 8mm；采用扁钢时，其截面不应小于 48mm²，厚度不应小于 4mm。烟囱上安装的引下线，圆钢直径不应小于 12mm；扁钢截面不应小于 100mm²，厚度不应小于 4mm。

引下线应沿建筑物外墙敷设，并经最短路径接地，建筑艺术要求较高者可暗敷，但截面应加大一级。明敷的引下线应镀锌，焊接处应涂防腐漆，在腐蚀性较强的场所，还应适当加大截面或采取其他的防腐措施。

建筑物的金属构件（如消防梯等），金属烟囱、烟囱的金属爬梯、混凝土柱内钢筋、钢柱等都可作为引下线，但其所有部件之间均应连成电气通路。在易受机械损坏和人身接触的地方，地面上 1.7m 至地面下 0.3m 的一段引下线应加保护设施。

(2) 断接卡

设置断接卡子的目的是为了便于运行、维护和检测接地电阻。

采用多根专设引下线时，为了便于测量接地电阻以及检查引下线、接地线的连接状况，宜在各引下线上于距地面 0.3m 至 1.8m 之间设置断接卡。断接卡应有保护措施。

当利用混凝土内钢筋、钢柱等自然引下线并同时采用基础接地体时，可不设断接卡，但利用钢筋作引下线时应在室内外的适当地点设若干连接板，该连接板可供测量、接人工接地体和作等电位连接用。当仅利用钢筋作引下线并采用埋于土壤中的人工接地体时，应在每根引下线上距地面不低于 0.3m 处设接地体连接板。连接板处宜有明显标志。

3. 接地装置

接地装置是接地体(又称接地极)和接地线的总合。它的作用是把引下线引下的雷电流迅速流散到大地土壤中去。

(1) 接地体

它是指埋入土壤中或混凝土基础中作散流用的金属导体。接地体分人工接地体和自然接地体两种。自然接地体即兼作接地用的直接与大地接触的各种金属构件，如建筑物的钢结构、行车钢轨、埋地的金属管道(可燃液体和可燃气体管道除外)等。人工接地体即是直接打入地下专作接地用的经加工的各种型钢或钢管等。按其敷设方式可分为垂直接地体和水平接地体。

(2) 接地线

接地线是从引下线断接卡或换线处至接地体的连接导体。

(3) 基础接地体

在高层建筑中，利用柱子和基础内的钢筋作为引下线和接地体，具有经济、美观和有利于雷电流流散以及不必维护和寿命长等优点。将设在建筑物钢筋混凝土桩基和基础内的钢筋作为接地体时，此种接地体常称为基础接地体。利用基础接地体的接地方式称为基础接地，国外称为 UFFER 接地。基础接地体可分为以下两类：

1) 自然基础接地体，利用钢筋混凝土基础中的钢筋或混凝土基础中的金属结构作为接地体时，这种接地体称为自然基础接地体。

2) 人工基础接地体。把人工接地体敷设在没有钢筋的混凝土基础内时，这种接地体称为人工基础接地体。有时候，在混凝土基础内虽有钢筋但由于不能满足利用钢筋作为自然基础接地体的要求(如由于钢筋直径太小或钢筋总表面积太小)，也有在这种钢筋混凝土基础内加设人工接地体的情况，这时所加入的人工接地体也称为人工基础接地体。

利用基础接地时，对建筑物地梁的处理是很重要的一个环节。地梁内的主筋要和基础主筋连接起来，并要把各段地梁的钢筋连成一个环路，这样才能将各个基础连成一个接地体，而且地梁的钢筋形成一个很好的水平接地环，综合组成一个完整的接地系统。

(三) 避雷器

避雷器是用来防护雷电产生的过电压波，沿线路侵入变电所或其他建(构)筑物内，以免危及被保护设备的绝缘。避雷器与被保护设备并联，装在被保护设备的电源侧。当线路上出现危及设备绝缘的过电压时，它就对大地放电。

1. 避雷器的类型

避雷器的类型有阀型，管型和氧化锌避雷器。

(1) 阀型避雷器 阀型避雷器是性能较好的一种避雷器，使用比较广泛，其外形和结构如图 4-4 所示，它的基本元件是火花间隙和阀片，装在密封的瓷套内。火花间隙用铜片冲制而成，每对间隙用 0.5～1mm 厚的云母垫圈隔开。在正常情况下，火花间隙阻止线路工频电流通过，但在雷电过电压作用下，火花间隙就被击穿放电。阀片是由陶料粘固起来的电工用金刚砂(碳化硅)颗粒制成的，它具有非线性特性。正常电压时，阀片的电阻很大；过电压时，阀片的电阻变得很小。因此阀型避雷器在线路上出现雷电过电压

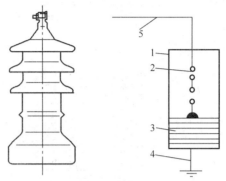

图 4-4 阀型避雷器外形及结构简图
1—瓷套；2—间隙；3—阀片；4—接地线；5—进线

时，其火花间隙击穿，阀片能使雷电流迅速对大地泄放。但雷电过电压一消失，线路上恢复工频电压时，阀片便呈现很大的电阻，使火花间隙绝缘迅速恢复而切断工频续流，从而保证线路恢复正常运行。

(2) 管型避雷器 管型避雷器又称排气式避雷器，由产气管、内部间隙和外部间隙三部分组成，其结构原理如图 4-5 所示。管型避雷器一般只用于线路上，在变配电所内一般都采用阀型避雷器。

(3) 金属氧化物避雷器 金属氧化物避雷器是以微粒状的金属氧化锌晶体为基体，在其间充填氧化铋和其他掺杂物，这种非线性电阻有很好的伏安特性，在工频电压下呈现极大的电阻，因此工频续流很小，不需间隙熄灭由工频续流所产生的电弧。

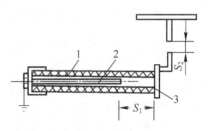

图 4-5 管型避雷器
1—灭弧管；2—内电极；3—外电极；
S_1—内部间隙；S_2—外部间隙

2. 阀式避雷器的安装

阀式避雷器应垂直安装，每一个元件的中心线与避雷器安装点中心线的垂直偏差不应大于该元件高度的 1.5%。如有歪斜可在法兰间加金属片校正，但应保证其导电良好，并将其缝隙用腻子抹平后涂以油漆。图 4-6 为阀式避雷器在墙上安装示意图。室内多安装在高、低压配电柜内。避雷器各连接处的金属接触平面，应除去氧化膜及油漆，并涂一层凡士林或复合脂。室外避雷器可用镀锌螺栓将上部端子接到高压母线上，下部端子接至接地线后接地。但引线的连接，不应使避雷器结构内部产生超过允许的外加应力。接地线应尽可能短而直，以减小电阻；其截面应根据接地装置的规定选择。

避雷器在安装前除应进行必要的外观检查外，还应进行绝缘电阻测定、直流泄漏电流测量、工频放电电压测量和检查放电记录器动作情况及其基座绝缘。

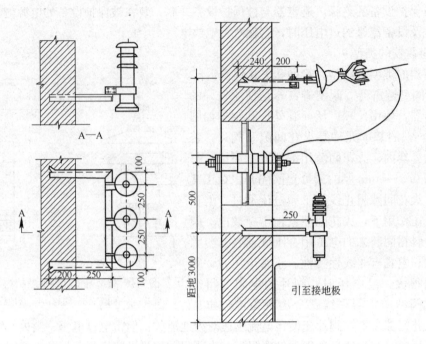

图 4-6　阀式避雷器在墙上安装及接线

四、建筑弱电系统工程对防雷接地的要求

智能建筑的整个接地系统，以防雷系统为基础，在保护接地系统中引入总等电位、辅助等电位、局部等电位的安装。共用接地装置与总等电位接地端子板连接，通过接地干线引至楼层等电位接地端子板，由此引至设备机房的局部等电位接地端子板。依据《建筑物电子信息系统防雷技术规范》（GB 50343—2004），建筑弱电系统所采用的是外部防雷和内部防雷等措施的综合防护，常用防雷接地方案见图 4-7 所示。几个主要系统对防雷与接地的要求如下：

（一）计算机网络系统的防雷与接地的规定：

1. 进、出建筑物的传输线路上浪涌保护器的设置：

（1）A 级防护系统宜采用 2 级或 3 级信号浪涌保护器；

（2）B 级防护系统宜采用 2 级信号浪涌保护器；

（3）C、D 级防护系统宜采用 1 级或 2 级信号浪涌保护器。

各级浪涌保护器宜分别安装在直击雷非防护区（LPZ0$_A$）或直击雷防护区（LPZ0$_B$）与第一防护区（LPZ1）及第一防护区（LPZ1）与第二防护区（LPZ2）的交界处。

2. 计算机设备的输入/输出端口处，应安装适配的计算机信号浪涌保护器。

3. 系统的接地

（1）机房内信号浪涌保护器的接地端，宜采用截面积不小于 1.5mm² 的多股绝缘铜导线，单点连接至机房局部等电位接地端子板上；计算机机房的安全保护地、信号工作地、屏蔽接地、防静电接地和浪涌保护器接地等均应连接到局部等电位接地端子板上。

（2）当多个计算机系统共用一组接地装置时，宜分别采用 M 型或 Mm 组合型等电位

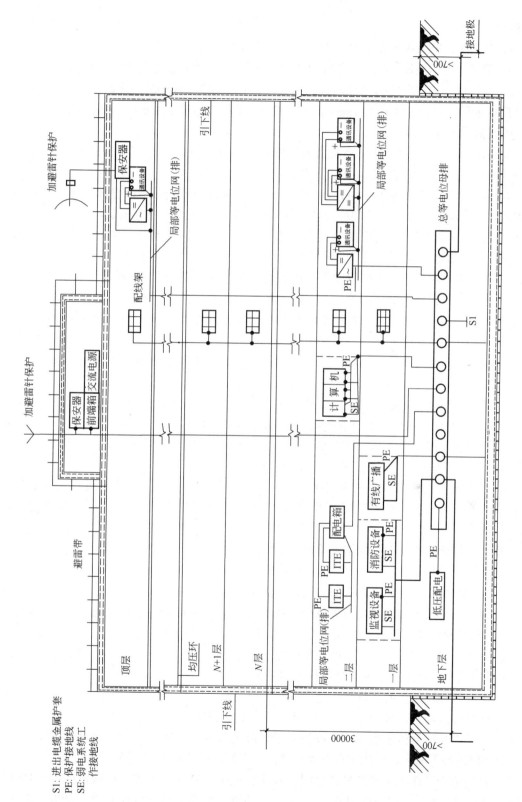

图 4-7　综合楼弱电系统防雷接地方案之一示意图

S1：进出电缆金属护套
PE：保护接地线
SE：弱电系统工作接地线

连接网络。

（二）安全防范系统的防雷与接地应符合下列规定：

1. 置于户外的摄像机信号控制线输出、输入端口应设置信号线路浪涌保护器。

2. 主控机、分控机的信号控制线、通信线、各监控器的报警信号线，宜在线路进出建筑物直击雷非防护区（LPZ0$_A$）或直击雷防护区（LPZ0$_B$）与第一防护区（LPZ1）交界处装设适配的线路浪涌保护器。

3. 系统视频、控制信号线路及供电线路的浪涌保护器，应分别根据视频信号线路、解码控制信号线路及摄像机供电线路的性能参数来选择。

4. 系统户外的交流供电线路、视频信号线路、控制信号线路应有金属屏蔽层并穿钢管埋地敷设，屏蔽层及钢管两端应接地，信号线路与供电线路应分开敷设。

5. 系统的接地宜采用共用接地。主机房应设置等电位连接网络，接地线不得形成封闭回路，系统接地干线宜采用截面积不小于 16mm² 的多股铜芯绝缘导线。

（三）火灾自动报警及消防联动控制系统的防雷与接地应符合下列规定：

1. 火灾报警控制系统的报警主机、联动控制盘、火警广播、对讲通信等系统的信号传输线缆宜在进出建筑物直击雷非防护区（LPZ0$_A$）或直击雷防护区（LPZ0$_B$）与第一防护区（LPZ1）交界处装设适配的信号浪涌保护器。

2. 消防控制室与本地区或城市"119"报警指挥中心之间联网的进出线路端口应装设适配的信号浪涌保护器。

3. 消防控制室内，应设置等电位连接网络，室内所有的机架（壳）、配线线槽、设备保护接地、安全保护接地、浪涌保护器接地端均应就近接至等电位接地端子板。

4. 区域报警控制器的金属机架（壳）、金属线槽（或钢管）、电气竖井内的接地干线、接线箱的保护接地端等，应就近接至等电位接地端子板。

5. 火灾自动报警及联动控制系统的接地宜采用共用接地。接地干线应采用截面积不小于 16mm² 的铜芯绝缘线，并宜穿管敷设接至本层（或就近）的等电位接地端子板。

（四）建筑设备监控系统的防雷与接地应符合下列规定：

1. 系统的各种线路，在建筑物直击雷非防护区（LPZ0$_A$）或直击雷防护区（LPZ0$_B$）与第一防护区（LPZ1）交界处应装设适配的线路浪涌保护器。

2. 系统中央控制室内，应设等电位连接网络。室内所有设备金属机架（壳）、金属线槽、保护接地和浪涌保护器的接地端等均应做等电位连接并接地。

3. 系统的接地宜采用共用接地，其接地干线应采用截面不小于 16mm² 的铜芯绝缘导线，并应穿管敷设接至就近的等电位接地端子板。

（五）有线电视系统的防雷与接地应符合下列规定：

1. 进出建筑物的信号传输线，宜在入、出口处装设适配的浪涌保护器。

2. 有线电视信号传输线路，宜根据其干线放大器的工作频率范围、接口形式以及是否需要供电电源等要求，选用电压驻波比和插入损耗小的适配的浪涌保护器。

3. 进出前端设备机房的信号传输线，宜装设适配的浪涌保护器。机房内应设置局部等电位接地端子板，采用截面积不小于 16mm² 的铜芯绝缘导线并穿管敷设，就近接至机房外的等电位连接带。

第三节　防雷与接地装置安装

一、接闪器的安装

接闪器的安装主要包括避雷针的安装和避雷带(网)的安装。

(一) 避雷针的安装

避雷针的安装可参照全国通用电气装置标准图集执行(03D501)。图4-8 和图4-9 分别为避雷针在山墙上安装和避雷针在屋面上安装。其安装注意事项如下。

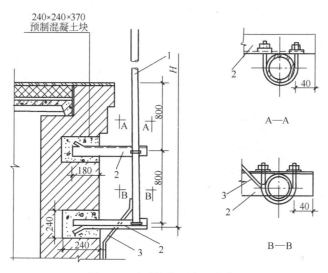

图 4-8　避雷针在山墙上安装

1—避雷针；2—支架；3—引下线

(1) 建筑物上的避雷针和建筑物顶部的其他金属物体应连接成一个整体。

(2) 为了防止雷击避雷针时，雷电波沿电线传入室内，危及人身安全，所以不得在避雷针构架上架设低压线路或通讯线路。装有避雷针的构架上的照明灯电源线，必须采用直埋于地下的带金属护层的电缆或穿入金属管的导线。电缆护层或金属管必须接地，埋地长度应在 10m 以上，方可与配电装置的接地网相连或与电源线、低压配电装置相连。

(3) 避雷针及其接地装置，应采取自下而上的施工程序。首先安装集中接地装置，后安装引下线，最后安装接闪器。

(二) 避雷带和避雷网的安装

1. 明装避雷带(网)安装

避雷带适于安装在建筑物的屋脊、屋檐(坡屋顶)或屋顶边缘及女儿墙(平屋顶)等处，对建筑物易受雷击部位进行重点保护。当避雷带之间的间距较小，成一定的网格时，则称之为避雷网。明装避雷网是在屋顶上部以较疏的明装金属网格作为接闪器，沿外墙敷设引下线，接到接地装置上。

(1) 避雷带在屋面混凝土支座上的安装

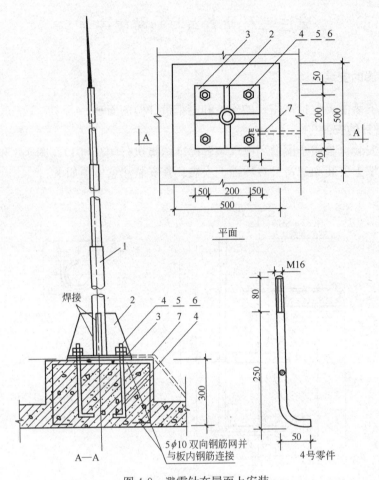

图 4-9　避雷针在屋面上安装

1—避雷针；2—肋板；3—底板；4—底脚螺栓；5—螺母；6—垫圈；7—引下线

避雷带(网)的支座可以在建筑物屋面面层施工过程中现场浇制，也可以预制再砌牢或与屋面防水层进行固定。混凝土支座设置，如图 4-10 所示。屋面上支座的安装位置是由避雷带(网)的安装位置决定的。避雷带(网)距屋面边缘的距离不应大于 500mm。在避雷带(网)转角中心严禁设置避雷带(网)支座。

在屋面上制作或安装支座时，应在直线段两端点(即弯曲处的起点)拉通线，确定好中间支座位置，中间支座的间距为 1～1.5m，相互间距离应均匀分布，在转弯处支座的间距为 0.5m。

(2) 避雷带在女儿墙或天沟支架上的安装

避雷带(网)沿女儿墙安装时，应使用支架固定。并应尽量随结构施工预埋支架，当条件受限制时，应在墙体施工时预留不小于 100mm×100mm×100mm 的孔洞，洞口的大小应里外一致，首先埋设直线段两端的支架，然后拉通线埋设中间支架，其转弯处支架应距转弯中点 0.25～0.5m，直线段支架水平距为 1～1.5m，垂直间距为 1.5～2m，且支架间距应平均分布。

女儿墙上设置的支架应与墙顶面垂直。在预留孔洞内埋设支架前，应先用素水泥浆湿

130

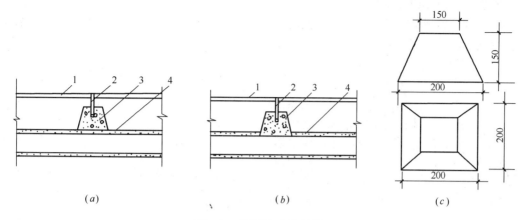

图 4-10　混凝土支座的设置

(a)预制混凝土支座；(b)现浇混凝土支座；(c)混凝土支座

1—避雷带；2—支架；3—混凝土支座；4—屋面板

润，放置好支架时，用水泥砂浆注牢，支架的支起高度不应小于 150mm，待达到强度后再敷设避雷带(网)，如图 4-11 所示。避雷带(网)在建筑物天沟上安装使用支架固定时，应随土建施工先设置好预埋件，支架与预埋件进行焊接固定，如图 4-12 所示。

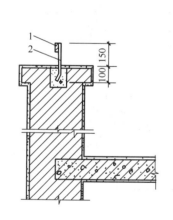

图 4-11　避雷带在女儿墙上安装

1—避雷带；2—支架

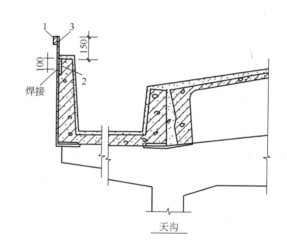

图 4-12　避雷带在天沟上安装

1—避雷带；2—预埋件；3—支架

（3）避雷带在屋脊或檐口支座、支架上安装

避雷带在建筑物屋脊和檐口上安装，可使用混凝土支座或支架固定。使用支座固定避雷带时，应配合土建施工，现场浇制支座，浇制时，先将脊瓦敲去一角，使支座与脊瓦内的砂浆连成一体；如使用支架固定避雷带时，需用电钻将脊瓦钻孔，再将支架插入孔内，用水泥砂浆填塞牢固，如图 4-13 所示。

在屋脊上固定支座和支架，水平间距为 1～1.5m，转弯处为 0.25～0.5m。避雷带沿坡形屋面敷设时，也应使用混凝土支座固定，且支座应与屋面垂直。

（4）明装避雷带(网)敷设

明装避雷带(网)应采用镀锌圆钢或扁钢制成。圆钢或扁钢在使用前,应进行调直加工。将调直后的圆钢或扁钢,运到安装地点,提升到建筑物的顶部,顺直沿支座或支架的路径进行敷设,如图 4-14 所示。

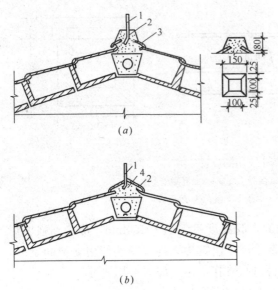

图 4-13　屋脊上支持卡子安装

(a)用支座安装;(b)用支架安装

1—避雷带;2—支架;3—支座;4—1:3的水泥砂浆

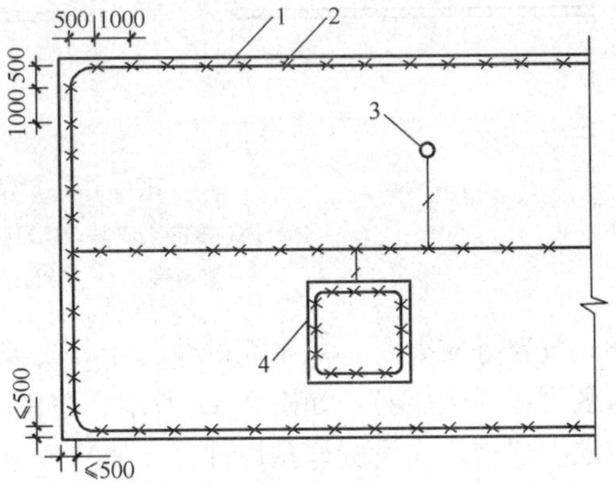

图 4-14　避雷带在挑檐板上安装平面示意图

1—避雷带;2—支架;3—凸出屋面的
金属管道;4—建筑物凸出物

在避雷带(网)敷设的同时,应与支座或支架进行卡固或焊接连成一体,并同防雷引下线焊接好。其引下线的上端与避雷带(网)的交接处,应弯曲成弧形再与避雷带(网)并齐进行搭接焊接。如避雷带沿女儿墙及电梯机房或水池顶部四周敷设时,不同平面的避雷带(网)应至少有两处互相连接,连接应采用焊接。建筑物屋顶上的突出金属物体,如旗杆、透气管、铁栏杆、爬梯、冷却水塔、电视天线杆等,这些部位的金属导体都必须与避雷带(网)焊接成一体。避雷带(网)沿坡形屋面敷设时,应与屋面平行布置。避雷带在屋脊上安装,如图 4-15 所示。

避雷带(网)在转角处应随建筑造型弯曲,一般不宜小于 90 度,弯曲半径不宜小于圆钢直径的 10 倍,或扁钢宽度的 6 倍,绝对不能弯成直角。

(5)避雷带通过伸缩沉降缝的做法

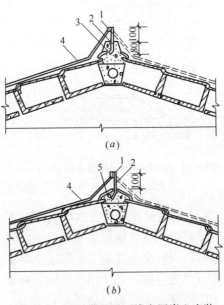

图 4-15　避雷带及引下线在屋脊上安装

(a)用支座固定;(b)用支架固定

1—避雷带;2—支架;3—支座;
4—引下线;5—1:3水泥砂浆

132

避雷带通过建筑物伸缩沉降缝处，应将避雷带向侧面弯成半径为100mm的弧形，且支持卡子中心距建筑物边缘距离减至400mm，如图4-16所示。也可以将避雷带向下部弯曲，如图4-17所示。

安装好的避雷带（网）应平直、牢固，不应有高低起伏和弯曲现象，平直度每2m检查段允许偏差值不宜大于3‰，全长不宜超过10mm。

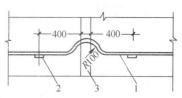

图4-16 避雷带通过伸缩
沉降缝做法一

1—避雷带；2—支架；3—伸缩缝

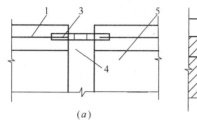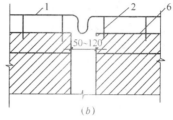

图4-17 避雷带通过伸缩沉降缝做法二

(a)平面图；(b)正视图

1—避雷带；2—支架；3——25×4，$L=500$跨越扁钢；

4—伸缩沉降缝；5—屋面女儿墙；6—女儿墙

2. 暗装避雷带（网）的安装

暗装避雷网是利用建筑物内的钢筋做避雷网，暗装避雷网较明装避雷网美观，越来越被广泛利用，尤其是在工业厂房和高层建筑中应用较多。

（1）用建筑物V形折板内钢筋作避雷网

建筑物有防雷要求时，可利用V形折板内钢筋作避雷网。折板插筋与吊环和网筋绑扎，通长筋应和插筋、吊环绑扎。折板接头部位的通长筋在端部预留钢筋头100mm长，便于与引下线连接。引下线的位置由工程设计决定。

等高多跨搭接处通长筋与通长筋应绑扎。不等高多跨交接处，通长筋之间应用$\phi 8$圆钢连接焊牢，绑扎或连接的间距为6m。V形折板钢筋作防雷装置，如图4-18所示。

（2）用女儿墙压顶钢筋作暗装避雷带

女儿墙上压顶为现浇混凝土时，可利用压顶板内的通长钢筋作为建筑物的暗装避雷带；当女儿墙上压顶为预制混凝土板时，就在顶板上预埋支架设避雷带。用女儿墙现浇混凝土压顶钢筋作暗装避雷带时，防雷引下线可采用不小于$\phi 10$的圆钢。

在女儿墙预制混凝土板上预埋支架设避雷带时，或在女儿墙上有铁栏杆时，防雷引下线就由板缝引出顶板与避雷带连接。引下线在压顶处同时应与女儿墙设计通长钢筋之间，用$\phi 10$圆钢做连接线进行连接。

（3）高层建筑暗装避雷网的安装

暗装避雷网是利用建筑物屋面板内钢筋作为接闪装置。而将避雷网、引下线和接地装置三部分组成一个钢铁大网笼，也称为笼式避雷网。

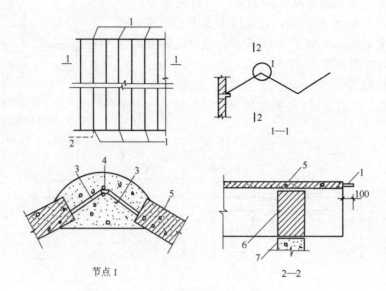

节点 I   2—2

图 4-18　V形折板钢筋作防雷装置示意图
1—通长筋预留钢筋头；2—引下线；3—吊环(插筋)；4—附加通长 $\phi6$ 筋；
5—折板；6—三角架或三角墙；7—支托构件

由于土建施工做法和构件不同，屋面板上的网格大小也不一样，现浇混凝土屋面板其网格均不大于 30cm×30cm，而且整个现浇屋面板的钢筋都是连成一体的。预制屋面板系由定型板块拼成的，如作为暗装接闪装置，就要将板与板间的甩头钢筋做成可靠的连接或焊接。如果采用明装避雷带和暗装避雷网相结合的方法，是最好的防雷措施，即屋顶上部如有女儿墙时，为使女儿墙不受损伤，在女儿墙上部安装避雷带与暗装避雷网再连接一起，如图 4-19 所示。

对高层建筑物，一定要注意防备侧向雷击和采取等电位措施。应在建筑物首层起每三层设均压环一圈。当建筑物全部为钢筋混凝土结构时，即可将结构圈梁钢筋与柱内充当引下线的钢筋进行连接(绑扎或焊接)作为均压环。当建筑物为砖混结构但有钢筋混凝土组合柱和圈梁时，均压环做法同钢筋混凝土结构。没有组合柱和圈梁的建筑物，应每三层在建筑物外墙内敷设一圈 $\phi12$mm 镀锌圆钢作为均压环，并与防雷装置的所有引下线连接，如图 4-20 所示。

二、引下线的安装

防雷引下线是将接闪器接受的雷电流引到接地装置，引下线有明敷设和暗敷设两种。

1. 引下线支持卡子及其预埋

由于引下线的敷设方法不同，使用的固定支架也不尽相同，各种不同形式的支架，如图 4-21 所示，图中支架(a)和(c)也可采用圆钢制作。

明装引下线应按设计位置在建筑物主体施工时，预埋支持卡子，然后将引下线固定在支持卡子上。卡子之间的距离为 1.5～2m。

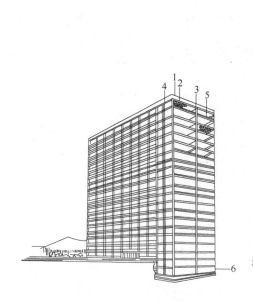

图 4-19　框架结构笼式避雷网示意图

1—女儿墙避雷带；2—屋面钢筋；3—柱内钢筋；

4—外墙板钢筋；5—楼板钢筋；6—基础钢筋

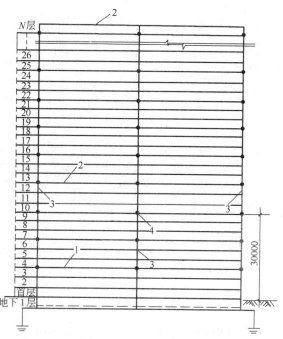

图 4-20　高层建筑物避雷带(网或均压环)

引下线连接示意图

1—避雷带(网或均压环)；2—避雷带(网)；

3—防雷引下线；4—防雷引下线与避雷带

(网或均压环)的连接处

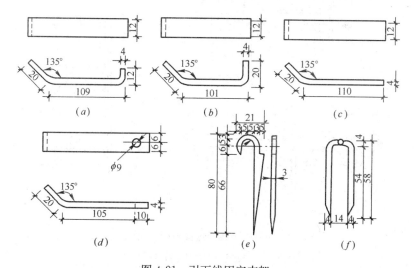

图 4-21　引下线固定支架

(a)固定钩一；(b)固定钩二；(c)托板一；(d)托板二；(e)卡钉；(f)方钉卡

2. 引下线明敷设

明敷引下线调直后，固定于埋设在墙体上的支持卡子内，固定方法可用螺栓、焊接或卡固等，如图 4-22 所示。

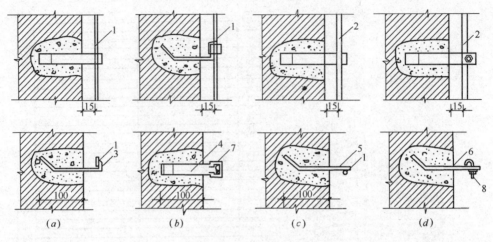

图 4-22 引下线固定安装

(a)用一式固定钩安装；(b)用二式固定钩安装；(c)用一式托板安装；(d)用二式托板安装

1—扁钢引下线；2—圆钢引下线；3——12×4，L=141 支架；4——12×4，L=141 支架；5——12×4，L=130 支架；6——12×4，L=135 支架；7——12×4，L=60 套环；8—M8×59 螺栓

引下线路径尽可能短而直，当通过屋面挑檐板等处，在不能直线引下而要拐弯时，不应构成锐角转折，应做成曲径较大的慢弯。引下线通过挑檐板和女儿墙做法，如图 4-23 所示。

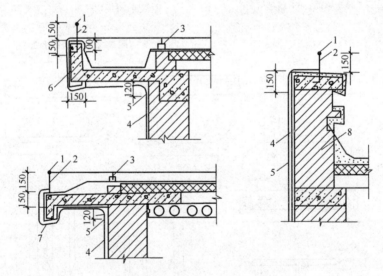

图 4-23 明装引下线经过挑檐板、女儿墙做法

1—避雷带；2—支架；3—混凝土支座；4—引下线；
5—固定卡子；6—现浇挑檐板；7—预制挑檐板；8—女儿墙

3. 引下线沿墙或混凝土构造柱暗敷设

引下线沿砖墙或混凝土构造柱内暗设，应配合土建主体外墙（或构造柱）施工。将钢筋调直后先与接地体（或断接卡子）连接好，由下至上展放（或一段段连接）钢筋，敷设路径尽量短而直，可直接通过挑檐板或女儿墙与避雷带焊接，如图 4-24 所示。

136

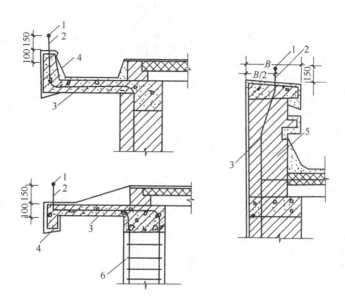

图 4-24　暗装引下线通过挑檐板、女儿墙做法

1—避雷带；2—支架；3—引下线；4—挑檐板；5—女儿墙；6—柱主筋

4. 利用建筑物钢筋做防雷引下线

防直击雷装置的引下线应优先利用建筑物钢筋混凝土中的钢筋，不仅可节约钢材，更重要的是比较安全。

由于利用建筑物钢筋做引下线，是从上而下连成一体，因此不能设置断接卡子测试接地电阻值，需在柱（或剪力墙）内作为引下线的钢筋上，另焊一根圆钢引至柱（或墙）外侧的墙体上，在距护坡 1.8m 处，设置接地电阻测试箱。

在建筑结构完成后，必须通过测试点测试接地电阻，若达不到设计要求，可在柱（或墙）外距地 0.8～1m 预留导体处加接外附人工接地体。

5. 断接卡子制作安装

断接卡子有明装和暗装两种，断接卡子可利用－40×40 或－25×4 的镀锌扁钢制作，断接卡子应用两根镀锌螺栓拧紧，见图 4-25 和图 4-26。

6. 明装防雷引下线保护管敷设

明设引下线在断接卡子下部，应外套竹管、硬塑料管、角钢或开口钢管保护，以防止机械损伤。保护管深入地下不应小于 300mm，如图 4-27 所示。防雷引下线不应套钢管，以免接闪时感应涡流和增加引下线的电感，影响雷电流的顺利导通，如必须外套钢管保护时，必须在钢保护管的上、下侧焊跨接线与引下线连接成一导电体。为避免接触电压，游人众多的建筑物，明装引下线的外围要加装饰护栏。

7. 引下线各部位的连接

引下线需要在中间接头时，应进行搭接焊接，其搭接长度应符合规范要求。且明装引下线的接头处应错开支持卡子。焊接处焊缝应饱满并有足够的机械强度，不得有夹渣、咬肉、裂纹、虚焊、气孔等缺陷。

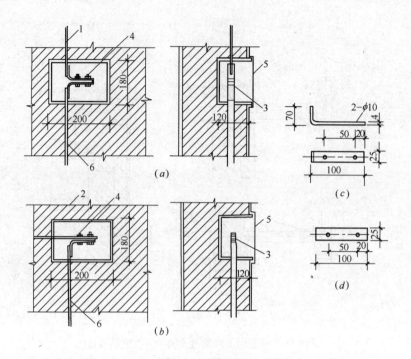

图 4-25　暗装引下线断接卡子安装

(a)专用暗装引下线；(b)利用柱筋作引下线；(c)连接板；(d)垫板

1—专用引下线；2—至柱筋引下线；3—断接卡子；

4—M10×30镀锌螺栓；5—断接卡子箱；6—接地线

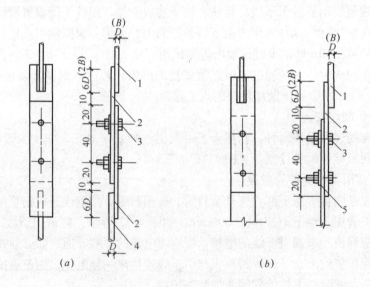

图 4-26　明装引下线断接卡子安装

(a)用于圆钢连接线；(b)用于扁钢连接线

D—圆钢直径；B—扁钢厚度

1—圆钢引下线；2——25×4，L=90+6D(2B)连接板；

3—M8×30镀锌螺栓；4—圆钢接地线；5—扁钢接地线

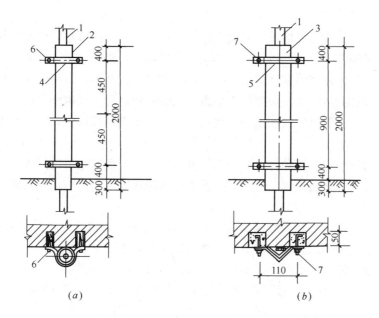

图 4-27　明装防雷引下线保护管做法

(a)开口钢管保护；(b)角钢保护

1—明敷引下线；2—开口钢管；3—角钢；4—钢管卡子；

5——25×4；L=180 卡子；6—塑料胀管；7—M8×100 地脚螺栓

三、接地装置的安装

1. 接地体的安装

(1)接地体的加工

垂直接地体多使用角钢或钢管，一般应按设计所提数量和规格进行加工。其长度宜为 2.5m，两接地体间距宜为 5m。通常情况下，在一般土壤中采用角钢接地体，在坚实土壤中采用钢管接地体。为便于接地体垂直打入土中，应将打入地下的一端加工成尖形。其形状如图 4-28 所示。为了防止将钢管或角钢打劈，可用圆钢加工一种护管帽套入钢管端，或用一块短角钢(约长 10cm)焊在接地角钢的一端，如图 4-29 所示。

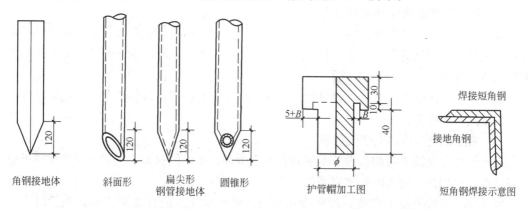

图 4-28　接地体端部加工形状　　　　图 4-29　接地钢管和角钢的加固方法

（2）挖沟

装设接地体前，需沿接地体的线路先挖沟，以便打入接地体和敷设连接这些接地体的扁钢。接地装置需埋于地表层以下，一般接地体顶部距地面不应小于 0.6m。

按设计规定的接地网的路线进行测量划线，然后依线开挖，一般沟深 0.8～1m，沟的上部宽 0.6m，底部宽 0.4m，沟要挖得平直，深浅一致，且要求沟底平整，如有石子应清除。挖沟时如附近有建筑物或构筑物，沟的中心线与建筑物或构筑物的距离不宜小于 2m。

（3）敷设接地体

沟挖好后应尽快敷设接地体，以防止塌方。接地体一般采用手锤打入地中，接地体与地面应保持垂直，防止接地体与土壤产生间隙，增加接地电阻影响散流效果。

2. 接地线敷设

接地线分人工接地线和自然接地线。人工接地线在一般情况下均应采用扁钢或圆钢，并应敷设在易于检查的地方，且应有防止机械损伤及防止化学腐蚀的保护措施。从接地干线敷设到用电设备的接地支线的距离越短越好。当接地线与电缆或其他电线交叉时，其间距至少要维持 25mm。在接地线与管道、公路、铁路等交叉处及其他可能使接地线遭受机械损伤的地方，均应套钢管或角钢保护，当接地线跨越有震动的地方，如铁路轨道时，接地线应略加弯曲，以便震动时有伸缩的余地，避免断裂。如图 4-30 所示。

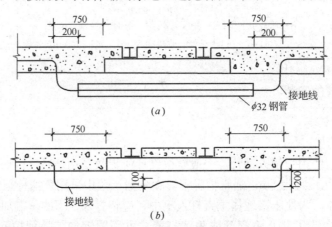

图 4-30　接地线跨越轨道敷设

（1）接地体间连接扁钢的敷设

垂直接地体间多用扁钢连接。当接地体打入地中后，即可将扁钢放置于沟内，依次将扁钢与接地体用焊接的方法连接。扁钢应侧放而不可平放，这样既便于焊接，也可减小其散流电阻。连接方法如图 4-31 所示。

接地体与连接线焊好之后，经过检查确认接地体埋设深度，焊接质量，接地电阻等均符合要求后，即可将沟填平。

（2）接地干线与接地支线的敷设

接地干线与接地支线的敷设分为室外和室内两种，室外的接地干线和支线是供室外电气设备接地使用的，室内的是供室内的电气设备使用的。

室外接地干线与接地支线一般敷设在沟内，敷设前应按设计要求挖沟，然后埋入扁钢。由于接地干线与接地支线不起接地散流作用，所以埋设时不一定要立放。接地干线与接地体及接地支线均采用焊接连接。接地干线与接地支线末端应露出地面 0.5m，以便接引地线。敷设完后即回填土夯实。

室内的接地线一般多为明敷，但有时因设备接地需要也可埋地敷设或埋设在混凝土层中。明敷的接地线一般敷设在墙上、母线架上或电缆的桥架上。敷设方法如下：

1）埋设保护套管和预留孔。接地扁钢沿墙敷设时，有时要穿过楼板或墙壁，为了保护接地线并便于检查，应在配合土建墙体及楼地面施工时，在设计要求的尺寸位置上，预埋保护套管或预留出接地干线保护套管的孔。

2）预埋固定钩或支持托板。明敷在墙上的接地线应分段固定，固定方法是在墙上埋设固定钩或支持托板，然后将接地线（扁钢或圆钢）固定在固定钩或支持托板上，固定方法可参考图 4-22。也可埋设膨胀螺栓，在接地扁钢上钻孔，用螺帽将扁钢固定在螺栓上。

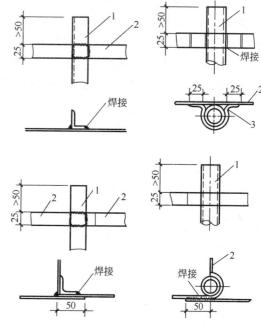

图 4-31　接地体与连接扁钢的焊接
1—接地体；2—扁钢；3—卡箍

固定钩或支持托板的间距，水平直线部分一般为 1～1.5m，垂直部分为 1.5～2m，转弯部分为 0.5m。沿建筑物墙壁水平敷设时，与地面保持 250～300mm 的距离，与建筑物墙壁间应有 10～15mm 间隙。

3）敷设接地线。当固定钩或支持托板埋设牢固后，即可将调直的扁钢或圆钢放在固定钩或支持托板内进行固定。在直线段上不应有高低起伏及弯曲等现象。当接地线跨越建

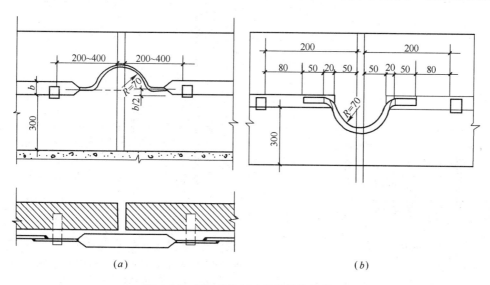

图 4-32　接地线跨越建筑物伸缩缝做法
(a)做法一；(b)做法二

筑物伸缩缝、沉降缝时，应加设补偿器或将接地线本身弯成弧状，如图 4-32 所示。

接地干线过门时，可在门上明敷设通过，也可在门下室内地面暗敷设通过，其安装如图 4-33 所示。接电气设备的接地支线往往需要在混凝土地面中暗敷设，在土建施工时应及时配合敷设好。敷设时应根据设计将接地线一端接电气设备，一端接距离最近的接地干线。所有电气设备都需要单独地敷设接地支线，不可将电气设备串联接地。室内接地支线做法，如图 4-34 所示。

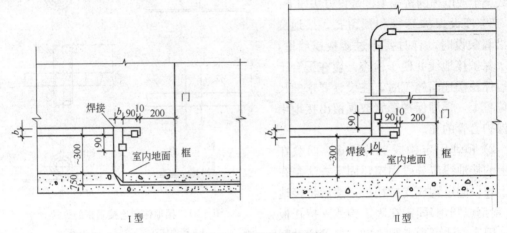

图 4-33　接地线过门安装

室外接地线引入室内的做法如图 4-35 所示。为了便于测量接地电阻，当接地线引入室内后，必须用螺栓与室内接地线连接。

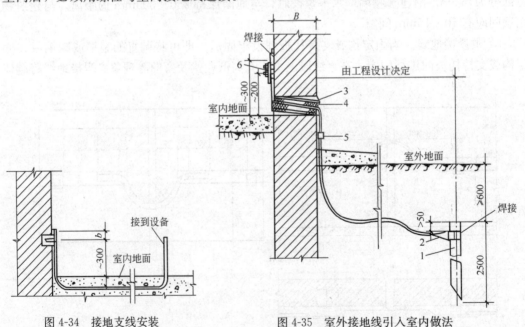

图 4-34　接地支线安装

图 4-35　室外接地线引入室内做法
1—接地体；2—接地线；3—套管；4—沥青麻丝；
5—固定钩；6—断接卡子

3. 接地体(线)的连接

接地体(线)的连接一般采用搭接焊,焊接处必须牢固无虚焊。有色金属接地线不能采用焊接时,可采用螺栓连接。接地线与电气设备的连接亦采用螺栓连接。

接地体(线)连接时的搭接长度为:扁钢与扁钢连接为其宽度的两倍,当宽度不同时,以窄的为准,且至少3个棱边焊接;圆钢与圆钢连接为其直径的6倍;圆钢与扁钢连接为圆钢直径的6倍;扁钢与钢管(角钢)焊接时,为了连接可靠,除应在其接触部位两侧进行焊接外,还应焊以由扁钢弯成的弧形(或直角形)卡子,或直接将接地扁钢本身弯成弧形(或直角形)与钢管(或角钢)焊接。

四、建筑物基础接地装置安装

高层建筑的接地装置大多以建筑物的深基础作为接地装置。当利用钢筋混凝土基础内的钢筋作为接地装置时,敷设在钢筋混凝土中的单根钢筋或圆钢,其直径应不小于10mm。被利用作为防雷装置的混凝土构件内用于箍筋连接的钢筋,其截面积总和应不小于1根直径10mm钢筋的截面积。

1. 钢筋混凝土桩基础接地体的安装

高层建筑的基础桩基,不论是挖孔桩、钻孔桩,还是冲击桩,都是将钢筋混凝土桩体伸入地中,桩基顶端设承台,承台用承台梁连接起来,形成一座大型框架地梁。承台顶端设置混凝土桩、梁、剪力墙及现浇楼板等,空间和地下构成一个整体,墙、柱内的钢筋均与承台梁内的钢筋互相绑扎固定,它们互相之间的电气导通是可靠的。

桩基础接地体的构成,如图4-36所示。一般是在作为防雷引下线的柱子(或者剪力墙内钢筋作引下线)位置处,将桩基础的抛头钢筋与承台梁主钢筋焊接,如图4-37所示,并与上面作为引下线的柱(或剪力墙)中钢筋焊接。如果每一组桩基多于4根时,只需连接其

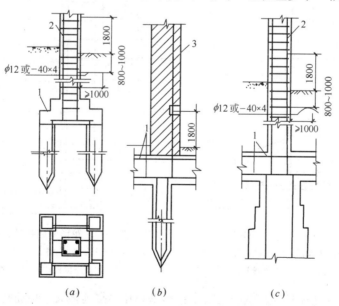

图 4-36 钢筋混凝土桩基础接地体安装

(a)独立式桩基;(b)方桩基础;(c)挖孔桩基础

1—承台梁钢筋;2—柱主筋;3—独立引下线

四角桩基的钢筋作为防雷接地体。

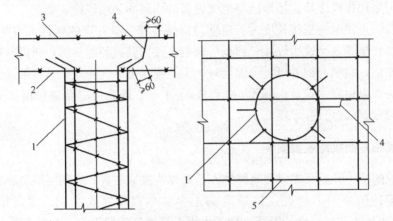

图 4-37 桩基础钢筋与承台钢筋的连接

1—桩基钢筋；2—承台下层钢筋；3—承台上层钢筋；4—连接导体；5—承台钢筋

2. 独立柱基础、箱形基础接地体的安装

钢筋混凝土独立柱基础接地体，如图 4-38 所示。钢筋混凝土箱形基础接地体，如图 4-39 所示。

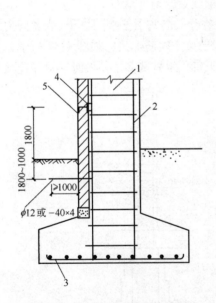

图 4-38 独立柱基础接地体的安装

1—现浇混凝土柱；2—柱主筋；3—基础底层钢筋网；
4—预埋连接板；5—引出连接板

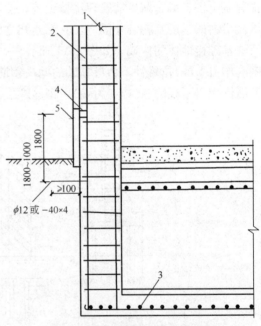

图 4-39 箱形基础接地体的安装

1—现浇混凝土柱；2—柱主筋；3—基础底层钢筋网；
4—预埋连接板；5—引出连接板

钢筋混凝土独立柱基础及钢筋混凝土箱形基础作为接地体时，应将用作防雷引下线的现浇钢筋混凝土柱内的符合要求的主筋，与基础底层钢筋网进行焊接连接。

钢筋混凝土独立柱基础如有防水油毡及沥青包裹时，应通过预埋件和引下线，跨越防水油毡及沥青层，将柱内的引下线钢筋、垫层内的钢筋与接地柱相焊接。利用垫层钢筋和接地桩柱作接地装置。

3. 钢筋混凝土板式基础接地体的安装

利用无防水层底板的钢筋混凝土板式基础作接地体，应将利用作为防雷引下线的符合规定的柱主筋与底板的钢筋进行焊接连接，如图 4-40 所示。

在进行钢筋混凝土板式基础接地体安装时，当遇有板式基础有防水层时，应将符合规格和数量的可以用来做防雷引下线的柱内主筋，在室外自然地面以下的适当位置处，利用预埋连接板与外引的 $\phi12$ 或 -40×4 的镀锌圆钢或扁钢相焊接做连接线，同有防水层的钢筋混凝土板式基础的接地装置连接，如图 4-41 所示。

4. 钢筋混凝土杯形基础预制柱接地体的安装

利用钢筋混凝土杯形基础网做接地体时，对仅有水平钢筋网的杯形基础和有垂直和水平钢筋的基础的施工方法是有区别的。

（1）仅有水平钢筋网的杯形基础接地体　仅有水平钢筋网的杯形基础接地体做法，如图 4-42 所示。连接导体（即连接基础内水平钢筋网与预制混凝土预埋连接板的钢筋或圆钢）引出位置是在杯口一角的附近，与预制混凝土柱上的预埋连接板位置相对应。

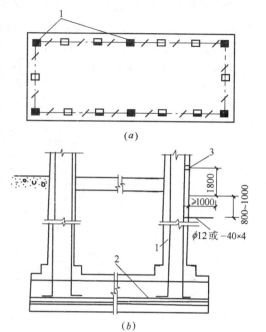

图 4-40　钢筋混凝土板式基础
(a)平面图；(b)基础安装
1—柱主筋；2—底板钢筋；3—预埋连接板

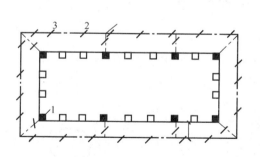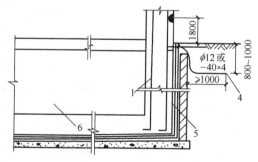

图 4-41　钢筋混凝土板式(有防水层)基础接地体安装
1—柱主筋；2—接地体；3—连接线；4—引至接地体；5—防水层；6—基础底板

连接导体与水平钢筋网应采用焊接做法，如在施工现场无条件焊接时，应预先在钢筋网加工场地焊好后，再运往施工现场。

连接导体与柱上预埋件连接也应焊接，立柱后，将连接导体与∟$60\times60\times5$、L 为 100 柱内预埋连接板焊接后，将其与土壤接触的外露部分用 $1:3$ 水泥砂浆保护，且保护层厚度应不小于50mm。

（2）有垂直和水平钢筋网的杯形基础接地体　有垂直和水平钢筋网的杯形基础接地体做法，如图4-43所示。与连接导体相连接的垂直钢筋，应与水平钢筋相焊接，如不能直接焊接时，应采用一段不小于$\phi 10$的钢筋或圆钢跨接焊。如果四根垂直主筋都能接触到水平钢筋网时，应将4根垂直主筋均与水平钢筋网绑扎连接。

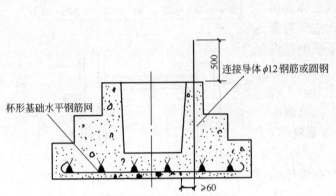

图4-42　仅有水平钢筋网的杯形基础接地体的安装

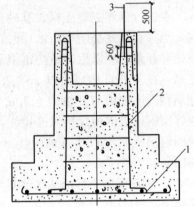

图4-43　有垂直和水平钢筋网
的基础接地体的安装
1—杯形基础水平钢筋网；2—垂直钢筋网；
3—连接导体$\phi 12$钢筋或圆钢

连接导体外露部分应同上作水泥砂浆保护。

当杯形钢筋混凝土基础底下有桩基时，直接将每一桩基的一根主筋同承台梁钢筋焊接，当不能直接焊接时，可按图4-37中的桩基钢筋与承台钢筋的连接做法，用连接导体进行连接。

五、接地装置的检验、接地电阻的测量和常用降阻措施

（一）接地装置的检验和涂色

对于新安装的接地装置，为了确定其是否符合设计和规范要求，在工程完工以后，必须按施工规范要求经过检验合格后才能投入正式运行。

检验除要求整个接地网的连接完整牢固外，还应按照规定进行涂色，标志记号应鲜明齐全。明敷接地线表面应涂以用15～100mm宽度相等的绿色和黄色相间的条纹。在每个导体的全部长度上或只在每个区间或每个可接触到的部位上宜作出标志。当使用胶带时，应使用双色胶带。中性线宜涂淡蓝色标志。在接地线引向建筑物内的入口处和在检修用临时接地点处，均应刷白色底漆后标以黑色记号"⏚"。

（二）接地电阻的测量

接地装置除进行必要的外观检验外，还应测量

图4-44　ZC-8型接地电阻测量仪外形

146

其接地电阻。测量接地电阻的方法较多，目前使用最多的是接地电阻测量仪（接地摇表），如图 4-44 所示。

（三）降低接地电阻的措施

接地体的散流电阻与土壤的电阻有直接关系，在电阻率较高的土壤，如砂质、岩石及长期冰冻的土壤中，装设人工接地体，要达到设计所要求的接地电阻，往往是很困难的，此时除采取适当增加接地体数量或采用接地模块措施外，也可采取以下适当措施以达到接地电阻设计值，常用方法如下：

1. 置换电阻率较低的土壤

当在接地体附近有电阻率较低的土壤时常采用此法。用黏土、黑土或砂质黏土等电阻率较低的土壤，代替原有电阻率较高的土壤。置换范围是在接地体周围 0.5m 以内和接地体上部的 1/3 处。

2. 接地体深埋

如地层深处土壤电阻率较低时，则可采用此方法。

用人工深埋接地体往往非常困难，必须采用振动器等机械方法才能达到深埋的目的。因此，在确定采用深埋接地体方法时，除应先实测深层土壤的电阻率是否符合要求外，还要考虑有无机械设备，能否适宜采用机械化施工，否则也无法进行深埋工作。

3. 使用化学降阻剂

在其他方法不好采用或达不到必要的效果时，可在接地体周围土壤中加入低电阻系数的降阻剂，以降低土壤电阻率，从而降低接地电阻。

4. 外引式接地

如接地体附近有导电良好的土壤及不冰冻的湖泊、河流时，也可采用外引式接地。

第四节 建筑防雷接地工程图阅读

建筑物防雷接地工程图一般包括防雷工程图和接地工程图两部分。图 4-45 为某住宅建筑防雷平面图和立面图，图 4-46 为该住宅建筑的接地平面图，图纸附施工说明。

施工说明：

（1）避雷带、引下线均采用 -25×4 扁钢，镀锌或作防腐处理。

（2）引下线在地面上 1.7m 至地面下 0.3m 一段，用 $\phi 50$ 硬塑料管保护。

（3）本工程采用 -25×4 扁钢作水平接地体、围建筑物一周埋设，其接地电阻不大于 10Ω。施工后达不到要求时，可增设接地极。

（4）施工采用国家标准图集 03D501-1、03D501-4，并应与土建密切配合。

1. 工程概况

由图 4-45 知，该住宅建筑避雷带沿屋面四周女儿墙敷设，支持卡子间距为 1m。在西面和东面墙上分别敷设 2 根引下线（-25×4 扁钢），与埋于地下的接地体连接，引下线在距地面 1.8m 处设置引下线断接卡子。固定引下线支架间距 1.5m。由图 4-46 知，接地体沿建筑物基础四周埋设，埋设深度为 0.97m，（室外地坪以下）距基础中心距离为 0.65m。

2. 避雷带及引下线的敷设

首先在女儿墙上埋设支架，间距 1m，转角处为 0.5m，然后将避雷带与扁钢支架焊为

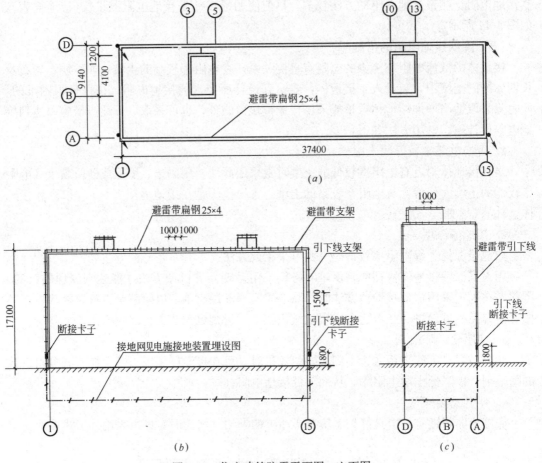

图 4-45　住宅建筑防雷平面图、立面图

(a)平面图；(b)北立面图；(c)西立面图

一体，如图 4-11 所示。引下线在墙上明敷设与避雷带敷设基本相同，也是在墙上埋好扁钢支架之后再与引下线焊接在一起，如图 4-22(a)所示。

避雷带及引下线的连接均用搭接焊接，搭接长度为扁钢宽度的 2 倍。引下线断接卡子的安装如图 4-26(b)所示。

3. 接地装置安装

该住宅建筑接地体为水平接地体，一定要注意配合土建施工，在土建基础工程完工后，未进行回填土之前，将扁钢接地体敷设好。并在与引下线连接处，引出一根扁钢，作好与引下线连接的准备工作。扁钢连接应焊接牢固，形成一个环形闭合的电气通路，摇测接地电阻达到设计要求后，再进行回填土。

4. 避雷带、引下线和接地装置的计算

避雷带、引下线和接地装置都是采用—25×4 的扁钢制成，它们所消耗的扁钢长度计算如下：

(1) 避雷带

避雷带由平屋面上的避雷带和楼梯间屋面上的避雷带组成，平屋面上的避雷带的长度为：(37.4＋9.14)×2＝93.08m。

148

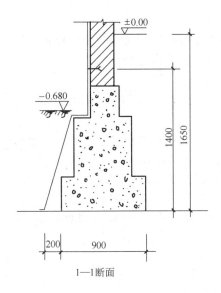

1—1断面

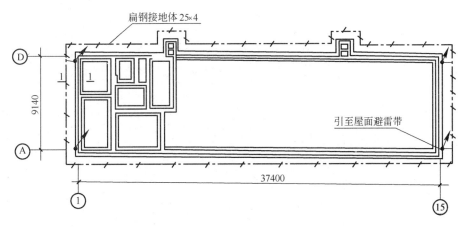

图 4-46　住宅建筑接地平面图

楼梯间屋面上的避雷带沿其顶面敷设一周，并用－25×4 的扁钢与屋面避雷带连接。（阅读建筑结构图，决定楼梯间屋面尺寸及其距屋面高度，然后计算扁钢用量）。

（2）引下线

引下线共 4 根，分别沿建筑物四周敷设，在地面以上 1.8m 处用断接卡子与接地装置连接，引下线的长度为：$(17.1-1.8)\times4=61.2$m。

（3）接地装置

接地装置由水平接地体和接地线组成，水平接地体沿建筑物一周埋设，距基础中心线为 0.65m，其长度为：$[(37.4+0.65\times2)+(9.14+0.65\times2)]\times2=98.28$m

接地线是连接水平接地体和引下线的导体，其长度约为：$(0.65+0.97+1.8)\times4=13.68$m(计算至墙体中心)

（4）引下线的保护管

引下线的保护管采用硬塑料管制成，其长度为：$(1.7+0.3)\times4=8$m

（5）避雷带和引下线的支架

安装避雷带用支架的数量可根据避雷带的长度和支架间距按实际算出。引下线支架的数量计算也依同样方法。

思 考 题 与 习 题

1. 简述雷电的形成过程？
2. 雷电的危害形式有哪几种？相应的采取什么措施来保护建筑物？
3. 单支避雷针的保护范围是怎样确定的？
4. 为什么要在引下线上设断接卡子？
5. 建筑用防雷装置有哪些？安装施工有哪些要求？
6. 简述阀型避雷器的工作原理，安装方法和安装要求？
7. 何谓接地装置？接地装置敷设有哪些要求？
8. 明敷接地线的安装应符合哪些要求？
9. 接地体(线)的连接有哪些规定？
10. 降低接地电阻的措施有哪些？

第五章　智能建筑工程

第一节　智能建筑工程概述

一、智能建筑的定义

所谓"智能建筑"是计算机、信息通信等技术融入建筑行业的产物，这些先进技术使建筑物内电力、照明、空调、防灾、防盗、运输设备等，实现了管理自动化、远端通信和办公自动化的有效运作。

"智能建筑"从整个技术角度来看，它是计算机技术、控制技术、通信技术、微电子技术、建筑技术和其他很多先进技术相结合的产物，几乎融合了信息社会中人类的所有智慧。

对"智能建筑"的定义各个国家都不尽相同。最先提出"智能建筑"思想的美国就认为没有固定特性的定义，智能建筑是将结构、系统、服务和管理等4项基本要求，以及它们之间的内在关系，进行优化组合。所有建筑的智能设计是要提供一个投资合理，又具有高效、舒适、便利的环境。日本则认为具有建筑自动化、远程通信和办公自动化，这三种功能结合起来有效运作的建筑就为"智能建筑"。欧洲一些国家认为能创造一种可以使用户发挥最高效率环境的建筑即为"智能建筑"，他们把用户的需要作为智能建筑的定义。而中国智能建筑专业委员会则建议，"智能建筑"是利用系统集成方法，将智能型的计算机技术、通信技术、信息技术与建筑艺术有机结合，通过对设备的自动监控、对信息资源的管理和对使用者的信息服务及其与建筑的优化组合，所获得的投资合理、适合信息社会需要并且具有安全、高效、舒适、便利和灵活特点的建筑物。

"智能建筑"的含义还会随着科学技术的发展而不断完善，因此它的定义也还会随着高速发展的科学技术不断地变化和充实。

"智能建筑"的固有特征是：建筑物管理服务自动化，办公资源自动化，信息通信自动化。总之，"智能建筑"能提供一个优越的生活环境和高效的工作环境，且具有舒适性、高效性、方便性、适应性、安全性和可靠性的特征。

二、智能建筑工程的组成

现代"智能建筑"主要是建筑技术与信息技术相结合的产物，是随着科学技术的进步而逐步发展充实的，现代建筑技术（Architecture）、现代计算机技术（Computer）、现代通信技术（Communication）、现代控制技术（Control），是智能建筑发展的基础。根据《建筑工程施工质量验收统一标准》（GB 50300—2001）对智能建筑工程内容的划分，其系统组成见表5-1。各系统之间的联系参见图5-1。住宅（小区）智能化体系结构见图5-2。

智能建筑工程分项工程划分　　　　　　　　　　　　　表 5-1

分部工程	子分部工程	分 项 工 程
智能建筑	通信网络系统	通信系统、卫星电视及有线电视系统、公共广播及紧急广播系统
	信息网络系统	计算机网络系统、应用软件、网络安全系统
	建筑设备监控系统	空调与通风系统、变配电系统、公共照明系统、给排水系统、热源和热交换系统、冷冻和冷却水系统、电梯和自动扶梯系统、中央管理工作站与操作分站、子系统通信接口
	火灾报警及消防联动系统	火灾和可燃气体探测系统、火灾报警控制系统、消防联动系统
	安全防范系统	电视监控系统、入侵报警系统、巡更系统、出入口控制(门禁)系统、停车场(库)管理系统
	综合布线系统	缆线敷设和终接、机柜、机架、配线架的安装、信息插座和光缆芯线终端的安装
	智能化集成系统	集成系统网络、实时数据库、信息安全、功能接口
	电源与接地	智能建筑电源、防雷及接地
	环境	空间环境、室内空调环境、视觉照明环境、电磁环境
	住宅(小区)智能化系统	火灾自动报警及消防联动系统、安全防范系统(含电视监控系统、入侵报警系统、巡更系统、门禁系统、楼宇对讲系统、住户对讲呼救系统、停车管理系统)、物业管理系统(多表现场计量及与远程传输系统、建筑设备监控系统、公共广播系统、小区网络及信息服务系统、物业办公自动化系统)、智能家庭信息平台

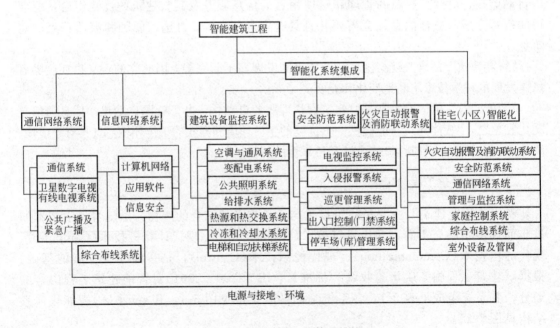

图 5-1　智能建筑工程体系结构

152

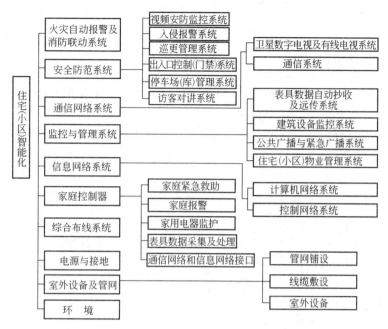

图 5-2　住宅(小区)智能化体系结构

三、智能建筑工程系统的集成

系统集成的概念,就是将各种各样的新技术、实用技术在应用的层面上进行合作,并使它们工作起来就像一个应用系统那样协调。系统集成的意义在于当各种信息和新技术如同潮水般地涌来时,如何根据需要对各种信息进行智能化的寻找、检索、过滤和选择,对各种新技术进行组合、归纳和集成,使之生成有价值的信息和再生新的应用技术,为了达到这个目的,系统集成成了关键问题。

系统集成在实际应用中,就是借助于结构化的综合布线系统和计算机网络技术,把构成智能建筑的通信系统、计算机网络系统以及建筑设备监控系统作为核心,将语音、数据和图像及监控等信号,经过统一的筹划设计综合在一套结构化的布线中,并通过贯穿大楼内、外的布线系统和公共通信网络为桥梁,以及协调各类系统和局域网之间的接口和协议,把那些分离的设备、功能和信息有机地连成一个整体,从而构成一个完整的系统。使资源达到高度共享,管理实现高度集中。

系统集成包括设备的集成、系统软件的集成、应用软件的集成、人员的集成、管理机构的集成和管理方法的集成等方面。可以认为,系统集成是对软件、硬件及多元化信息综合和统一的过程。实质上,系统集成就是系统平台的集成。所谓"系统平台"就是应用系统的开发和运行环境。系统集成应是各类设备、子系统及系统平台达到完整统一,它支持智能建筑中功能和环境的各个方面,并且功能齐全,在用户界面上一致。

系统集成的实现,关键在于解决系统之间的互连性和互操作性问题。这是一个多厂家、多协议和面向各种应用体系的结构。这需要解决各类设备、子系统之间的接口、协议、系统平台、应用软件和其他相关子系统、建筑环境、施工管理及人员配备等问题,涉及多学科、多领域的复杂的系统工程，贯穿于智能建筑的规划、设计、施工和管理的全过程。

四、智能建筑工程的特点

"智能建筑"在我国起步较晚，直到 20 世纪 80 年代末才开始有较大发展。因此，智能建筑工程从设计到施工都还是建筑工程的薄弱环节，但发展很快。2000 年 7 月建设部批准《智能建筑设计标准》（GB/T 50314），2003 年 7 月又批准《智能建筑工程质量验收规范》（GB 50339）。两个标准的颁布实施对智能建筑工程的设计和施工起到了积极的指导作用。

智能建筑工程从建筑电气工程中独立出来，是由它的特点决定的。智能建筑工程的特点可概括如下：

1. 智能建筑工程是一个复杂的集成系统工程，它是多种技术的集成，多门学科的综合，涉及电子技术、通信技术、网络技术、计算机技术、自动控制技术、传感器技术等。随着科学技术的发展，还会有新的技术和系统充实和加盟这一领域。

2. 智能建筑工程系统多，技术先进，施工周期长，作业空间大，使用设备和材料品种多。往往从建筑工程的基础施工就要开始介入，进行施工配合，到系统进入联调阶段时，往往建筑工程已完，装修与安装都已结束，甚至有时建筑工程都已交付使用，智能建筑工程各系统都还处在试运行阶段。

3. 智能建筑工程设计、施工安装、设备制造等必须密切配合，不能搞条块分割，互不支持。前些年有些智能建筑工程质量不高，系统开通率低下，主要原因并不是选用的设备不好，而是因为把设计、设备制造、安装调试、维护保养、技术服务分割成条条块块，造成许多协调上的困难。如果系统设备采购发生了变化，设计就要随之进行改变，同时也要求施工随之改变；如果施工中发现问题要求设计改变，设计也要根据实际情况予以变更。系统设备进入调试阶段和集成阶段，也离不开设备供应商和集成软件供应商，必须解决各类设备、子系统之间的接口和协议等。

4. 智能建筑工程与建筑物的性质、功能和规模紧密相关，信息点的分布各异。施工时必须充分考虑建筑物的现场情况，与土建、设备、管道、电力、照明和空调等各专业密切配合，合理协调，解决好管线敷设的配合问题，特别是与装饰工程的施工配合问题。

5. 智能建筑工程的有些系统必须按照有关部门的要求安装施工，并由属地有关部门验收合格后方可投入使用。如火灾自动报警与消防联动系统由公安消防部门审批和验收；安全技术防范系统由公安技防部门审批和验收；通信系统对口于电信部门；有线电视和卫星电视接收系统对口于广播电视部门等。

6. 智能建筑工程图的主要内容是系统图和平面图，都是用简图形式表示的。在智能建筑工程图中系统图更显重要，既表示了系统的组成，又对具体施工起到了指导作用。所以一定要在熟悉系统图的基础上去阅读平面图。同一平面图上有时表示出几种线路，如电话、有线电视、广播音响等经常会在同一张图上出现。再如安防系统的防入侵报警、视频监控、门禁、巡更、对讲等也经常会出现在同一张图纸上。安装施工时必须仔细审读，避免管线敷设错误。

第二节 火灾自动报警及消防联动系统

火灾自动报警系统用以监视建筑物现场的火情，当存在火患开始冒烟而还未明火之前，或者是已经起火但还未成灾之前发出火情信号，以通知消防控制中心及时处理并自动执行消防前期准备工作。又能根据火情位置及时输出联动控制信号，启动相应的消防设施，进行灭火。系统组成参见图5-3。

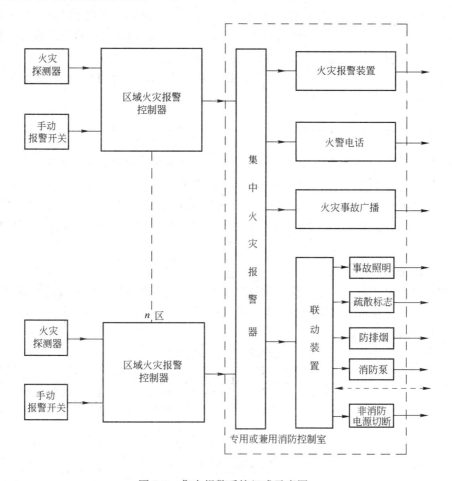

图5-3 集中报警系统组成示意图

一、火灾过程的一般规律

了解火灾过程的一些规律，有助于加深对消防系统的认识。火灾本质上是一种特定的物质燃烧过程，因此，必然遵循物质燃烧的基本规律。物质燃烧是一种物质能量转化的化学和物理过程，随着这个转化过程，伴随着产生燃烧气体、烟雾、热（温度）和光（火焰）等现象。

火灾发生发展过程一般经历4个阶段，即早期阶段、阴燃阶段、火焰放热阶段和衰减阶段。

1. 早期阶段。这一阶段由于物质燃烧开始的预热和气化作用，主要产生燃烧气体和不可见的气溶胶粒子，没有可见的烟雾和火焰，热量也相当少，环境温升不易鉴别出来。

2. 阴燃阶段。此阶段以引燃为起始标志，此时热解作用充分发展，产生大量的肉眼可见和不可见的烟雾，烟雾粒子通过对流运动和背景的空气运动向四周扩散，充满建筑物的内部空间，但此阶段仍没有产生火焰，热量也较小，环境温度并不高，火情尚未达到蔓延发展的程度。此阶段是探测火情实现早期报警的重要阶段，探测对象是烟雾粒子。

3. 火焰放热阶段。这是物质燃烧的快速反应阶段，从着火（火焰初起）开始到燃烧充分发展成全燃阶段，由于物质内能的快速释放和转化，以火焰热辐射的形式呈球形波向外传播热量，再加上强烈的对流运动，环境温度迅速上升，直到室内由于燃烧产生的热与通过外围护结构散失的热相平衡，此时室内温度维持平衡。同时火情得以逐步蔓延扩散，且蔓延速度愈来愈快，范围愈来愈大。探测对象为热与光。

4. 衰减阶段。这是火灾发展的末期，是物质经全面着火燃烧后逐步衰弱至熄灭的阶段。

二、火灾自动报警系统组成

如图 5-3 所示：火灾探测器和手动报警按钮通过区域报警控制器把火灾信号传入集中报警控制器，集中报警控制器接收多个区域报警控制器送入的火灾报警信号，并可判别火灾报警信号的地点和位置，通过联动控制器实现对各类消防设备的控制，从而实施防排烟、开消防泵、切断非消防电源等灭火措施；并同时进行火灾事故广播、启动火灾报警装置、打火警电话。

（一）火灾探测器

火灾探测器是能对火灾参量作出有效响应，并转化为电信号，将报警信号送至火灾报警控制器的器件。是火灾自动报警系统最关键的部件之一。按其被测的火灾参量，探测器有多种类型。详见表 5-2。

探测器的种类与性能 表 5-2

火灾探测器种类名称			探测器性能	
感烟式探测器	点型	离子感烟式		及时探测火灾初期烟雾，报警功能较好。可探测微小颗粒(油漆味、烤焦味，均能反应引起探测器动作，当风速大于 10m/s 时不稳定，甚至引起误动作)
		光电感烟式		对光电敏感。宜用于特定场合。附近有过强红外光源时可导致探测器不稳定；其寿命较前者短
感温式探测器	缆式线型感温电缆		火灾早、中期产生一定温度时报警，且较稳定。凡不可采用感烟探测器，非爆炸性场所，允许一定损失的场所选用	不以明火或温升速率报警，而是以被测物体温度升高到某定值时报警
	定温式	双金属定温		它只以固定限度的温度值发出火警信号，允许环境温度有较大变化而工作比较稳定，但火灾引起的损失较大
		热敏电阻		
		半导体定温		
		易熔合金定温		
	差温式	双金属差温式		适用于早期报警，它以环境温度升高率为动作报警参数，当环境温度达到一定要求时，发出报警信号
		热敏电阻差温式		
		半导体差温式		
	差定温式	膜盒差定温式		具有感温探测器的一切优点而又比较稳定 允许一定爆炸场所
		热敏电阻差定温式		
		半导体差定温式		

火灾探测器种类名称		探测器性能
感光式探测器	紫外线火焰式	监测微小火焰发生，灵敏度高，对火焰反应快，抗干扰能力强
	红外线火焰式	能在常温下工作。对任何一种含炭物质燃烧时产生的火焰都能反应。对恒定的红外辐射和一般光源(如：灯泡、太阳光和一般的热辐射，X、γ射线)都不起反应
可燃气体探测器		探测空气中可燃气体含量超过一定数值时报警
复合型探测器		它是全方位火灾探测器，综合各种长处，使用各种场合，能实现早期火情的全范围报警

(二) 火灾报警控制器

火灾报警控制器是用来接收火灾探测器发出的火警电信号，并将此火警信号转换为声、光报警信号并显示其着火部位或报警区域。以召唤人们尽早采取灭火措施。

火灾报警控制器可分为区域报警控制器和集中报警控制器两种。区域报警控制器接收火灾探测区域的火灾探测器送来的火警信号，可以说是第一级的监控报警装置，其主要组成基本单元有：声、光报警单元、记忆单元、输出单元、检查单元、电源单元。这些单元都是由电子电路组成的基本电路。

集中报警控制器用作接收各区域报警控制器发送来的火灾报警信号，还可巡回检测与集中报警控制器相连的各区域报警控制器，有无火警信号、故障信号，并能显示出火灾区域和部位与故障区域，并发出声、光报警信号。是设置在建筑物消防中心(或消防总控制室)内的总监控设备，它的功能比区域报警控制器更全。具有部位号指示、区域号指示、巡检、自检、火警音响、时钟、充电、故障报警、稳压电源等基本单元。

总线制火灾报警控制器，采用了计算机技术、传输数字技术和编码技术，大大提高了系统报警的可靠性，同时也减少了系统布线数量。有二总线制、三总线制和四总线制之分。

(三) 联动控制器

联动控制器与火灾报警控制器配合，通过数据通信，接收并处理来自火灾报警控制器的报警点数据，然后对其配套执行器件发出控制信号，实现对各类消防设备的控制。

联动控制器的基本功能：

1. 能为与其直接相连的部件供电。

2. 能直接或间接启动受其控制的设备。

3. 能直接或间接地接收来自火灾报警控制器或火灾触发器件的相关火灾报警信号，发出声、光报警信号。声报警信号能手动消除，光报警信号在联动控制器设备复位前应予保持。

4. 在接收到火灾报警信号后，能完成下列功能：

(1) 切断火灾发生区域的正常供电电源，接通消防电源；

(2) 能启动消火栓灭火系统的消防泵，并显示状态；

(3) 能启动自动喷水灭火系统的喷淋泵，并显示状态；

（4）能打开雨淋灭火系统的控制阀，启动雨淋泵并显示状态；

（5）能打开气体或化学灭火系统的容器阀，能在容器阀动作之前手动急停，并显示状态；

（6）能控制防火卷帘门的半降、全降，并显示其状态；

（7）能控制平开防火门，显示其所处的状态；

（8）能关闭空调送风系统的送风机、送风口，并显示状态；

（9）能打开防排烟系统的排烟机、正压送风机及排烟口、送风口、关闭排烟机、送风机，并显示状态；

（10）能控制常用电梯，使其自动降至首层；

（11）能使受其控制的火灾应急广播投入使用；

（12）能使受其控制的应急照明系统投入工作；

（13）能使受其控制的疏散、诱导指示设备投入工作；

（14）能使与其连接的警报装置进入工作状态。

对于以上各功能，应能以手动或自动两种方式进行操作。

5. 当联动控制器设备内部、外部发生下述故障时，应能在100s内发出与火灾报警信号有明显区别的声光故障信号。

（1）与火灾报警控制器或火灾触发器件之间的连接线断路（断路报火警除外）；

（2）与接口部件间的连线断路、短路；

（3）主电源欠压；

（4）给备用电源充电的充电器与备用电源之间的连接线断路、短路；

（5）在备用电源单独供电时，其电压不足以保证设备正常工作时。

对于以上各类故障，应能指示出类型，声故障信号应能手动消除（如消除后再来故障不能启动，应有消声指示），光故障信号在故障排除之前应能保持。故障期间，非故障回路的正常工作不受影响。

6. 联动控制器设备应能对本机及其面板上的所有指示灯、显示器进行功能检查。

7. 联动控制器设备处于手动操作状态时，如要进行操作，必须用密码或钥匙才能进入操作状态。

8. 具有隔离功能的联动控制器设备，应设有隔离状态指示，并能查寻和显示被隔离的部位。

9. 联动控制设备应具有电源转换功能。当主电源断电时，能自动转换到备用电源；当主电源恢复时，能自动转回到主电源；主、备电源应有工作状态指示。主电源容量应能保证联动控制器设备在最大负载条件下，连续工作4h以上。

（四）短路隔离器

短路隔离器是用于二总线火灾报警控制器的输入总线回路中，安置在每一个分支回路（20～30只探测器）的前端，当回路中某处发生短路故障时，短路隔离器可让部分回路与总线隔离，保证总线回路其他部分能正常工作。

（五）底座与编码底座

底座是火灾报警系统中专门用来与离子感烟探测器、感温探测器配套使用的。在二总线制火灾报警系统中为了给探测器确定地址，通常由地址编码器完成，有的地址编码器设在探测器内，有的设在底座上，有地址编码器的底座称编码底座。通常一个编码底座配装一只探测器，设置一个地址编码。特殊情况下，一个编码底座上也可带 1～4 个并联子底座。

（六）输入模块

输入模块是二总线制火灾报警系统中开关量探测器或触点型装置与输入总线连接的专用器件。其主要作用和编码底座类似。与火灾报警控制器之间完成地址编码及状态信息的通信。根据不同的用途，输入模块根据不同的报警信号分为以下几种：

1. 配接消火栓按钮、手动报警按钮、监视阀开/关状态的触点型装置的输入模块。
2. 配缆式线型定温电缆的输入模块。
3. 配水流指示器的输入模块。
4. 配光束对射探测器的输入模块。

也有的消火栓按钮、手动报警按钮自己带有地址编码器，可以直接挂在输入总线上，而不需要输入模块。输入模块需要报警控制器对它供电。

（七）输出模块

输出模块是总线制可编程联动控制器的执行器件，与输出总线相连。提供两对无源动合动断转换触点和一对无源动合触点，来控制外控消防设备（如：警铃、警笛、声光报警器、各类控制阀门、卷帘门、关闭室内空调、切断非消防电源、火灾事故广播喇叭切换等）的工作状态。外控消防设备（除警铃、警笛、声光报警器、火灾事故广播喇叭等以外）应提供一对无源动合触点，接至联动控制器的返回信号线，当外控消防设备动作后，动合触点闭合，设备状态通过信号返回端口送回控制主机，主机上状态指示灯点亮。

（八）火灾现场报警装置

安装在现场的报警装置有手动报警按钮、声光报警器、警笛、警铃等。

三、火灾自动报警系统的线制

所谓火灾自动报警系统的线制，主要是指探测器和控制器间的传输线的线数。更确切地说，线制是火灾自动报警系统运行机制的体现。按线制分，火灾自动报警系统有多线制和总线制之分。多线制目前基本不用，所以我们只简单介绍总线制。

总线制系统采用地址编码技术，整个系统只用几根总线，和多线制相比用线量明显减少，给设计、施工及维护带来了极大的方便，因此被广泛采用。值得注意的是：一旦总线回路中出现短路问题，则整个回路失效，甚至损坏部分控制器和探测器，因此，为了保证系统正常运行和免受损失，必须采取短路隔离措施，如分段加装短路隔离器。

总线制有二总线制和四总线制。目前使用最广泛的是二总线制。二总线制是一种最简单的接线方法，用线量最少，但技术的复杂性和难度也提高了。二总线中的 G 线为公共地线，P 线则完成供电、选址、自检、获取信息等功能。新型智能火灾报警系统也建立在二总线的运行机制上，二总线系统有树枝和环形两种接线。

（1）树枝形接线　图 5-4 为树枝形接线方式，这种方式应用广泛，若接线如果发生断线，可以报出断线故障点，但断点之后的探测器不能工作。

（2）环形接线　图 5-5 为环形接线方式。这种系统要求输出的两根总线再返回控制器

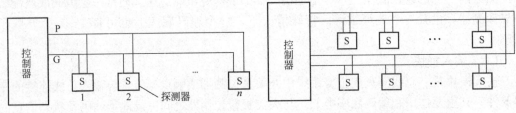

图 5-4 树枝形接线(二总线制)　　　　　　　图 5-5 环形接线(二总线制)

另两个输出端子,构成环形。这种接线方式若中间发生断线,不影响系统正常工作。

(3)链式接线:如图 5-6 所示,这种系统的 P 线对各探测器是串联的,对探测器而言,变成了三根线,而对控制器还是两根线。

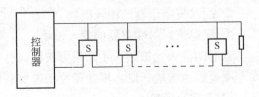

图 5-6 链式连接方式

四、火灾自动报警系统施工图

火灾自动报警系统工程是智能建筑工程的重要组成之一,其施工图的主要内容是:系统图、平面图以及所联动控制的相关设备的控制电路图。所有这些图都是以简图的形式绘制的。系统图主要反映报警系统的组成以及系统中各设备间的连接关系。报警控制器类型和性能的不同,系统图也就有所不同。平面图和建筑电气电力、照明平面图类似,主要反映系统设备安装平面位置、线路敷设部位、敷设方式、线路走向以及导线规格、型号等。

(一)火灾自动报警系统常用图形符号

熟悉常用图形符号和文字符号是阅读施工图的基础。火灾报警与消防控制系统常用图形符号见表 5-3。

火灾报警与消防控制系统常用图形符号　　　　　　　　表 5-3

序　号	符　号	说　明	符号来源
01	★	需区分火灾报警装置"★"用下述字母代替: C—集中型火灾报警控制器 Z—区域型火灾报警控制器 G—通用火灾报警控制器 S—可燃气体报警控制器	GA/T 229—1999 3.2+标注
02	★	需区分火灾控制、指示设备"★" RS—防火卷帘门控制器 RD—防火门磁释放器 I/O—输入/输出模块 O—输出模块 I—输入模块 P—电源模块 T—电信模块 SI—短路隔离器	GB/T 4327—1993 3.7(equ ISO 6790—2.7)+标注

序 号	符 号	说 明	符号来源
02	★	M—模块箱 SB—安全栅 D—火灾显示盘 FI—楼层显示盘 CRT—火灾计算机图形显示 FPA—火警广播系统 MT—对讲电话主机	GB/T 4327—93 3.7(equ ISO 6790—2.7)+标注
03	CT	缆式线型定温探测器	GB/T 4327—93 3.8(equ ISO 6790—2.8)+标注
04		感温探测器	GB/T 4327—93 3.8(equ ISO 6790—2.8) GB/T 4327—93 4.5.1(equ ISO 6790—3.5.1)
05	N	感温探测器(非地址码型)	GB/T 4327—93 3.8(equ ISO 6790—2.8)+GB/T 4327—93 4.5.1(equ ISO 6790—3.5.1)+标注
06		感烟探测器	GB/T 4327—93 6.11(equ ISO 6790—5.11)
07	N	感烟探测器(非地址码型)	GB/T 4327—93 6.11(equ ISO 6790—5.11)+标注
08	EX	感烟探测器(防爆型)	GB/T 4327—93 6.11(equ ISO 6790—5.11)+标注
09		感光火灾探测器	GB/T 4327—93 3.8(equ ISO 6790—2.8) GB/T 4327—93 4.5.1(equ ISO 6790—3.5.1)
10		气体火灾探测器(点式)	GB/T 4327—93 6.12(equ ISO 6790—5.12)
11		复合式感烟感温火灾探测器	GA/T 229—1999 6.1.19
12		复合式感光感烟火灾探测器	GA/T 229—1999 6.1.20
13		点型复合式感光感温火灾探测器	GA/T 229—1999 6.1.21
14		手动火灾报警按钮	GB/T 4327—93 3.8(equ ISO 6790—2.8) GB/T 4327—93 4.5.5(equ ISO 6790—3.5.5)

序　号	符　号	说　明	符　号　来　源
15		消火栓启泵按钮	GA/T 229—1999 6.1.34
16		水流指示器	GA/T 229—1999 6.1.35
17	P	压力开关	GB/T 4327—93 3.8(equ ISO 6790—2.8)+标注
18		火灾报警电话机(对讲电话机)	GB/T 4327—93 6.13(equ ISO 6790—5.14)
19	⊙	火灾电话插孔(对讲电话机)	GA/T 229—1999 6.3.19
20	⊙	带手动报警按钮的火灾电话插孔	GB/T 4327—93 3.8(equ ISO 6790—2.8)+GA/T 229—1999 4.12
21		火警电铃	GB/T 4327—93 3.10(equ ISO 6790—2.10) GB/T 4327—93 4.6.1(equ ISO 6790—3.6.1)
22		警报发声器	GB/T 4327—93 6.15(equ ISO 6790—5.16)
23		火灾光警报器	GA/T 229—1999 6.4.4
24		火灾声、光警报器	GA/T 229—1999 6.4.5
25		火灾警报扬声器	GA/T 229—1999 6.4.6
26	IC	消防联动控制装置	GB/T 4327—93 3.7(equ ISO 6790—2.7)+标注
27	AFE	自动消防设备控制装置	GB/T 4327—93 3.7(equ ISO 6790—2.7)+标注
28	EEL	应急疏散指示标志灯	GB/T 4327—93 3.7(equ ISO 6790—2.7)+标注
29	EEL→	应急疏散指示标志灯(向右)	GB/T 4327—93 3.7(equ ISO 6790—2.7)+标注
30	←EEL	应急疏散指示标志灯(向左)	GB/T 4327—93 3.7(equ ISO 6790—2.7)+标注

序　号	符　号	说　明	符　号来源
31	EL	应急疏散照明灯	GB/T 4327—93 3.7(equ ISO 6790—2.7)＋标注
32	◑	消火栓	

(二) 火灾自动报警系统图和平面图

图 5-7 为某建筑火灾自动报警系统图。该火灾报警系统在首层设有报警控制器,联动

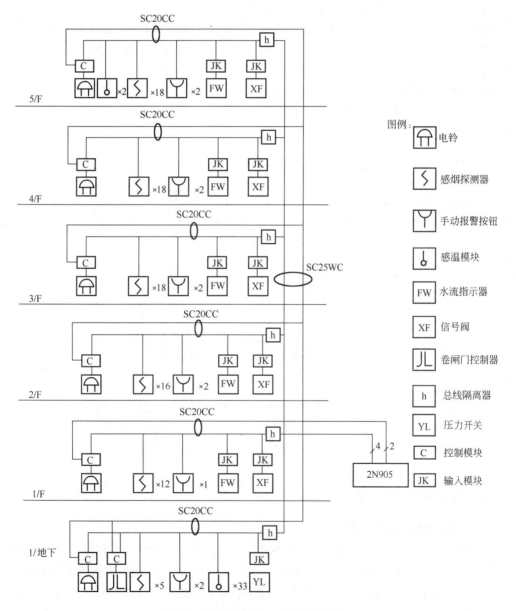

图 5-7　某建筑火灾自动报警系统图

控制。各层装有感烟探测器、手动报警按钮、防火卷帘、控制模块、水流指示器和信号阀，地下还装有防火卷帘。火灾报警控制器采用2N905型。在每层信号线进线都采用总线隔离器，系统信号两总线采用RV-2×1.5导线；电源线为BV-2×2.5；信号线为两个回路：地下室及一、二层为一个回路；三层至五层为一个回路。当火灾发生时，2N905控制器收到感烟探测器、手动报警按钮的报警后，联动部分动作，通过电铃报警并启动消防灭火。

消防电气平面图除有各层的消防电气平面图外，还需要有消防控制中心电气设备布置图。图上应标注各层分线箱、层显示器、声光报警器、感烟或感温探测器、手动报警按钮、消火栓报警按钮、消防通讯出线口、消防广播箱、扬声器的位置、距地高度、编号等，以及配线型号、根数、穿管管径、敷设方式等。

图5-8为某建筑一层火灾自动报警平面图。火灾报警控制器和一层总线隔离器安装在过厅控制室内，采用壁挂式安装，线路在墙内采用穿管垂直通过配线进入控制器。系统信号两总线采用RV-2×1.5导线穿管顶板内敷设，在走廊和过厅、商店等地方的吊顶安装感烟探测器，采用吸顶安装，控制模块距顶0.2m安装；手动报警按钮距地1.5m安装在楼梯墙上；该平面图表示了火灾探测器、手动报警按钮等电器平面布置以及线路走向、敷设部位和敷设方式。

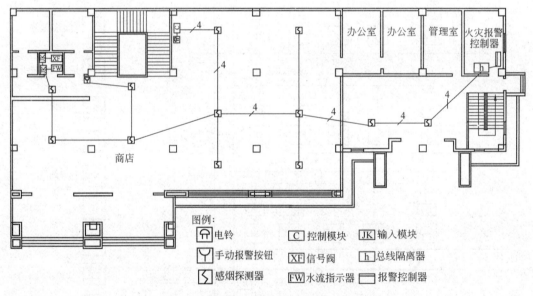

图5-8 某建筑一层火灾自动报警平面图

五、报警系统设备安装

（一）火灾探测器的安装

探测器的外形结构随制造厂家不同而略有差异，但总体形状大致相同。一般随使用场所不同，在安装方式上主要有嵌入式和露出式两种。为了方便用户辨认探测器是否动作，探测器有带(动作)确认灯和不带确认灯之分。探测器的确认灯应面向便于人员观察的主要入口方向。

探测器安装一般应在穿线完毕，线路检验合格之后即将调试时进行。安装时，要按照施工图选定的位置，现场定位划线。在吊顶上安装时，要注意纵横成排对称，内部接线紧密，固定牢固美观。并应注意参考探测器的安装高度限制及其保护半径。

探测器的安装高度是指探测器安装位置(点)距该保护区域地面的高度。为了保证探测器在监测中的可靠性，不同类型的探测器其安装高度都有一定的范围限制，可参见表5-4。

安装高度与探测器种类的关系   表5-4

安装高度 H(m)	感烟探测器	感温探测器			感光探测器
		一级	二级	三级	
$12<H\leqslant20$	不适合	不适合	不适合	不适合	适合
$8<H\leqslant12$	适合	不适合	不适合	不适合	适合
$6<H\leqslant8$	适合	适合	不适合	不适合	适合
$4<H\leqslant6$	适合	适合	适合	不适合	适合
$H\leqslant4$	适合	适合	适合	适合	适合

探测器的保护半径是指一只探测器能够有效探测的单向最大水平距离。不同类型探测器的保护半径，可参见表5-5。

探测器的保护面积和保护半径   表5-5

火灾探测器的种类	地面面积 S(m²)	安装高度 H(m)	探测器的保护面积 A 和保护半径 R					
			$\theta\leqslant15°$		$15°<\theta\leqslant30°$		$\theta>30°$	
			A(m²)	R(m)	A(m²)	R(m)	A(m²)	R(m)
感烟探测器	$S\leqslant80$	$H\leqslant12$	80	6.7	80	7.2	80	8.0
	$S>80$	$6<H\leqslant12$	80	6.7	100	8.0	120	9.9
		$H\leqslant6$	60	5.8	80	7.2	100	9.0
感温探测器	$S\leqslant30$	$H\leqslant8$	30	4.4	30	4.9	30	5.5
	$S>30$	$H\leqslant8$	20	3.6	30	4.9	40	6.3

探测器安装前应进行下列检验：①探测器的型号、规格是否与设计相符合；②改变或代用探测器是否具备审查手续和依据；③探测器的接线方式、采用线制、电源电压同设计选型设备，施工线路敷线是否相符合，配套使用是否吻合；④探测器的出厂时间、购置到货的库存时间是否超过规定期限。对于保管条件良好，在出厂保修期内的探测器可采取5%的抽样检查试验。对于保管条件较差和已经过期的探测器必须逐个进行模拟试验检查，不合格者不得使用。

点型火灾探测器安装位置应符合下列要求：

(1) 探测器距墙或梁边的水平距离应大于0.5m，且在探测器周围0.5m内不应有遮挡物。

(2) 在有空调的房间内，探测器要安装在距空调送风口1.5m以外的地方，至多孔送风顶棚孔口的水平距离，不应小于0.5m。

(3) 如果探测区域内有隔梁，探测器安装在梁上时(一般不安装在梁上)，其探测器下端到安装面必须在0.3m以内，如图5-9所示。

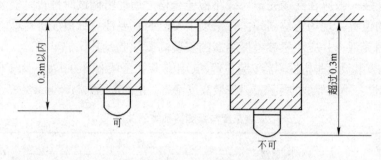

图 5-9 探测器在梁上安装示意图

（4）探测器宜水平安装，如必须倾斜安装时，其安装倾斜角 α 不应大于 45 度，否则应加装平台安装探测器，如图 5-10 所示。所谓"安装倾斜角"是指探测器安装面的法线与房间垂线间的夹角。显然，安装倾斜角 α 等于屋顶坡度 θ。

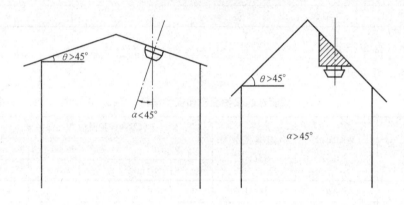

图 5-10 探测器安装倾斜角示意图

（5）在宽度小于 3m 的内走廊顶棚安装探测器时，宜居中布置。感温探测器的安装间距不应超过 10m，感烟探测器的安装间距不应超过 15m。探测器至端墙的距离不应大于探测器安装间距的一半。

（6）探测器的底座应固定牢靠。底座的外接导线，应留有不小于 15cm 的余量，入端处应有明显标志。探测器的"＋"线应为红色，"－"线应为蓝色，其余线应根据不同用途采用其他颜色区分。但同一工程中相同用途的导线颜色应一致。导线的连接必须可靠压接或焊接。当采用焊接时，不得使用带腐蚀性的助焊剂。探测器底座的穿线孔宜封堵，安装完毕后的探测器底座应采取保护措施。

（二）火灾报警控制器安装

区域报警控制器和集中报警控制器分为台式、壁挂式和落地式 3 种。如图 5-11 所示。

火灾报警控制器安装，一般应满足下列要求：

（1）火灾报警控制器宜安装在专用房间或楼层值班室，也可设在经常有人值班的房间或场所，如确因建筑面积限制而不可能时，也可在过厅、门厅、走道的墙上安装，但安装位置应能确保设备的安全。

（2）火灾报警控制器安装在墙上时，其底边距地（楼）面一般不应小于 1.5m，距门、

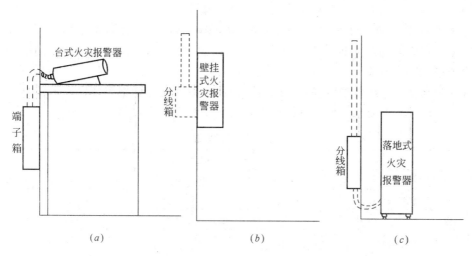

图 5-11　火灾报警控制器安装示意图

(a)台式；(b)壁挂式明装；(c)落地式

窗、柜边的距离不应小于 250mm；控制器安装应横平竖直，固定牢固。安装在轻质墙上时，应采取加固措施。落地安装时，其底座应高出地坪 100～200mm。

（3）引入火灾报警控制器的电缆或导线，应符合下列要求：配线应整齐，避免交叉，并应固定牢靠；电缆芯线和所配导线的端部，均应标明编号，并与图纸一致，字迹清晰不易褪色；端子板的每个接线端上，接线不得超过 2 根；电缆芯和导线，应留有不小于 20cm 的余量；导线应绑扎成束；导线引入线穿线后，进线管口处应封堵。

（4）控制器的主电源引入线，应直接与消防电源连接，严禁使用电源插头。主电源应有明显标志。

（5）控制器的接地应牢固，并有明显标志。

（三）手动报警按钮的安装

手动报警按钮，应安装在明显和便于操作的部位，当安装在墙上时，其底边距地（楼）面高度宜为 1.3～1.5m，且应有明显标志。安装应牢固，不得倾斜。

其他设备如输入、输出模块、声、光报警装置等的安装方法和要求与手动报警按钮安装相似。

六、线路敷设

消防用电设备必须采用单独回路，电源直接取自配电室的母线，当切断工作电源时，消防电源不受影响，保证扑救工作的正常进行。

火灾自动报警系统的传输线路，耐压不低于交流 250V。导线采用铜芯绝缘导线或电缆，而并不规定选用耐热导线或耐火导线。所以这样规定，是因为火灾报警探测器传输线路主要是作早期报警用。在火灾初期阴燃阶段是以烟雾为主，不会出现火焰。探测器一旦早期进行报警就完成了使命。火灾要发展到燃烧阶段时，火灾自动报警系统传输线路也就失去了作用。此时若有线路损坏，火灾报警控制器因有火警记忆功能，故也不影响其火警部位显示。因此，火灾报警探测器传输线路规定耐压即可。

重要消防设备(如消防水泵、消防电梯，防烟排烟风机等)的供电回路，有条件时可采用耐火型电缆或采用其他防火措施以达防火配线要求。二类高低层建筑内的消防用电设备，宜采用阻燃型电线和电缆。

火灾自动报警系统传输线路其芯线截面选择，除满足自动报警装置技术条件要求外，尚应满足机械强度的要求，导线的最小截面积不应小于表 5-6 规定。

线 芯 最 小 截 面   表 5-6

类　别	线芯最小截面(mm^2)	备　注
穿管敷设的绝缘导线	1.00	
线槽内敷设的绝缘导线	0.75	
多芯电缆	0.50	
由探测器到区域报警器	0.75	多股铜芯耐热线
由区域报警器到集中报警器	1.00	单股铜芯线
水流指示器控制线	1.00	
湿式报警阀及信号阀	1.00	
排烟防火电源线	1.50	控制线＞$1.00mm^2$
电动卷帘门电源线	2.50	控制线＞$1.50mm^2$
消火栓箱控制按钮线	1.50	

火灾自动报警系统传输线路采用屏蔽电缆时，应采取穿金属管或封闭线槽保护方式布线。消防联动控制，自动灭火控制，通讯，应急照明，紧急广播等线路，应采取金属管保护，并宜暗敷在非燃烧体结构内，其保护层厚度不应小于 3cm。

横向敷设的报警系统传输线路如采用穿管布线时，不同防火分区的线路不宜穿入同一根管内，如探测器报警线路采用总线制(二线)时可不受此限。从接线盒、线槽等处引至探测器底座盒，控制设备接线盒，扬声器箱等的线路应加金属软管保护，但其长度不宜超过1.5m。建筑物内横向布放暗埋管的管径，在混凝土楼板内暗埋管径不宜大于 25mm，在顶棚内或墙内水平或垂直敷设的管路，管径不宜大于 40mm。不宜在管路内穿太多的导线，同时还要顾及到结构安全性的要求，上述要求主要是为了便于管理和维修。消防联动控制系统的电力线路，考虑到它的重要性和安全性，其导线截面的选择应适当放宽，一般可加大一级为宜。

在建筑物各楼层内布线时，由于线路种类和数量较多，并且布线长度在施工时也受限制，若太长，施工及维修都不便，特别是给维护线路故障带来困难。为此，在各楼层宜分别设置火警专用配线箱或接线箱(盒)。箱体宜采用红色标志，箱内采用端子板汇接各种导线，并应按不同用途、不同电压、电流类别等需要分别设置不同端子板。并将交、直流电压的中间继电器、端子板加保护罩进行隔离，以保证人身安全和设备完好，对提高火警线路的可靠性等方面，都是必要的。

整个系统线路的敷设施工应严格遵守现行施工及验收规范的有关规定。

七、火灾自动报警控制系统调试

火灾自动报警控制系统的调试应在建筑内部装修和系统施工结束后进行。

调试时，应先分别对探测器、区域报警控制器、集中报警控制器、火灾报警装置和消防控制设备等逐个进行单机通电检查，正常后方可进行系统调试。整个系统调试运行正常后，即可按规定进行验收交工。

八、火灾自动报警及消防联动系统工程实例

(一)工程概况

某综合楼工程，其建筑总面积为 7000m²，总高度 30m；地下 1 层、地上 8 层，各层主要功能见表 5-7。图 5-12 为该工程系统图，图 5-13～图 5-16 分别为地下层和 1～3 层施工平面图，其余各层在此不再给出。有关设计说明如下：

某综合楼基本数据 　　　　表 5-7

层　数	面　积(mm²)	层　高(m)	主要功能
B1	915	3.40	汽车库、泵房、水池、配电室
1	935	3.80	大堂、服务、接待
2	1040	4.00	餐　饮
3～5	750	3.20	客　房
6	725	3.20	客房、会议室
7	700	3.20	客房、会议室
8	170	4.60	机　房

(1)保护等级　本建筑火灾自动报警系统保护对象为二级。

(2)消防控制室与广播音响控制室合用，位于一层，并有直通室外的门。

(3)设备选择设置　地下层的汽车库、泵房和顶楼冷冻机房选用感温探测器，其他场所选用感烟探测器。

(4)联动控制要求　消防泵、喷淋泵和消防电梯为多线联动，其余设备为总线联动。

(5)火灾应急广播与消防电话　火灾应急广播与背景音乐系统共用，火灾时强迫切换至消防广播状态，平面图中竖井内 1825 模块即为扬声器切换模块。

消防控制室设消防专用电话，消防泵房、配电室、电梯机房设固定消防对讲电话、手动报警按钮带电话塞孔。

(6)设备安装　火灾报警控制器为柜式结构。火灾显示盘底边距地 1.5m 挂墙安装，探测器吸顶安装，消防电话和手动报警按钮中心距地 1.4m 暗装，消火栓按钮设置在消火栓箱内，控制模块安装在被控设备控制柜内或与其上边平行的近旁。火灾应急扬声器与背景音乐系统共用，火灾时强切。

(7)线路选择与敷设　消防用电设备的供电线路采用阻燃电线电缆沿阻燃桥架敷设，火灾自动报警系统与线路、联动控制线路、通信线路和应急照明线路为 BV 线穿钢管沿墙、地和楼板暗敷。

(二)系统图阅读

从系统图可以知道，火灾报警与消防联动设备是安装在一层的，查看图 5-14，知是安装在消防及广播值班室。火灾报警与消防联动控制设备的型号为 JB 1501A/G 508—64，

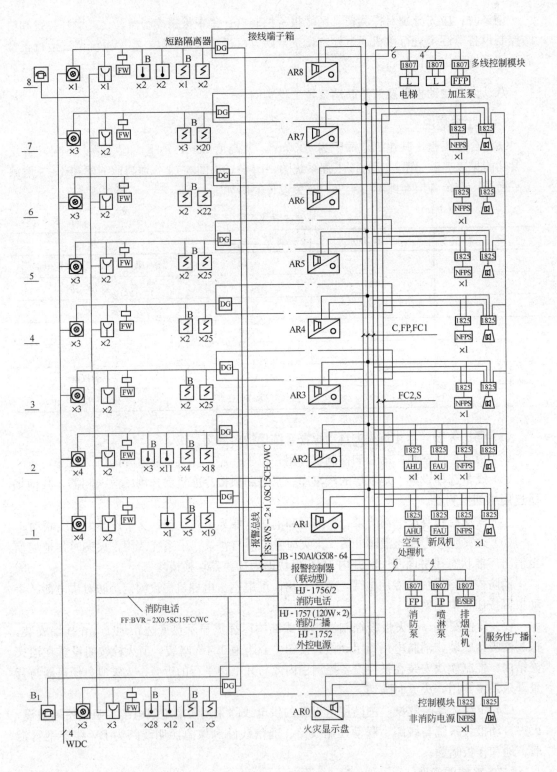

图 5-12　系统图

WDC—去直接起泵
C—RS-485 通信总线 RVS-2×1.0SC15WC/FC/CEC
FP—24VDC 主机电源总线 BV-2×4SC15WC/FC/CEC

FC1-联动控制总线 BV-2×1.0SC15WC/FC/CEC
FC2-多线联动控制线 BV-1.5SC20WC/FC/CEC
S-消防广播线 BV-2×1.5SC15WC/CEC

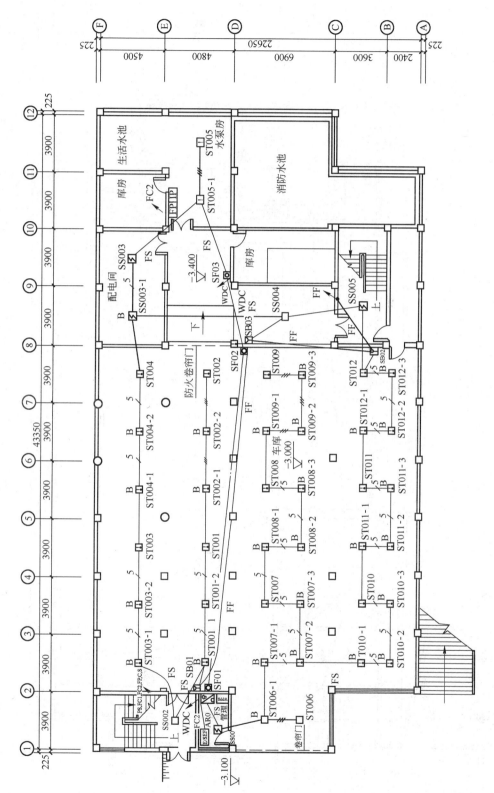

图 5-13　地下层火灾报警平面布置图

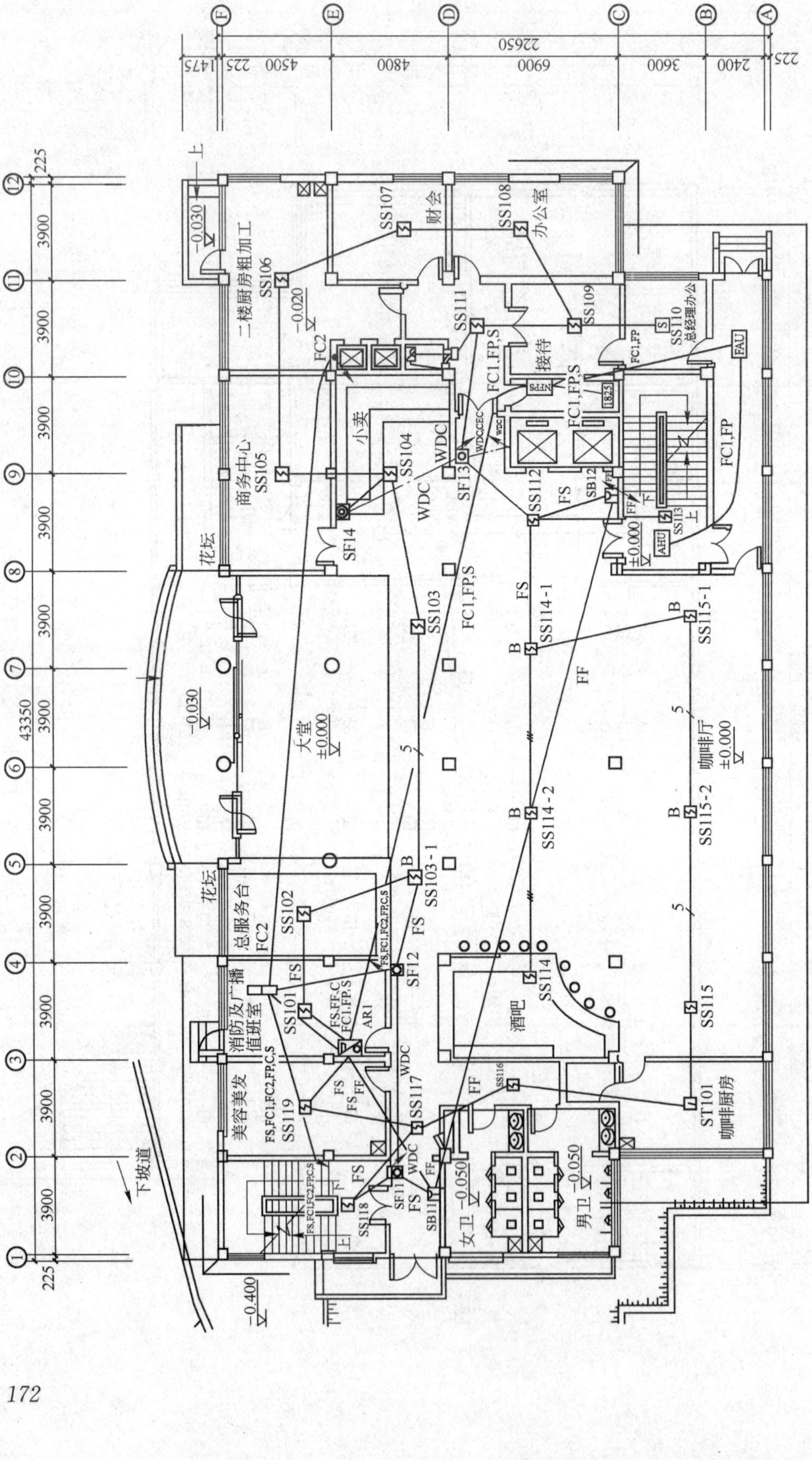

图 5-14 一层火灾报警平面布置图

172

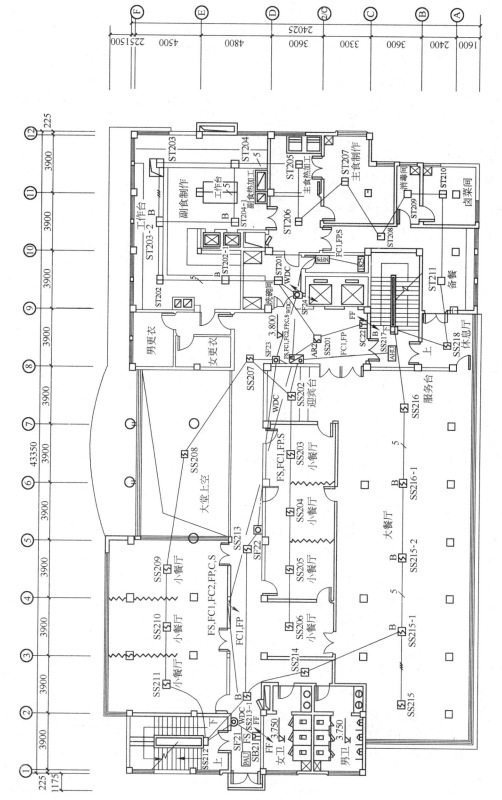

图 5-15　二层火灾报警与联动控制平面图

173

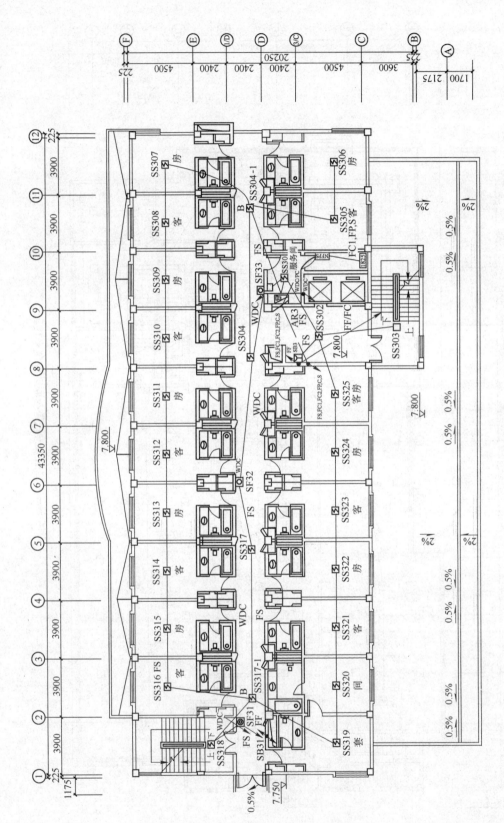

图 5-16 三层火灾报警与消防联动控制平面图

174

JB 为国家标准中的火灾报警控制器，其他多为产品开发商的系列产品编号；消防电话设备的型号为 HJ-1756/2；消防广播设备型号为 HJ 1757(120W×2)；外控电源设备型号为 HJ-1752，这些设备一般都是产品开发商配套的。JB 共有 4 条回路总线，设为 JN1～JN4，JN1 用于地下层，JN2 用于 1、2、3 层，JN3 用于 4、5、6 层，JN4 用于 7、8 层。

（1）配线标注情况　报警总线 FS 标注为：RVS-2×1.0SC 15CEC/WC。

对应的含义为：软导线（多股）、塑料绝缘、双绞线；2 根截面积为 1mm²；保护管为钢管，直径为 15mm；沿顶棚、暗敷设及有一段沿墙、暗敷设，是指每条回路。

其消防电话线 FF 标注为：BVR-2×0.5SC15FC/WC。BVR 为塑料绝缘软导线，埋地或墙内暗敷。其他与报警总线类似。

火灾报警控制器的右手面有 5 个回路，依次标注为 C、FP、FC1、FC2、S。系统图的下面依次说明为：C：RS-485 通信总线 RVS-2×1.0SC15WC/FC/CEC；FP：24VDC 主机电源总线 BV-2×4SC15WC/FC/CEC；FC1：联动控制总线 BV-2×1.0SC15WC/FC/CEC；FC2：多线联动控制线 BV-1.5SC20WC/FC/CEC；S：消防广播线 BV-2×1.5SC15WC/CEC。这些标注应该说是比较详细了，大多数是好理解的。

（2）接线端子箱　从系统图中可以知道，每层楼安装一个接线端子箱，端子箱中安装短路隔离器 DG。其作用是当某一层的报警总线发生短路故障时，将发生短路故障的楼层报警总线断开，就不会影响其他楼层的报警设备正常工作了。

（3）火灾显示盘 AR　每层楼安装一个火灾显示盘，可以显示各个楼层。显示盘接有 RS-485 通信总线，火灾报警与消防联动设备可以将信息传送到火灾显示盘 AR 上进行显示；显示盘因为有灯光显示，所以还要接主机电源总线 FP。

（4）消火栓箱报警按钮　消火栓箱报警按钮也是消防泵的启动按钮，消火栓箱是人工用喷水枪灭火最常用的方式，当人工用喷水枪灭火时，如果给水管网压力低，就必须启动消防泵，消火栓箱报警按钮是击碎玻璃式（或有机玻璃），将玻璃击碎，按钮将自动动作，接通消防泵的控制电路，使消防泵启动；同时也通过报警总线向消防报警中心传递信息。因此，每个消火栓箱报警按钮也占一个地址码。

在该系统图中，纵向（自左至右）第 2 排图形符号为消火栓箱报警按钮，×3 代表地下层有 3 个消火栓箱，如图 5-13 所示，报警按钮的编号为 SF01、SF02、SF03。消火栓箱报警按钮的连接线为 4 根线，为什么是 4 线，这是因为消火栓箱的位置不同，而形成了 2 个回路，每个回路仍然是 2 线，线的标注是 WDC：去直接启动泵。同时每个消火栓箱报警按钮也与报警总线相接。从系统图中知，整个系统有 27 个消火栓报警按钮。

（5）火灾报警按钮　火灾报警按钮是人工向消防报警中心传递信息的一种方式，一般要求在防火区的任何地方至火灾报警按钮不超过 30m，纵向第 3 排图形符号是火灾报警按钮。火灾报警按钮也是击碎玻璃式，发生火灾而需要向消防报警中心报警时，击碎火灾报警按钮的玻璃就可以通过报警总线向消防报警中心传递信息。每一个火灾报警按钮也占一个地址码。×3 代表地下层有 3 个火灾报警按钮，如图 5-13 所示，火灾报警按钮的编号为 SB01、SB02、SB03。同时火灾报警按钮也与消防电话线 FF 连接，每个火灾报警按钮板上都设置电话插孔，插上消防电话就可以用，纵向第 1 排的图形符号就是电话符号。本系统共设有火灾报警按钮 18 个。

（6）水流指示器　纵向第 4 排图形符号是水流指示器 FW，每层楼一个。由此可以推断出，该建筑每层楼都安装了自动喷淋灭火系统。火灾发生超过一定温度时，自动喷淋灭火的闭式喷头感温元件熔化或炸裂，系统将自动喷水灭火，此时需要启动喷淋泵加压。水流指示器安装在喷淋灭火给水的支干管上，当支干管有水流动时，其水流指示器的电触点闭合，接通喷淋泵的控制电路，使喷淋泵电动机启动加压。同时，水流指示器的电触点也通过控制模块接入报警总线，向消防报警中心传递信息。每一个水流指示器也占一个地址码。

（7）感温火灾探测器 在地下层、1、2、8层安装了感温火灾探测器，总共59个。感温火灾探测器主要应用在火灾发生时，很少产生烟或平时可能有烟的场所，如车库、餐厅等地方。纵向第5排图形符号上标注B的为子座，6排没有标注B的为母座。在图5-13中，编码为ST012的母座带动3个子座，分别编码为ST012-1、ST012-2、ST012-3，此4个探测器只有一个地址码。子座接到母座是另外接的3根线，ST是感温火灾探测器的文字符号。

（8）感烟火灾探测器 该建筑应用的感烟火灾探测器数量比较多，总共183个，纵向第7排图形符号上标注B的为子座，8排没有标注B的为母座，SS是感烟火灾探测器的文字符号。

（9）其他消防设备 系统图的右面基本上是联动设备，1807、1825是控制模块，该控制模块是将报警控制器送出的控制信号放大，再控制需要动作的消防设备。空气处理机AHU是将电梯前厅的楼梯空气进行处理。新风机FAU共有2台，一层安装在右侧楼梯走廊处，二层安装在左侧楼梯前厅，是送新风的，发生火灾时都要求其开启而换空气。非消防电源(正常用电)配电箱安装在电梯井道的后面电气井中，火灾发生时需要切换消防电源。广播有服务广播和消防广播，两者的扬声器合用，发生火灾时，需要切换成消防广播。

（三）平面图阅读

在系统图中我们已经了解到该建筑火灾报警与消防联动系统的报警设备的种类、数量和连接导线的功能、数量、规格及敷设方式。系统图中的报警设备只反映某层有哪些设备，没有反映设备的具体位置，其连接导线的走向也就无法反映了，但系统图可以帮助我们阅读平面图。

阅读平面图时，要从消防报警中心开始。消防报警中心在一层，再将其与本层及上、下层之间的连接导线走向关系搞清楚，就容易理解工程情况了。在系统图中，我们已经知道连接导线按功能分共有8种，即FS、FF、FC1、FC2、FP、C、S和WDC。

1. 配线基本情况(一层平面)

由系统图已知来自消防报警中心的报警总线FS，必须先进各楼层的接线端子箱(短路隔离器)后，再向其编址单元配线；消防电话FF只与火灾报警按钮有连接关系；联动控制总线FC1只与控制模块1825所控制的设备有连接关系；联动控制线FC2只与控制模块1807所控制的设备有连接关系；通信总线C只与火灾显示盘AR有连接关系；主机电源总线FP与火灾显示盘AR和控制模块1825所控制的设备有连接关系；消防广播线S只与控制模块1825中的扬声器有连接关系；控制线WDC只与消火栓箱报警按钮有连接关系，再配到消防泵，与消防报警中心无关系。

从图5-14可以知道，消防报警中心控制柜共有4条线路向外配线，为了分析方便，我们暂且编成 N1、N2、N3、N4。其中 N1 配向②轴线，其中包括 FS、FC1、FC2、FP、C、S 等 6 种功能的导线，再向地下层配线；N2 配向③轴线，进本层接线端子箱（火灾显示盘 AR1），再向外配线，应有 FS、FC1、FP、S、FF、C 等 6 种；N3 配向④轴线，再向二层配线，有 FS、FC1、FC2、FP、S、C 等 6 种；N4 配向⑩轴线，再向地下层配线，只有 FC2 一种功能的导线（4 根线）。

N2 一组进入③轴线的接线端子箱（火灾显示盘）后，再配出 4 条线路，即：配向②轴线 SB11 处的 FF 线；配向⑩轴线电源配电间的 NFPS 处的，有 FC1、FP、S 功能线；配向 SS101 的 FS 线；配向 SS119 的 FS 线。另一条为进线。

该建筑布置的感烟火灾探测器文字符号标注为 SS，感温火灾探测器为 ST，火灾报警按钮 SB，消火栓箱报警按钮 SF，其数字排序按种类各自排。例如，SS115 为一层第 15 号地址码的感烟火灾探测器，ST101 为一层第 1 号地址码的感温火灾探测器。有母座带子座的，子座又编为 SS115-1、SS115-2 等。

（1）N2 线路的总线配线　先分析配向 SS101 的 FS 线，用钢管沿墙暗配到顶棚，进入 SS101 接线底座进行接线，再配到 SS102，依此类推，直到 SS119 而回到火灾显示盘，形成了一个环路。如果该系统的火灾显示盘具有环形接线报警器的功能，这个环路就是环形接线，否则仍然是树状接线。因为现代的火灾报警设备功能越来越多。

在这个环路中也有分支，例如 SS110、SB12、SF14 等，其目的是减少配线路径。在 SS115-1、SS115-2、SS115 之间配 5 根线的原因是，母座与子座之间的连接线又增加了 3 根线（有的火灾报警设备的母座与子座之间连接线为 2 根线），在 SS114-1、SS114-2、SS114 之间配 3 根线的原因也是一样的，说明该火灾报警设备中作为母底座的并联底座一定要安装在并联的末端。

有的火灾报警设备中作为母底座的并联底座不要求安装在末端，其报警总线只与母底座连接，母底座与子底座之间不需要连接报警总线。因此 SS115-1、SS115-2、SS115 的编号就要换位了，它们之间的连接线也就可以减少了。

（2）N2 线路的其他配线　火灾显示盘配向②轴线 SB11 处的消防电话线 FF，FF 与 SB11 连接后，在此处又分别到 2 层的 SB21（实际中也可以在此处再向下引到 SB01 处，就可以去掉 SB03 处到 SB01 处的保护管及配线了）和本层的⑨轴线 SB12 处，在 SB12 处又向上到 SB22 和向下再引到⑧轴线 SB02 处。

SF11 的连接线 WDC（2 根）来自地下层 SF01 处，SF11 与 SF12 之间有 WDC 连接线，SF11 的连接线 WDC 又配到 2 层的 SF21 处。SF13 处的连接线 WDC（2 线）来自地下层 SF03 处，又配到 2 层的 SF24 处（不在同一垂直轴线）。在系统图中标注的 WDC 为 4 线就是这两处的线相加。

火灾显示盘配向⑩轴线电源配电间的 NFPS 处，有 FC1、FP、S 功能线。NFPS 接 FC1、FP 线。电源配电间有 1825 控制模块，是扬声器的切换控制接口，接 FC1、FP、S 线。NFPS 又接到 FAU（新风机控制接口）和 AHU（空气处理机控制接口），接 FC1、FP 线。

（3）其他说明　报警总线 FS 在 SS111 与 SS112 之间连接 SF13 是不合理的，因为 SF13 是安装在消火栓箱里，距地一般是 1.5m 左右，而火灾探测器 SS 是安装在顶棚上，将 SF13 放在中间，安装时，报警总线就会出现上、下返的配线，其一是不经济，其二是使报警总线的环路变长，信号损失大，应该将 SF13 放在支路，即 SS111 直接连到 SS112 再与 SF13 连接，此时的 SF13 就是支线了。

在电气工程图中，上述例子的问题是比较多的，设计者或绘图者可能是随意的（因为电气配线的原则是：在条件允许的情况下，线路应尽量地短），这虽然不是什么原则问题，但施工者必须想到这类问题。在本工程图中就有很多这样的问题，读者可以自己思考去寻找，如果考虑到这类问题，起码工程造价中的经济效益是非常显著的。

2. 设备布置（一层平面）

本层主要设备的分布从图 5-14 中得知：火灾报警与消防联动控制器在消防及广播值班室；火灾显示盘在消防及广播值班室；消火栓箱报警按钮共 4 个，分别在②轴线、④轴线、⑨轴线和①轴线交叉处和⑨轴线商务中心门旁处；火灾报警按钮有 2 个，分别在西边门内②/①处和⑨/ⓒ处；感温探测器 1 个安装在②～③间的咖啡厨房；感烟探测器共 24 个，其中有 5 个子座；还有新风机和空气处理机，处在⑧～⑪/ⓒ～Ⓐ区域内。

以上设备所处平面位置是大概的，安装时应配合装饰工程确定准确的位置，其安装方法及质量要求应完全满足施工质量验收规范的要求。

由阅读一层平面图我们可感觉到该平面图的阅读就和电气照明工程平面图基本一样，只是该图和系统图关系更密切，设备数量完全相对应。读者可依上面分析方法继续阅读地下层、二层、三层平面图。

第三节　通信网络与综合布线

智能建筑内通信网络系统一般包括电话通信系统、卫星电视及有线电视系统、广播系统等。而综合布线系统是建筑物内或建筑群之间的信息传输通道，既能使数据、语音、图像设备和交换设备彼此相连接，也能与外部城市电话网、城市数据网及其他信息管理系统相连。

一、有线电视系统

有线电视系统，简称为 CATV 系统。CATV 系统是早在 20 世纪 40 年代出现的一种电视接收系统，它是多台电视接收机共用一套天线的设备。公共天线将接收来的电视信号先经过适当处理（如：放大、混合、频道变换等），然后由专用部件将信号合理地分配给各电视接收机。这就是有线电视系统的早期形式，即通常所说的共用天线电视系统。由于系统各部件之间采用了大量的同轴电缆作为信号传输线，因而 CATV 系统又叫电缆电视，也就是有线电视。由于通信技术的迅速发展，CATV 系统不但能接收电视塔发射的电视节目，还可以通过卫星地面站接收卫星传播的电视节目。有了 CATV 系统，电视图像就不会因高山或高层建筑的遮挡或反射，出现重影或雪花干扰。人们不但可以看好电视节目，还可以利用这套设备来自己播放节目（如电视教学）以及从事传真通信和各种信息的传递工作。由于电视接收机的普及和高层建筑的增多，CATV 系统已成为人们生活中不可缺少的服务设施。

（一）系统组成

有线电视系统主要由接收天线、前端设备、传输分配网络以及用户终端组成，如图 5-17 所示。

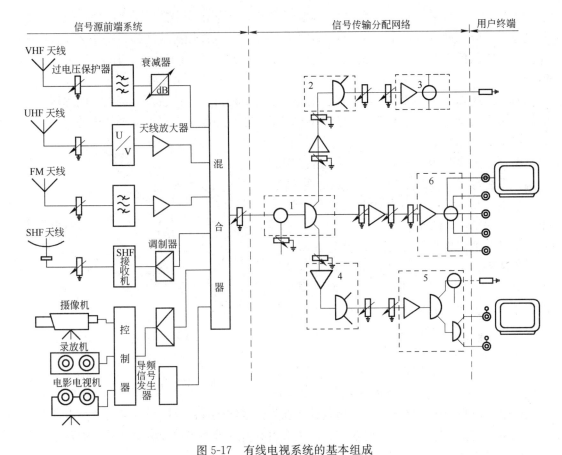

图 5-17　有线电视系统的基本组成

注：1. 图中数字 1、2、3…6 代表楼号，高频避雷器应安装在架空线的出楼和进楼前；

　　2. 虚线所示根据需要，由工程设计定。

1. 接收天线

接收天线为获得地面无线电视信号、调频广播信号、微波传输电视信号和卫星电视信号而设立，对 C 波段微波和卫星电视信号大多采用抛物面天线；对 VHF、UHF 电视信号和调频信号大多采用引向天线（八木天线）。天线性能的高低对系统传送的信号质量起着重要的作用，因此常选用方向性强、增益高的天线，并将其架设在易于接收、干扰少、反射波少的高处。

（1）引向天线

引向天线为有线电视系统中最常用的天线，它由一个辐射器（即有源振子或称馈电振子）和多个无源振子组成，所有振子互相平行并在同一平面上，结构如图 5-18 所示。在有源振子前的若干个无源振子，统称为引向器。在有源振子后的一个无源振子，称为反射振子或

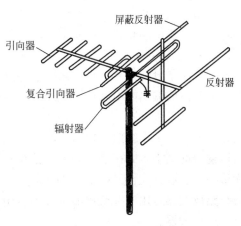

图 5-18　VHF 引向天线结构外形示意

反射器。引向器的作用是增大对前方电波的灵敏度，其数量愈多愈能提高增益。但数目也不宜过多，数目过多对天线增益的继续增加作用不大，反而使天线通频带变窄，输入阻抗降低，造成匹配困难。反射器的功能是减弱来自天线后方的干扰波，而提高前方的灵敏度。

引向天线具有结构简单、重量轻、架设容易、方向性好、增益高等优点，因此得到广泛的、大量的应用。引向天线可以做成单频道的，也可以做成多频道或全频道的。

（2）抛物面天线

抛物面天线是卫星电视广播地面站使用的设备，现在也有一些家庭使用小型抛物面天线。它一般由反射面、背架及馈源与支撑件三部分组成。它的结构如图5-19。

卫星电视广播地面站用天线反射面板，一般分为两种形式，一是板状，另一种是网状面板，对于C频段电视接收两种形式都可满足要求。相同口径的抛物面天线，板状要比网状接收效果好。网状防风能力强。

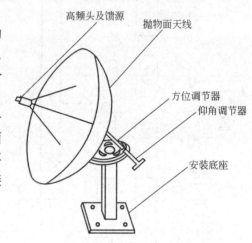

图 5-19　抛物面天线的结构

2. 前端设备

前端设备主要包括天线放大器、混合器、干线放大器等。天线放大器的作用是提高接收天线的输出电平和改善信噪比，以满足处于弱场强区和电视信号阴影区共用天线电视传输系统主干线放大器输入电平的要求。天线放大器有宽频带型和单频道型两种，通常安装在离接收天线1.2m左右的天线竖杆上。

干线放大器安装于干线上，主要用于干线信号电平放大，以补偿干线电缆的损耗，增加信号的传输距离。

混合器是将所接收的多路信号混合在一起，合成一路输送出去，而又不互相干扰的一种设备。使用它可以消除因不同天线接收同一信号而互相叠加所产生的重影现象。

3. 传输分配网络

分配网络分为有源及无源两类。无源分配网络只有分配器、分支器和传输电缆等无源器件，其可连接的用户较少。有源分配网络增加了线路放大器，因而其所接的用户数可以增多。

分配器用于分配信号，将一路信号等分成几路。常见的有二分配器、三分配器、四分配器。分配器的输出端不能开路或短路，否则会造成输入端严重失配，同时还会影响到其他输出端。

分支器用于把干线信号取出一部分送到支线里去，它与分配器配合使用可组成形形色色的传输分配网络。因在输入端加入信号时，主路输出端加上反向干扰信号，对主路输出则无影响。所以分支器又称定向耦合器。

线路放大器是用于补偿传输过程中因用户增多、线路增长后信号损失的放大器，多采用全频道放大器。

在分配网络中各元件之间均用馈线连接，它是信号传输的通路，分为主干线、干线、分支线等。主干线接在前端与传输分配网络之间；干线用于分配网络中信号的传输；分支线用于分配网络与用户终端的连接。现在馈线一般采用同轴电缆，同轴电缆由一根导线作芯线和外层屏蔽铜网组成，内外导体间填充绝缘材料，外包塑料套，外形如图 5-20 所示。同轴电缆不能与有强电流的线路并行敷设，也不能靠近低频信号线路，如广播线和载波电话线。

在有线电视系统中均使用特性阻抗为 75Ω 的同轴电缆。最常使用的有 SYV 型、SY-FV 型、SDV 型、SYKV 型、SYDY 型等。

4. 用户终端

有线电视系统的用户终端是供给电视机电视信号的接线器，又称为用户接线盒。如图 5-21 所示。用户接线盒有单孔盒和双孔盒之分。单孔盒仅输出电视信号，双孔盒既能输出电视信号又能输出调频广播信号。

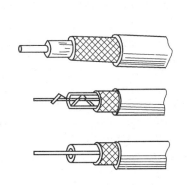

图 5-20　同轴电缆外形

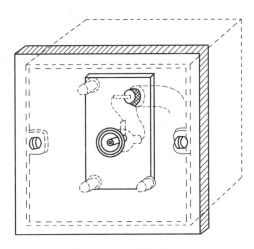

图 5-21　用户终端盒

（二）有线电视系统工程图

1. 有线电视系统常用图形符号

有线电视系统工程图绘制采用《电气图用图形符号》（GB 4728）和电子工业部标准《声音和电视信号的电缆分配系统图形符号》（SJ 2708—86）中所规定的图形符号。为便于使用特将常用符号集于表 5-8。

有线电视系统常用图形符号 表 5-8

序　号	符　号	说　明	符　号　来　源
01		天线，一般符号	GB/T 4728.10—1999 10-04-01（idt IEC 60617—10：1996）
02		带矩形波导馈线的抛物面天线	GB/T 4728.10—1999 10-05-13（idt IEC 60617—10：1996）
03		有当地天线引入的前端，示出一个馈线支路，馈线支路可从圆的任何点画出	GB/T 4728.11—2000 11-05-01（idt IEC 60617—11：1996）

序 号	符 号	说 明	符 号 来 源
04		无当地天线引入的前端，示出一个输入和一个输出通路	GB/T 4728.11—2000 11-05-02 (idt IEC 60617—11：1996)
05		放大器，一般符号，中继器一般符号三角形指向传输方向	GB/T 4728.10—1999 10-15-01 (idt IEC 60617—10：1996)
06		均衡器	GB/T 4728.11—2000 11-09-01 (idt IEC 60617—11：1996)
07		可变均衡器	GB/T 4728.11—2000 11-09-02 (idt IEC 60617—11：1996)
08		变频器，频率由 f_1 变到 f_2 f_1 和 f_2 可用输入和输出频率数值代替	GB/T 4728.10—1999 10-14-02 (idt IEC 60617—10：1996)
09		固定衰减器	GB/T 4728.10—1999 10-16-01 (idt IEC 60617—10：1996)
10		可变衰减器	GB/T 4728.10—1999 10-16-02 (idt IEC 60617—10：1996)
11		调制器、解调器或鉴别器一般符号	GB/T 4728.10—1999 10-19-01 (idt IEC 60617—10：1996)
12		解调器	GB/T 5465.2—1996 5260 (idt IEC 60417：1994)
13		调制器	GB/T 5465.2—1996 5261 (idt IEC 60417：1994)
14		调制解调器	GB/T 5465.2—1996 5262 (idt IEC 60417：1994)
15		混合网络	GB/T 4728.10—1999 10-16-19 (idt IEC 60617—10：1996)
16		彩色电视接收机	GB/T 5465.2—1996 5054 (idt IEC 60417：1994)
17		分配器，两路，一般符号	GB/T 4728.10—1999 10-24-09 (idt IEC 60617—10：1996) GB/T 4728.11—2000 11-07-01 (idt IEC 60617—11：1996)
18		三路分配器	

序　号	符　号	说　明	符号来源
19		四路分配器	
20		信号分支，一般符号	GB/T 4728.10—1999 10-24-11（idt IEC 60617—10：1996）
21		用户分支器 示出一路分支	GB/T 4728.11—2000 11-08-01（idt IEC 60617—11：1996）
22		用户二分支器	
23		用户四分支器	
24		系统出线端	GB/T 4728.11—2000 11-08-02（idt IEC 60617—11：1996）
25		匹配终端	GB/T 4728.10—1999 10-08-25（idt IEC 60617—10：1996）
26		视盘放像机	GB/T 5465.2—1996 5518（idt IEC 60417：1994）

2. 有线电视系统工程图

有线电视系统工程图主要包括系统图、平面图、安装大样图及必要的文字说明。系统图、平面图是编制造价和施工的主要依据。

电视系统工程图中的设备一般以表的形式给出。

电视平面图一般包括屋顶有线电视平面图和楼层电视平面图。

屋顶有线电视平面图是表示在建筑物顶层安装的天线及前端设备和线路的平面位置。楼层电视平面图主要表示各楼层电视接收机(用户终端)的位置及线路走向位置等。

图 5-22 为某建筑有线电视平面图。系统进线由有线电视网引来的 75Ω 聚乙烯绝缘射频电缆，室外地下 0.7m 穿管进线。信号经过门边的放大器送入过厅的分支器，然后送入各个房间的插座。线路沿地板暗敷设。放大器箱距地 1.2m 安装；分支器箱距地 0.3m 安装；电视插座距地 0.3m 安装。

电视系统图与前述的照明系统图类似，用图形符号画出电视接收天线、放大器、混合器、前端箱、分配器、分支器、系统输出口等设备，并标注主干电缆、分支电缆的型号规格，必要时应标注系统输出口电平。图 5-23 为某建筑有线电视系统图。与图 5-22 配套使用。由系统图看出，该系统由有线电视管网引来的信号经放大器放大，由三分配器分出送入 3 个二分配器，再由二分配器送入一、二、三、四、五各个楼层的几个四分支器上。

读有线电视平面图时，应结合系统图由顶层天线平面图往下层看。从天线至前端设备或前端箱，了解其位置、安装尺寸和距地高度，干线电缆的型号和走向，穿管管材和管

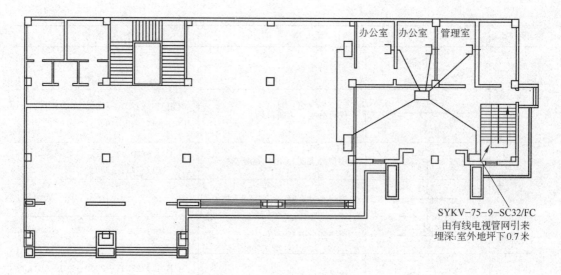

图 5-22　某建筑有线电视平面图

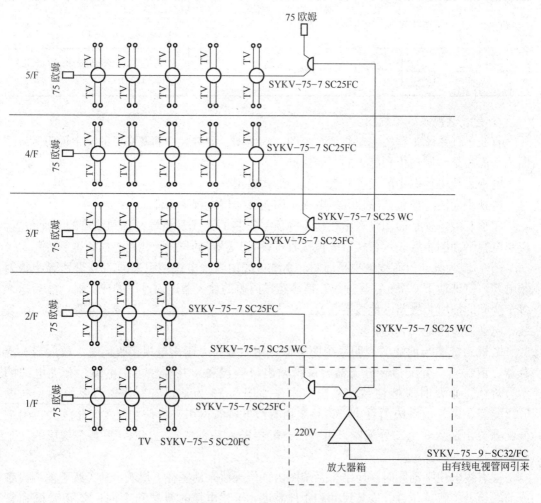

图 5-23　某建筑有线电视系统图

184

径。其他层平面图上只标注天线出线口位置和距地高度，引入并引下电缆的型号和穿管管材和管径。

（三）系统安装

有线电视系统的安装主要包括天线安装、系统前端设备安装、线路敷设和系统防雷接地等。

1. 系统安装施工应具备的条件

施工单位必须执有系统安装施工的施工执照。工程设计文件和施工图纸齐全，并经会审批准。施工人员应全面熟悉有关图纸和了解工程特点、施工方案、工艺要求、施工质量标准等。在施工之前应做好充分的施工准备工作：施工所需设备、器材准备齐全；预埋线管、支撑件及预留孔洞、沟、槽、基础等应符合设计要求；施工区域内应具备顺畅施工的条件等。

2. 接收天线安装

（1）引向天线安装

接收天线应按设计要求组装，并应平直牢固。天线竖杆基座应按设计要求安装，可用场强仪收测和用电视接收机收看，确定天线的最佳方位后，将天线固定。

天线的固定底座是由铸铁铸造加工而成，它有4个地脚螺栓孔。安装时应在底座下面预制混凝土基座，混凝土基座应与混凝土屋面同时浇灌，4个地脚螺栓宜与楼房的顶面钢筋焊接在一起，并与接地网接通。如图5-24所示。

天线应根据生产厂家的安装说明书，在地面组装好后，再安装于竖杆合适位置上。天线与地面应平行安装，其馈电端与阻抗匹配器、馈线电缆、天线放大器的连接应正确、牢固、接触良好。安装好了的天线如图5-25所示。

（2）抛物面天线安装

天线安装是保证天线性能及其稳定性的重要一个环节。天线安装包括两个方面，一是

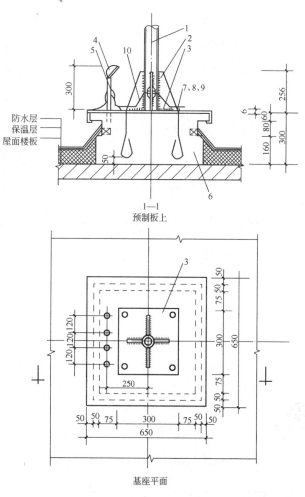

图 5-24　天线基座安装

1—竖杆；2—肋板；3—底板；4—防水弯头；5—馈线管；6—混凝土基座；7—地脚螺栓；8—螺帽；9—垫圈；10—接地引下线

天线本身主、副面及馈源的安装，二是整个天线在支撑架上或铁塔上的安装。天线的安装顺序是，先安装支架部分，再组装天线抛物面及馈源，最后将支撑架和天线组装在一起，并安装高频头，配制引下线。

3. 前端设备安装

前端的设备，如频道放大器、衰减器、混合器、宽带放大器、电源和分配器等，多集中布置在一个铁箱内，俗称前端箱。前端箱一般分箱式、台式、柜式三种。箱式前端宜挂墙安装，明装于前置间内时，箱底距地 1.2m，暗装时为 1.2～1.5m；明装于走道等处时，箱底距地 1.5m，暗装时为 1.6m，安装方法如图 5-26 所示。各部尺寸见表 5-9。台式前端可以安装在前置间内的操作台桌面上，高度不宜小于 0.8m，且应牢固。柜式前端宜落地安装在混凝土基础上面，如同落地式动力配电箱的安装。

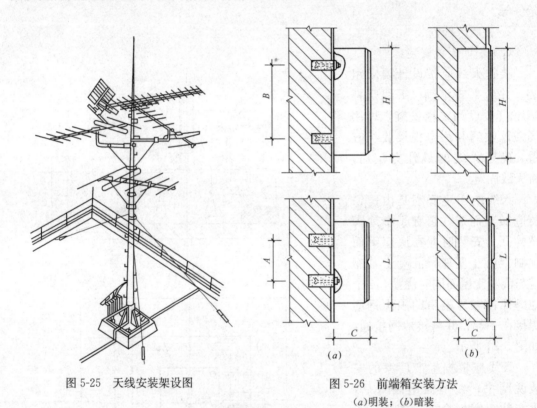

图 5-25　天线安装架设图

图 5-26　前端箱安装方法
(a)明装；(b)暗装

前端箱安装各部尺寸　　　　表 5-9

前端箱型号	明(暗)箱外型尺寸(mm)			安装孔尺寸(mm)		暗箱留洞尺寸(mm)		
	L	H	C	A	B	宽	高	深
Ⅰ	370	670	140 (240)	250	530	380	680	140 (240)
Ⅱ	520	470		380	330	530	480	
Ⅲ	600	800		460	600	605	810	

分配器、分支器、干线放大器分明装和暗装两种方法。明装是与线路明敷设相配套的安装方式，多用于已有建筑物的补装，其安装方法是根据部件安装孔的尺寸在墙上钻孔，

埋设塑料胀管，再用木螺钉固定之，如图 5-27 所示。

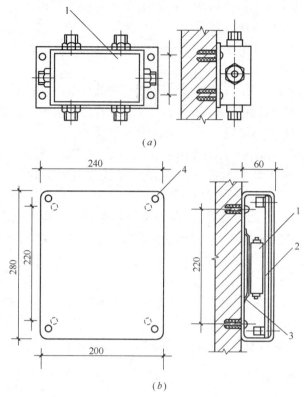

图 5-27　分支器、分配器在墙上安装
(a)分支器(分配器)直接安装墙上；(b)分支器(分配器)安装盒在墙上安装
1—分支器(分配器)；2—盒体；3—支架；4—盖

新建建筑物的 CATV 系统，其线路多采用暗敷设，分配器、分支器、干线放大器亦应暗装。即将分配器、分支器、干线放大器安装在预埋于建筑物墙体内的特制木箱或铁箱内。

4. 用户盒安装

用户盒分明装和暗装。明装用户盒可直接用塑料胀管和木螺丝固定在墙上。暗装用户盒应在土建施工时就将盒及电缆保护管埋入墙内，盒口应和墙面保持平齐，待粉刷完墙壁后再穿电缆，进行接线和安装盒体面板，面板可略高出墙面。如同照明工程中插座盒、开关盒的安装。

5. 防雷接地

电视天线防雷与建筑物防雷采用一组接地装置，接地装置做成环状，接地引下线不少于 2 根。从户外到进入建筑物的电缆线路，其吊挂钢索、金属导体、金属保护管，均应在建筑物引入口处就近与建筑物防雷引下线相接。在建筑物屋顶面上，不得明敷设天线馈线或电缆，也不能利用建筑物的避雷带作支架敷设。

6. 系统供电

有线电视系统采用 50Hz、220V 电源作系统工作电源。工作电源宜从最近的照明配电箱直接分回路引入电视系统供电，但前端箱与交流配电箱的距离一般不小于 1.5m。

7. 线路敷设

在 CATV 系统中常用的传输线是同轴电缆。同轴电缆的敷设分为明敷设和暗敷设两种。其敷设方法可参照现行建筑电气工程施工质量验收规范进行，并应符合《有线电视系统工程技术规范》（GB 50200—94）及《智能建筑工程质量验收规范》（GB 50339—2003)的要求。

用户线进入房屋内可穿管暗敷，也可用卡子明敷在室内墙壁上，或布放在吊顶上。不论采用何种方式，都应做到牢固、安全、美观。走线应注意横平竖直。

线路穿管暗敷是常用的方法，一般管路有三种埋入方式。

(1) 宾馆、饭店一般有专用管道井，室内有顶棚，冷、暖通风管道，电话、照明等电缆均设置其中。有线系统电缆一般也设计敷设在这里，这样既便于安装，又便于维修。

(2) 大板结构建筑，可分两种情况，一是外挂内浇的结构，管道敷设可预先浇注在墙内。另一种是内挂外挂的结构，管道可预埋在内墙交接处预留的管沟内。

(3) 砖混结构建筑，可在土建施工时将管道预埋在砖层夹缝中。

8. 系统调试与验收

为了使 CATV 系统能够得到更好的接收效果，必须在安装完毕后，对全系统进行认真的调试。系统调试包括以下内容：

天线系统调整；前端设备调试；干线系统调试；调试分配系统；验收。

二、扩声和音响系统

随着电子技术、计算机技术的发展，智能建筑中的扩声、音响系统也逐渐向数字化，智能化方向发展，但组成系统的基本单元是不变的，系统的基本结构也是不变的。

(一) 扩声和音响系统的类型与基本组成

音响技术涉及面广，自扩声技术乃至通信联络都可以说是属于音响技术的范畴。建筑物的广播音响系统基本上可以归纳为三种类型：一是公共广播系统，如面向公众区、面向宾馆客房等的广播音响系统，它包括背景音乐和紧急广播功能。二是厅堂扩声系统，或称专业音响系统。如礼堂、剧场、体育场馆、歌舞厅、宴会厅、卡拉OK厅等的音响系统。三是专用的会议系统，它虽也属于扩声系统，但有其特殊要求，如同声传译系统等。不管哪一种广播音响系统，其基本组成都可以用图 5-28 的框图表示。

节目源设备 → 放大和处理设备 → 传输线路 → 扬声器系统

图 5-28　广播音响系统组成方框图

节目源设备：节目源通常有无线电广播（调频、调幅）、普通唱片、激光唱片（CD）和盒式磁带等，相应的节目源设备有 FM/AM 调谐器、电唱机、激光唱机和录音卡座等。此外，还有传声器（话筒）、电视伴音（包括影碟机、录像机和卫星电视的伴音）、电子乐器等。

放大和信号处理设备：包括调音台、前置放大器、功率放大器和各种控制器及音响加工设备等。这部分是整个广播音响系统的"控制中心"。

传输线路：传输线路虽然简单，但随着系统和传输方式的不同而有不同的要求。

扬声器系统：扬声器系统或称音箱、扬声器箱，是广播音响系统的终端。按照箱体形式分类，可分为封闭式音箱、倒相式音箱、号筒式音箱、音柱等。

（二）音响设备

音响系统的主要设备有声源、调音台和功放及音箱。

声源是指声音的来源，主要有：传声器、卡座、调谐器、CD唱机及影碟机和录像机的音频输出。根据输出电平的不同可分为麦克级和线路级两种。麦克级电平较低，线路级电平较高。

调音台是用来对来自不同声源的多个声音信号进行放大、衰减、声象定位、均衡和混合等处理的重要设备。在小型系统中，一般不用调音台，而由简单前级放大器来代替它。

功率放大器，其作用是将调音台或其他音频处理设备送出的信号进行功率放大以推动音箱的工作。主要有定阻输出和定压输出之分。

扬声器系统用来将功率放大器送来的电信号还原成声音信号，是一种典型的电声转换设备。

声音处理设备主要是用来对电声信号进行均衡、混响、延时、激励、变调、压缩、扩展、降噪等处理的设备。主要有：混响器、延时器、变调器、激励器、均衡器、降噪器、环绕声处理器等。

1. 传声器。传声器俗称话筒，亦称麦克风、麦克。它是一种将声音信号转换为相应的电信号的电声换能器件。按电信号传输方式分为有线话筒和无线话筒。

2. 卡座。磁带录音机是利用磁带进行录音和放音的电声设备。它是一种常用的信号源设备。在音响系统中常用一种叫做录音座（又称卡座）的录音设备，其功能与磁带录音机一样，性能指标一般比普通录音机高，但不能独立工作，需配合其他音响设备共同工作，如和调谐器、调音台、功放和音响一起组成音响系统。

3. AM/FM调谐器。专为接收无线广播的调幅（AM）、调频（FM）信号的音响设备称AM/FM调谐器。它不能单独工作，需和其他音响设备共同工作，如和录音卡座、调音台、功放、音响一起组成音响系统。目前数字调谐器已为广播音响系统广泛使用。

4. 激光唱机。亦称CD唱机，是音响系统中的常用声源设备。CD唱机是使用纤细激光束来拾取唱片声音信号的小型数字音响系统。

5. 调音台。是调节声音的控制台，是专业音响系统中重要的设备之一。它将传声器、录音机、激光唱机等各种声源的多路信号馈入输入端，经电平调节、音调调节或加以音质处理后，进行混合、平衡、定位等加工产生不同的效果，分配到各输出通道。调音台的基本结构组成，一般包括：信号输入部分、信号处理部分、信号分配、混合部分、控制系统、监听系统、信号显示系统、振荡器与对讲系统等。

6. 前置放大器。又称前级放大器。它的地位相当于调音台，它的作用同样是将各种节目源设备送来的信号进行电压放大和各种功能处理，其输出信号送往后续功率放大器进行功率放大。

7. 功率放大器。功率放大器是将前置放大器或调音台送来的音频信号进行功率放大，去推动后级扬声器系统，实现电声转换。

8. 频率均衡器。是用来对频响曲线进行调节的设备，均衡器能对音频信号的不同频段进行提升或衰减，以补偿信号拾取、处理过程中的频率失真。

9. 压缩器、限制器和扩展器。压限器就是对声源信号进行自动控制，使其工作在正常的范围内，分为压缩和限制两个功能。扩展器和压缩器一样，也是一种增益随输入电平变化而变化的放大器。压限器、扩展器广泛用在专业音响系统中，通过压限器可以压缩信号动态范围，防止过饱和失真，并能有效保护功放和音箱；压限器、扩展器的配合使用可以降低噪声电平，提高信号传输通道的信噪比。

10. 延迟器和混响器。为了改善和美化音色并能产生各种特殊的音响效果。需要在扩声系统中加入人工混响器和延迟器。

在较大的礼堂中开会，除原声声源(演讲)外，还有不少音箱，经放大的原声声源通过音箱发声形成辅助声源，原声声源和辅助声源与听众的距离不同，后排听众就先听到后场距离近的音箱发声，再听到前场的音箱发声，最后才能听到原始声音，听众听到这几个声音有时间差，若时间差大于 50ms。(两个声源距离大于 17m)会因这些不同时到达的声音而破坏清晰度，严重影响听音质量。如果在后场放大器放大之前加入延迟器，精确调整其延迟时间，使前排音箱和后场音箱发出的声音同时到达后排听众，消除声音到达的时间差，改善了扩声效果。

在家庭、教室和会议室等普通房间听音乐，其效果远比不上在音乐厅听音乐，其原因很多，涉及建筑声学、室内声学等。其基本原因是在音乐厅欣赏音乐，人们可以充分感受到乐队演奏的宽度感、展开感和音域的空间感、包围感。总称临场感觉。主要是人们在音乐厅听音乐时，除了能听到乐队演奏的直射声外，还附有丰富的近次反射声和混响声。而在普通房间听音乐，缺少的正是近次反射声和混响声。为了提高在普通房间听音乐的效果，可以利用延迟器来产生早期反射声的效果，再加上经混响器产生的混响声，然后输入调音台与输入的原始声混合。只要把它们三者之间的比例调整恰当，就可以使原来比较单调的原始声获得像在音乐厅那样的演出临场感效果。

11. 扬声器系统。扬声器系统通常由扬声器、分频器和音箱组成。扬声器将音频电能转换成相应的声能，是惟一电声转换的器件。但至今还没有哪一种扬声器能完美地重放整个音频频段的声音。往往要用几只扬声器分段实现对几赫兹到几十千赫兹信号的重放。这就要根据不同频率用分频器将整段音域分成几个不同的频段，如高、中、低音段。再分别用适合高、中、低音段重放的几个扬声器实现对高、中、低音段的重放。

音箱的功能之一就是提高扬声器电声转换效率。

(三) 广播音响系统工程图

广播音响系统工程图所包括的内容和电气照明工程图内容基本相同，主要是系统图和平面布置图等。下面以某综合楼建筑内广播音响系统为例介绍读图方法。

1. 某综合楼建筑有线电视与广播音响系统内容

某综合楼建筑(基本情况见本章第二节相关内容)有线电视系统图见图 5-29，广播音响系统图见图 5-30，施工平面图见图 5-31、图 5-32 和图 5-33(仅选取 3 层平面图)。

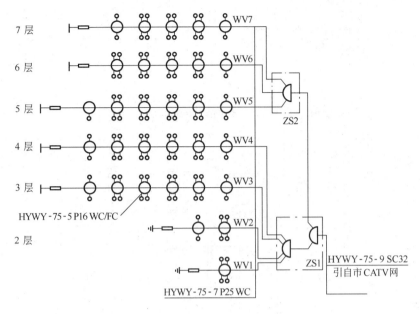

7 层 WV7

6 层 WV6

5 层 WV5

4 层 WV4

3 层 WV3

HYWY-75-5 P16 WC/FC

2 层 WV2

WV1 ZS1 HYWY-75-9 SC32 引自市 CATV 网

ZS2

HYWY-75-7 P25 WC

图 5-29　有线电视系统图

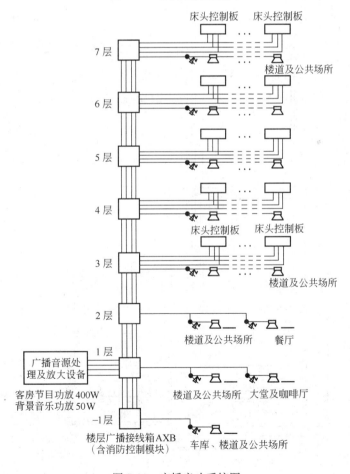

床头控制板　床头控制板

7 层

楼道及公共场所

6 层

5 层

4 层

床头控制板　床头控制板

3 层

楼道及公共场所

2 层

楼道及公共场所　餐厅

1 层

广播音源处理及放大设备

客房节目功放 400W
背景音乐功放 50W

楼道及公共场所　大堂及咖啡厅

-1 层

楼层广播接线箱 AXB
（含消防控制模块）

车库、楼道及公共场所

图 5-30　广播音响系统图

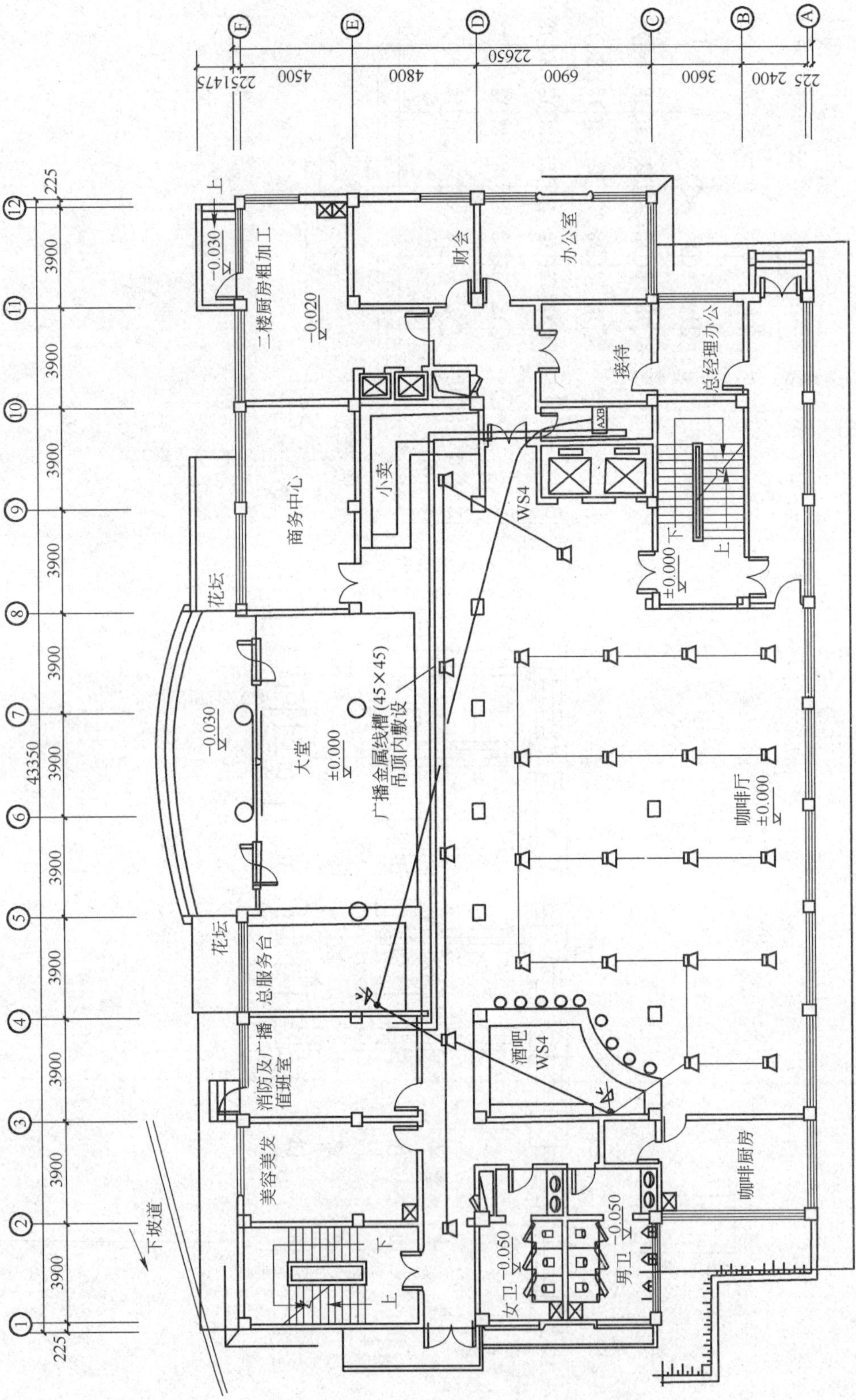

图 5-31　一层电视与广播平面图

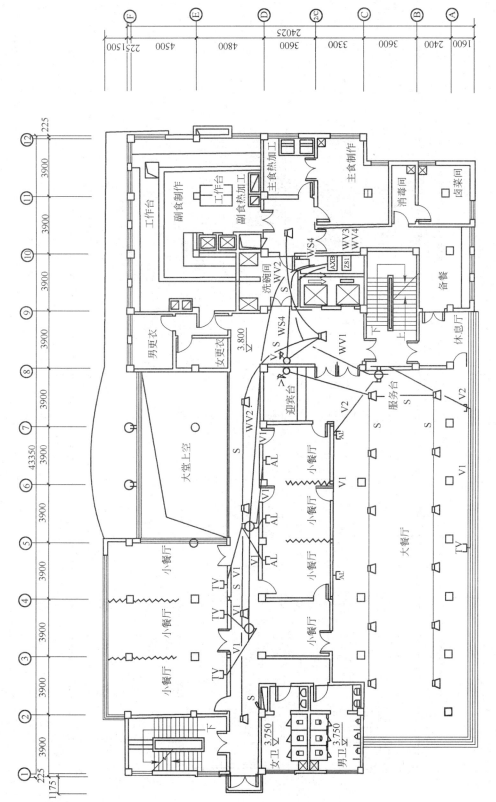

图 5-32 二层电视与广播平面图

193

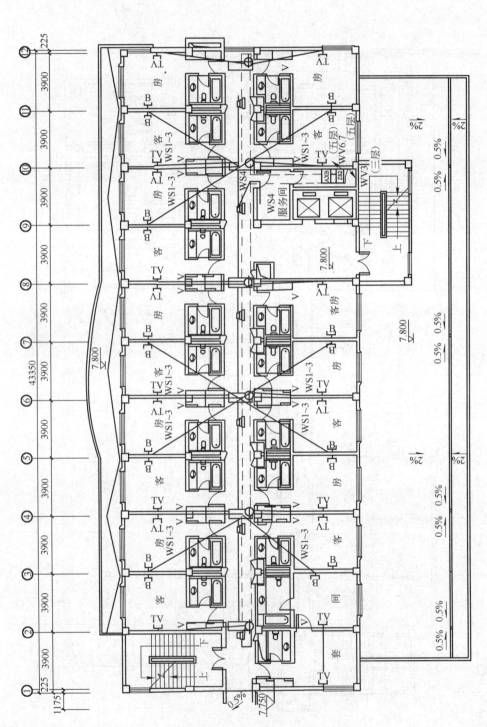

图 5-33 三层电视与广播平面图

2. 设计说明

（1）有线电视信号直接来自区域网，如电视信号电平不足，可以在进楼时增加线路放大器来提高信号电平。

（2）广播音响系统有三套节目源，走廊、大厅及咖啡厅设置背景音乐。客房节目功率为400W，背景音乐功率为50W。地下车库用15W号筒式扬声器，其余公共场所用3W嵌顶音箱或壁挂音箱(无吊顶处)。

（3）广播控制室与消防控制室合用，设备选型由用户定。大餐厅独立设置扩声系统，功放设备置于迎宾台。

（4）地下车库采用15W号筒式扬声器，距顶0.4m挂墙或柱安装，其余公共场所扬声器嵌顶安装，客房扬声器置于床头柜内。楼层广播接线箱竖井内距地1.5m挂墙安装，广播音量控制开关距地1.4m。

（5）广播线路为ZR-RVS-2×1.5，竖向干线在竖井内用金属线槽敷设，水平线路在吊顶内用金属线槽敷设，引向客房段的WS1～3共穿SC20暗敷。

3. 有线电视系统分析

（1）系统图分析

从图5-29有线电视系统图可以知道，该建筑物的有线电视信号引自市CATV网，是用HYWY-75-9型同轴电缆穿32mm的钢管引来，先进入二层编号为ZS1接线箱中的2分配器(如果电视信号电平不足，可在2分配器前加线路放大器)，再分配至ZS1接线箱中的4分配器和安装在五层编号为ZS2接线箱中的3分配器。ZS1接线箱中的4分配器又分成4路，编号为WV1、WV2、WV3、WV4，采用HYWY-75-7型同轴电缆穿ϕ25mm的塑料管向2、3、4层配线。ZS2接线箱中的3分配器也分成3路，编号为WV5、WV6、WV7，向5、6、7层配线。

在WV3分配回路接有4个4分支器和2个2分支器，分支线采用HYWY-75-5型同轴电缆穿ϕ16mm的塑料管，沿墙或地面暗配，分别配至电视信号终端(计20个电视插座)。其他分配回路原理相同，可依次阅读，计算出该系统设计电视机台数。另应注意，每个分配回路信号终端都通过一个75Ω的电阻接地，因为分配回路是不允许空负荷的。

通过阅读系统图知道了该系统的组成，但要知道组成该系统的各种设备，即分配器、分支器、电视机插座等的安装位置，信号传输线路的走向、敷设部位、敷设方式等，就必须阅读各平面图，下面选取二层电视平面图为例，介绍平面图的阅读方法。

（2）二层电视平面图分析

阅读图5-32二层电视与广播平面图。从系统图得知，一层没有安装电视插座，由市CATV网来的信号直接进入该建筑二层配电间的ZS1接线箱再由箱内的4分配器引出WV1、WV2、WV3、WV4四条分配回路，其中WV1分配回路是配向大餐厅的，先配置⑧轴墙面0.3m的4分支器接线盒，再分别配置4个电视插座盒，一般电视插座盒安装高度为0.3m。

WV2分配回路是配向6间小餐厅的，接有一个4分支器和一个2分支器，2个分支器的接线盒可以分别安装在就近的电视插座盒旁，再分别配置6个电视插座盒内。分支线的长短不同，但线路损耗相差不大。

WV3、WV4 由二层引上至三层、四层。

WV1 和 WV2 分配回路可以在二层的顶棚内配线，其分支器就安装在顶棚内相对应位置，再沿墙内暗配至对应的电视插座盒内，是比较方便的配线方式，其他楼层只要有吊顶，道理也是相同的。

其他各层平面图阅读是一样的。

4. 有线广播音响系统分析

（1）系统图分析

阅读图 5-30 广播音响系统图及设计说明，知道该建筑广播音响系统有 3 套节目源，即客房控制柜有 3 套节目源供客人选择，在图 5-33 平面图中标有 WS1～3。在走廊、大厅、咖啡厅设置背景音乐，在平面图中标有 WS4。

对每层楼的楼道及公共场所分路，配置 1 个独立的广播音量控制开关，可以对各自的分路进行音量调节与开关控制，对咖啡厅分路，也配置 1 个独立的广播音量控制开关。大餐厅还设置扩声系统，功放设置于迎宾台房间内。

广播线路为 ZR-RVS-2×1.5 阻燃型多股铜芯塑料绝缘软线，干线用金属线槽配线，引入客房段用 20mm 钢管暗敷。每个楼层设置一个楼层广播接线箱 AXB，因为有线广播与火灾报警消防广播合用，所以在 AXB 中也安装消防控制模块，发生火灾时，可以切换成消防报警广播。

（2）一层平面图分析

由图 5-31 知道广播控制室与消防控制室合用，广播线路通过一层吊顶内的金属线槽配至配电间的 AXB 中，再通过竖井内金属线槽配向各楼层的 AXB。金属线槽的规格是 45mm×45mm（宽×高）。

一层的广播线路 WS4 有 2 条分路，1 条是配向在咖啡厅、酒吧间的广播音量控制开关，再配向吊顶内与其分路的扬声器连接；另 1 条楼道分路广播音量控制开关安装在总服务台房间。因为 WS4 分路的扬声器还用于火灾报警消防广播，所以需要经过一层 AXB 中的消防控制模块。

2 条分路从 AXB 中出来可以合用 1 条线，可以先配向总服务台房间的广播音量控制开关盒内进行分支，然后再配向咖啡厅、酒吧间的广播音量控制开关。此段线可通过一层吊顶内的金属线槽配线，在④轴处如果安装一个接线盒，在接线盒中就可以分成 2 条分路，再穿钢管保护分别配至广播音量控制开关盒内。

广播线路的每条分路中扬声器连接全是并联关系，所以 WS4 分路的广播线也是 ZR-RVS-2×1.5mm² 。

照此方法可阅读其他平面图。由图 5-33 可知客房内广播线路是配至客房床头控制柜，通过床头控制柜的节目选择开关，可以在 WS1～3 套节目中任意选择。

三、电话通信系统

电话通信系统已成为各类建筑物内必须设置的系统，是智能建筑工程的重要组成部分。电话通信系统有三个组成部分，即电话交换设备、传输系统和用户终端设备。任何建筑内的电话均通过市话中继线联成全国至全世界的电话网络。电话交换机是接通电话用户之间通信线路的专用设备，随着通信技术的发展，数字程控电话机得到广泛应用。数字程控电话，改变了以往的模拟传输方式，采用数字式传输技术。使得电话交换机的功能和传送距离，信息总量和话音清晰度都有了很大提高；同时，可借助数字通信网络，实现计算机联网，通过用户的电脑终端机可以直接地利用远方的大型计算机中心进行运算；将数据库技术，计算机技术和数字通信网络相结合，可以进行联机情报检索，因此程控电话系统已不再是人们通话的单一手段，它正演变为信息社会的重要纽带。

(一) 数字程控交换机

交换机的作用是完成用户与用户之间语言和数据的交换。数字程控交换机一般分为两类，数字程控市话交换机与数字程控用户交换机。前者用于用户交换机之间中继线的交换，后者用于用户交换机内部用户与用户之间，以及用户通过用户交换机中继线与外部电话交换网上各用户之间的通信。

程控用户交换机的中继方式一般有下列 4 种：全自动直拨中继方式、半自动中继方式 DOD2＋BID、人工中继方式和混合中继方式。

(二) 电话机

电话机是由送话器、受话器、拨号盘、感应线圈和叉簧等主要元、部件连接在一起组成的。电话机的种类比较多，常采用的电话机有拨号盘式电话机、脉冲按键式电话机、双音多频(DTMF)按键式电话机、多功能电话机等。用户选购电话机应根据使用环境，与其功能要求相适应，一般办公室、住宅、公用电话服务站等普遍选用按键式电话机，只是应注意的是，当需要配合程控电话交换机时，则应选用双音频按键电话机。多功能电话机则多适用于重要用户、专线电话、调度、指挥中心等机构。

(三) 传输线路

电话通信系统的传输线路通常采用音频电缆、光缆或采用综合布线系统。

1. 通信电缆

常用有纸绝缘市内电话电缆和铜芯聚乙烯绝缘电话电缆。其型号、名称、规格等分别见表 5-10、表 5-11 和表 5-12。

纸绝缘对绞市内电话电缆型号、名称、规格表   表 5-10

型　号	名　　称	敷 设 场 合	对　　数				
			0.4mm 线径	0.5mm 线径	0.6mm 线径	0.7mm 线径	0.9mm 线径
HQ	裸铅护套市内电话电缆	敷设在室内、隧道及沟管中，以及架空敷设。对电缆应无机械外力，对铅护套有中性环境	5～1200	5～1200	5～800	5～600	5～400
HQ₁	铅护套麻被市内电话电缆	敷设在室内、隧道及沟管中，以及架空敷设。对电缆应无机械外力，对铅护套有中性环境	5～1200	5～1200	5～800	5～600	5～400

型 号	名 称	敷 设 场 合	对 数				
			0.4mm 线径	0.5mm 线径	0.6mm 线径	0.7mm 线径	0.9mm 线径
HQ₂	铅护套钢带铠装市内电话电缆	敷设在土壤中,能承受机械外力,不能承受大的拉力	10～600	5～600	5～600	5～600	5～400
HQ₂₀	铅护套裸钢带铠装市内电话电缆	敷设在室内、隧道及沟管中,其余同 HQ₂ 型	10～600	5～600	5～600	5～600	5～400

铜芯聚乙烯绝缘话缆型号名称　　　　　　　　　　表 5-11

序 号	型 号	名 称
1	HYA	铜芯聚乙烯绝缘,铝-聚乙烯粘结组合护层电话电缆
2	HYA₂₀	铜芯聚乙烯绝缘,铝-聚乙烯粘结组合护层裸钢铠装电话电缆
3	HYA₂₃	铜芯聚乙烯绝缘,铝-聚乙烯粘结组合护层钢带铠装聚乙烯外护套电话电缆
4	HYA₃₃	铜芯聚乙烯绝缘,铝-聚乙烯粘结组合护层细钢丝铠装聚乙烯外护套电话电缆
5	HYY	铜芯聚乙烯绝缘聚乙烯护套电话电缆
6	HYV	铜芯聚乙烯绝缘聚氯乙烯护套电话电缆
7	HYV₂₀	铜芯聚乙烯绝缘聚氯乙烯护套裸钢带铠装电话电缆
8	HYVP	铜芯聚乙烯绝缘屏蔽型聚氯乙烯护套电话电缆

铜芯聚乙烯绝缘话缆规格　　　　　　　　　　表 5-12

型 号	导电线芯标称直径(mm)		
	0.5	0.6	0.7
	标称线对数		
HYA	50、80、100、150、200	50、80、100、150	30、50、80、100
HYA₂₀	50、80、100、150、200	50、80、100、150	30、50、80、100
HYA₂₃	50、80、100、150、200	50、80、100、150	30、50、80、100
HYA₃₃	50、80、100、150、200	50、80、100、150	30、50、80、100
HYY	5、10、15、20、25、30、50、80、100、150、200	5、10、15、20、25、30、50、80、100、150	5、10、15、20、25、30、50、80、100
HYV	5、10、15、20、25、30、50、80、100、150、200	5、10、15、20、25、30、50、80、100、150	5、10、15、20、25、30、50、80、100
HYV₂₀	50、80、100、150、200	50、80、100、150、200	30、50、80、100
HYVP	20、25、30、50、80、100、150、200	20、25、30、50、80、100、150、200	10、15、20、25、30、50、80、100

2. 光缆

光缆即光纤线缆。光纤是光导纤维的简称，它是用高纯度玻璃材料及管壁极薄的软纤维制成的新型传导材料。光纤一般分为多模光纤和单模光纤两种。光纤分类：

（1）按波长分：

1）850nm 波长多模光纤；

2）1300nm 波长多模光纤和单模光纤；

3）1550nm 波长单模光纤。

（2）按纤芯直径分：

1）50μm 缓变型多模光纤；

2）62.5μm 缓变、增强型多模光纤；

3）8.3μm 突变型单模光纤。

目前所有光纤的包层直径均为 125μm。其中 62.5/125μm 光纤被推荐应用于所有的建筑综合布线系统，即其纤芯直径为 62.5μm，光纤包层直径为 125μm。在建筑物内的综合布线系统大多采用 62.5/125μm 多模光纤。

3. 双绞线

双绞线（Twisted Pair，TP，也称双绞电缆）是由若干双绞线组成，各线对之间按一定密度逆时针相应地绞合在一起，并且在外部包裹绝缘材料制成的外护套而构成电缆。按电缆线对数的多少，通常分为大对数双绞线（25 对及以上）和一般双绞线（4 对 8 芯）。双绞线有屏蔽双绞线和非屏蔽双绞线两大类。

非屏蔽双绞线（UTP）由多对双绞线和绝缘塑料护套等直接构成。屏蔽双绞线是指在非屏蔽双绞线结构的护套层内增加一层金属屏蔽层，提高抗电磁干扰的能力。按屏蔽层的结构区别，屏蔽双绞线又分为铝箔屏蔽双绞线（FTP）、独立双层屏蔽双绞线（STP）和铝箔/金属网双层屏蔽双绞线（SFTP）。不同双绞线的比较如表 5-13 所示。

不同双绞线的比较　　　　　　　　　　　　　　　　表 5-13

项　目	UTP	FTP/SFTP	STP
价　格	低	较　高	高
安装成本	低	较　高	高
抗干扰能力	弱	较　强	强
保密性	一　般	较　好	好
信号衰减	较　大	较　小	小
适用场所	网络流量不大，设备和线路安装密度不大的场合，如办公环境	网络容量较大，传输距离较远，设备和线路庞大、复杂，如银行、机场、工厂	高保密的高速系统中，如从事 CAD 的大型企业、军事系统

在两大类双绞线中，其特性阻抗有 100Ω 和 150Ω 两种。比较常用的是特性阻抗为 100Ω3 类、5 类、超 5 类、6 类双绞线。其传输性能分别能支持的最高传输速率是 16Mbps、100Mbps、250Mbps。4 类为过渡性产品，一般在工程中不被采用。

（四）电话通信系统工程图

电话通信系统工程图的重要组成是系统图和平面图，均是采用图形符号和文字标注绘制出的，属于简图。只要熟悉图形符号阅读起来并不困难。

1. 电话通信系统工程图常用图形符号

电话通信系统常用图形符号见表 5-14。（摘自《建筑电气工程设计常用图形和文字符号》00D×001）

通信系统及综合布线系统常用图形符号　　　　　　　表 5-14

序　号	符　号	说　明	符号来源
01	自动交换设备	自动交换设备	GB/T 4728.9—1999 09-02-01 (idt IEC 60617—9：1996)
02	★	需指出自动交换设备的类型时，可在"★"处加注下列字母：SPC-程控交换机 PABX-程控用户交换机 C-集团电话主机	GB/T 4728.9—1999 09-02-01 (idt IEC 60617—9：1996)＋标注
03	MDF	总配线架	YD/T 5015—95 06-09
04	DDF	数字配线架	YD/T 5015—95 06-10
05	ODF	光纤配线架	YD/T 5015—95 06-10
06	VDF	单频配线架	
07	IDF	中间配线架	
08	FD	楼层配线架	
09		综合布线配线架（用于概略图）Cross connect，premises	YD 5082—99 3.3 12
10	HUB	集线器	YD 5082—99 3.3 22
11	CP	集合点	YD 5082—99 3.3 17
12		电话机，一般符号	GB/T 4728.9—1999 09-05-01 (idt IEC 60617—9：1996)
13		防爆电话机，一般符号	YD/T 5015—95 07-12
14		对讲机内部电话设备	GB/T 4728.11—2000 11-16-05 (idt IEC 60617—11：1996)
15 16 简化形		分线盒的一般符号 可加注：$\frac{N-B}{C}\Big|\frac{d}{D}$ 其中：N—编号 B—容量 C—线序 d—现有用户数 D—设计用户数	YD/T 5015—95 18-38
17		室内分线盒 加注同 15	YD/T 5015—95 18-38

200

序　号	符　号	说　明	符　号　来　源
18		室外分线盒 加注同 15	YD/T 5015—95 18-41
19 20	 简化形	分线箱的一般符号 示例：分线箱（简化形加标注） 加注同 15	YD/T 5015—95 18-41 YD/T 5015—95 18-41
21 22	 简化形 W	壁龛分线箱 示例：分线箱（简化形加标注） 加注同 15	YD/T 5015—95 18-41 YD/T 5015—95 18-41
23		架空交接箱	YD/T 5015—95 18-35
24		落地交接箱	YD/T 5015—95 18-36
25		壁龛交接箱	YD/T 5015—95 18-37
26	TP	电话出线座	
27		光纤或光缆一般符号	GB/T 4728.10—1999 10-23-01 (idt IEC 60617—10：1996)
28		电信插座的一般符号 可用以下的文字或符号区别不同 插座 TP—电话 FX—传真 M—传声器 ◁—扬声器 FM—调频 TV—电视	GB/T 4728.11—2000 11-13-09 (idt IEC 60617—11：1996)
29 30	形式1： nTO 形式2： nTO	信息插座 n 为信息孔数量，例如： TO —单孔信息插座 2TO—二孔信息插座 4TO—四孔信息插座 6TO—六孔信息插座 nTO—n 孔信息插座	

2. 电话通信系统图

图 5-34 为某 5 层建筑电话系统图，由市电话网引来的 HYA30×2×0.5 SC32FC 聚乙

烯绝缘聚乙烯铝综合保护层市话线穿管沿地板暗敷设进入配线柜，再由配线柜分出送入一至五层的分线箱，一至三层的分线箱容量都是 20，四、五层的分线箱容量是 30；目前一至五层实际连接的电话数分别是 4、2、14、20、20 门。

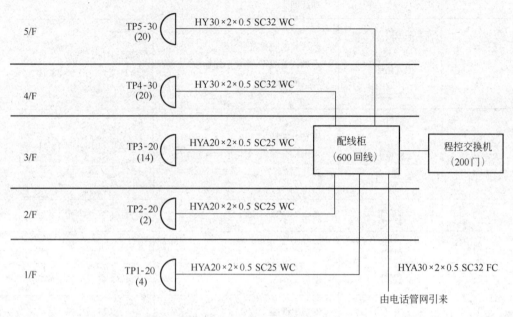

图 5-34　某建筑电话系统图

3. 电话通信系统平面图

图 5-35 为某建筑电话系统一层平面图，阅读平面图知市话通信电缆 HYA30×2×0.5 由室外地下 0.7m 进入配线柜，再由配线柜配线至 TP1 分线箱，再由 TP1 分线箱引出四对线送至办公室、管理室等四个房间。楼内布线采用穿钢管暗敷，电话线型号为 RVB-2×0.3，1-3 对穿 DN15 管，4 对以上穿 DN20 管。电话分线箱（TP1）距地 1.2m，出线盒（TP）距地 0.3m 安装。

四、综合布线系统

综合布线系统是建筑物或建筑群内部之间的信息传输网络。它能使建筑物或建筑群内部的语音、数据通信设备、信息交换设备、建筑物物业管理及建筑物自动化管理设备等系统之间彼此相连，也能使建筑物内通信网络设备与外部的通信网络相联。

（一）综合布线系统的结构

综合布线系统应是开放式星型拓扑结构，应能支持电话、数据、图文、图像等多媒体业务的需要。

综合布线系统由六个子系统组成，其组成示意见图 5-36。

1. 工作区子系统

一个独立的需要设置终端设备的区域宜划分为一个工作区（如办公室）。工作区子系统是用接插软线把终端设备或通过适配器把终端设备连接到工作区的信息插座上。工作区布线随着应用系统的终端设备不同而改变。工作区内的每一个信息插座均宜支持电话机、数

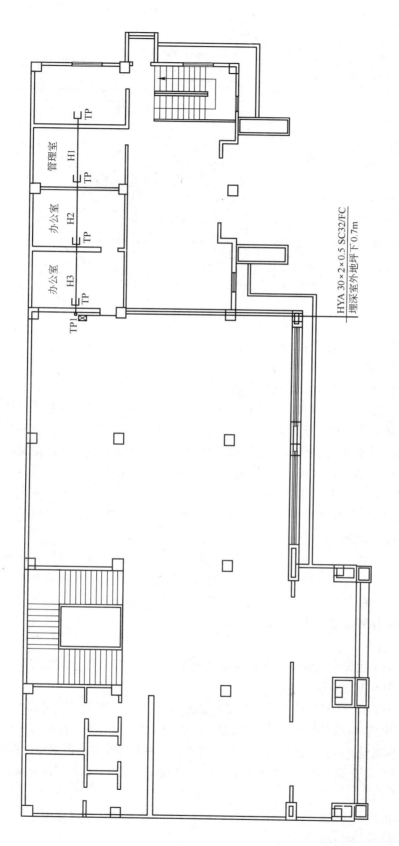

图 5-35 某建筑电话系统一层平面图

办公室 H3 TP
办公室 H2 TP
管理室 H1 TP
TP

TP1

HYA 30×2×0.5 SC32/FC
埋深室外地坪下 0.7m

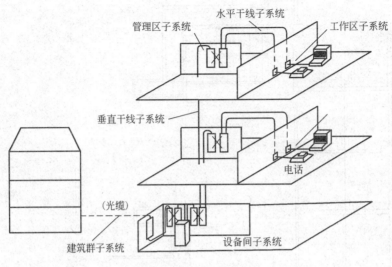

图 5-36　综合布线系统总体示意

据终端、电视机及监视器等终端设备的连接和安装。

2. 水平干线子系统

从楼层配线架到各信息插座属于水平布线子系统。它包括水平电缆、水平光缆及其在楼层配线架上的机械终端、接插软线和跳接线。其功能是将干线子系统线路延伸到用户工作区。要沿建筑物墙壁、地面及吊顶中敷设，其最大长度不应超过 90m。信息插座用于基本型系统的为单孔连接的 8 芯插座，用于增强型的为双孔连接的 8 芯插座。楼层配线设备由各种接线模块（如模拟接线模块、数据接线模块、光纤接线模块等）、网络设备（如复/分接设备、光/电转换设备、集线器等）及各类跳线模块和跳线等组成。这些设备集装在配线架或配线柜中，配线架可在楼层配线小间中挂墙安装，配电柜则可落地安装。

3. 干线（垂直）子系统

干线子系统通常是由设备间（如计算机房、程控交换机房）的配线设备以及设备间配线架至楼层配线架之间的连接电缆馈线或光缆所组成。包括干线电缆、光缆及其在设备间配线架和楼层配线架上的机械终端、接插软线及跳接线。干线电缆和光缆应直接接到楼层配线架，中间不应有转接点或接头。

4. 设备间子系统

设备间子系统是由设备间中的电缆、连接跳线架及相关支撑硬件、防雷保护装置等组成。可以称得上整个配线系统的中心单元。

设备间子系统包括：市话局交接箱后至建筑物这一段线缆、它的过压过流保护、拆包设备（复/分接设备）及各类接线模块和进线配线架，配线架内的连接线路，配线架到主机、总配线架的线路；主机设备到总配线架线路，总配线架中各种接线模块、跳线架、跳线、复/分接设备、光/电转换设备；引向室外建筑群的复/分接设备，引出线路的过压过流保护等。

5. 管理区子系统

管理区子系统是干线（垂直）子系统和水平干线子系统的桥梁。由设备间、楼层配线间中的配线设备、输入/输出设备等组成。

管理区子系统宜采用单点管理双交接。交接场的结构取决于工作区、综合布线系统规模和选用的硬件。在管理规模大、复杂、有二级交换间时，才设置双点双交接。在管理点，宜应用标记插入条标志出各端接场所。

交接区应有良好的标记系统，如建筑物名称、位置、区号、起始点和功能等标志。交接间及二次交换间的配线设备宜用色标区别各类用途的配线区。

6. 建筑群子系统

从建筑群配线架到各建筑物配线架属于建筑群子系统。包括建筑群干线电缆、干线光缆及其在建筑群配线架和建筑物配线架上的机械终端和建筑群配线架上接插软线和跳接线。

一般情况下，建筑群干线子系统宜采用光缆。语音传输选用大对数电缆。建筑群干线电缆、干线光缆也可用来直接连接两个建筑物配线架。

为便于更好地理解和掌握综合布线系统的组成，特与传统的电话通信配线系统相对应，绘制出图 5-37。

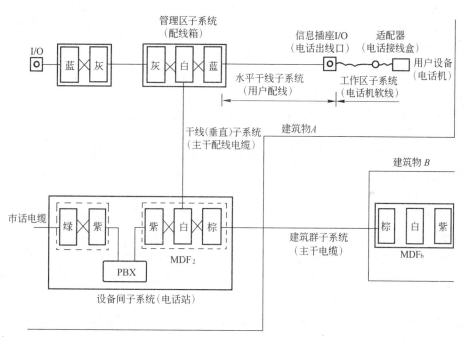

图 5-37　SCS 与传统配线系统对应关系

注：括号内为传统电话配线系统名称

（二）综合布线系统的部件

综合布线系统是由各个相对独立的部件组成。了解每个部件的作用更能使我们理解综合布线所具有的兼容性、灵活性、先进性、可靠性等特点。综合布线系统的部件通常有传输媒介、连接件和信息插座。

1. 传输媒介

综合布线系统常用的传输媒介有双绞线和光缆（见本节前述）。

2. 连接件

连接件是综合布线系统中各种连接设备的统称。按其使用功能划分，有：

配线设备：配线架、配线箱、配线柜等。

交接设备：如配线盘（交接间的交接设备）。

分线设备：有电缆分线盒、光纤分线盒。

但不包括某些应用系统对综合布线系统用的连接硬件，也不包括有源或无源电子线路的中间转接器或其他器件（如局域网设备、终端匹配电阻、阻抗匹配变量器、滤波器和保护器件）等。连接硬件是综合布线系统中的重要组成部分。

3. 信息插座

综合布线可采用不同类型的信息插座和插头的接插软线。这些信息插座和带有插头的接插软线相互兼容。信息插座类型多种多样，诸如：3 类信息插座模块、5 类信息插座模块、超 5 类信息插座模块、千兆位信息插座模块、光纤插座模块、多媒体信息插座等。

8 针模块化信息插座（IO）是为所有的综合布线推荐的标准信息插座。它的 8 针结构为单一信息插座配置提供了支持数据、语音、图像或三者的组合所需的灵活性。

目前，电话机只用 1 对线。信息插座（RJ45）安装 4 对线，其中 3 对线暂时用不上。但换来了整个布线的灵活性。随着通信技术的发展，数字电话的出现，1 对线将不会再满足要求。

（三）综合布线系统工程图

1. 综合布线系统工程图常用图形符号见表 5-14。

2. 综合布线系统图

图 5-38 为某购物中心大楼综合布线系统图。该购物中心大楼地上 8 层，地下 1 层，楼面最大长度为 94m，宽度为 70m，楼层中间部位设有强、弱电井，楼层配电间。地下一层为超市，一～四层为百货，五～六层为餐饮、娱乐，七～八层为办公区。

主机房位于四层，主要包括计算机网络系统的服务器、第四层的工作站、交换机、外连路由器、调制解调器以及用于连接干线的主配线架等。另外，分别在一、三、五、七、八层设置楼层配线间，安装机柜，放置交换机或集线器和配线架。

楼层配线间至各信息插座均采用 5 类 4 对非屏蔽双绞线（UTP），信息插座均采用 5 类 RJ45 插座。且都选用双口插座，一口用于接入数据设备，一口用于接入语音设备。

从系统图中看出水平布线的根数，即可接信息插座的个数。但各信息插座的安装位置应依据各层平面图决定。

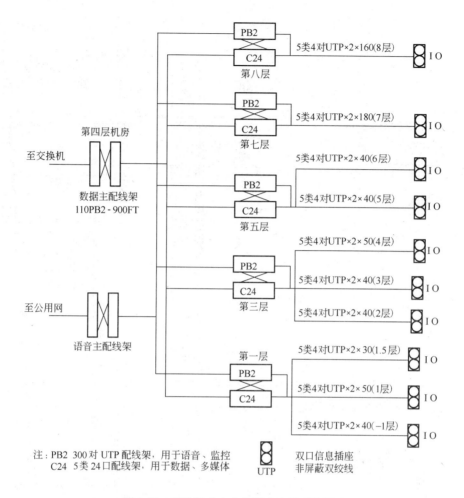

注：PB2 300 对 UTP 配线架，用于语音、监控
C24 5 类 24 口配线架，用于数据、多媒体

双口信息插座
非屏蔽双绞线

图 5-38 某购物中心大楼综合布线系统图

3. 综合布线系统平面图

图 5-39 为某建筑六层综合布线系统平面图。水平干线由 2 号弱电井配线间引出，采用线槽在走廊吊顶内敷设，引入室内信息点插座采用线管墙内或埋地敷设。图中 ②、④ 分别表示 2 根 5 类双绞线和 4 根 5 类双绞线。采用此标注的目的是使图面整洁。

至于线槽、线管以及线、缆的敷设，信息插座盒等的安装，如前面有关章节所述，在此不再重复。

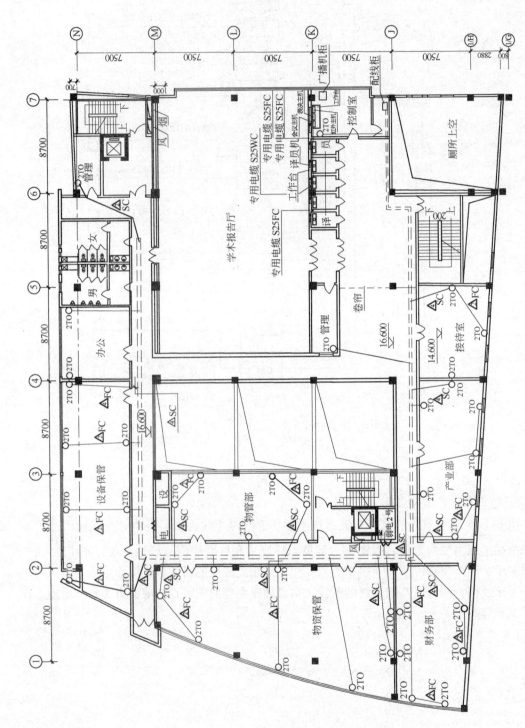

图 5-39 某建筑六层综合布线系统平面图

第四节　安全技术防范系统

一、系统概述

安全防范是以维护社会公共安全为目的，防入侵、防被盗、防破坏、防火、防爆和安全检查等措施。为达到上述目的采用了以电子技术、传感器技术和计算机技术为基础的安全防范器材设备，并将其构成一个系统，由此应运而生的安全防范技术正逐步发展成为一项专门的公共安全技术学科。

一般智能建筑的安全技术防范系统，包括防盗报警、电视监控、出入口控制、访客对讲和电子巡更等。

1. 防盗报警系统

防盗报警系统就是用探测器对建筑物内外重要地点和区域进行布防。它可以及时探测非法入侵，并且在探测到有非法入侵时，及时向有关人员示警。如门磁开关、玻璃破碎探测器等可有效探测外来的入侵，红外探测器可感知人员在楼内的活动等。一旦发生入侵行为，能及时记录入侵的时间、地点，同时通过视频控制系统录下现场情况。

2. 闭路电视监控系统

闭路电视监控系统是在重要的场所安装摄像机，保安人员在控制中心便可以监视整个大楼内、外的情况，从而大大加强了保安的效果。另外监视系统在接到报警系统和出入口控制系统的示警信号后，能自动进行实时录像，录下报警时的现场情况，以供事后重放分析。先进的视频报警系统可以根据监视区域图像的移动，发出报警信号，并录下现场情况。

3. 出入口控制系统

出入口控制就是对建筑内外正常的出入进行管理。该系统主要控制人员的出入及在楼内相关区域的行动。通常在大楼的入口处、金库门、档案室门和电梯等处安装出入控制装置，比如磁卡/IC卡识别器或者密码键盘等。用户要想进入，必须拿出自己的磁卡/IC卡或输入正确的密码，或两者兼备。控制器识别有效才被允许通过。

4. 访客对讲系统

在住宅楼(高层商住楼)或居住小区，设立来访客人与居室中的人们双向可视/非可视通话系统，经住户确认可遥控入口大门的电磁门锁，允许来访客人进入。同时住户又能通过对讲系统向物业中心发出求助或报警信号。

5. 电子巡更系统

电子巡更系统是在规定的巡查路线上设置巡更开关或读卡器，要求保安人员在规定时间里按规定的路线进行巡逻，保障保安人员的安全以及大楼的安全。

随着计算机技术、通信技术的不断发展，安全防范技术也得到飞速发展，随着现场总线技术的成熟，大规模、大容量、高智能化和集成化安全技术防范系统的出现，为维护社会公共安全提供了根本保证。

二、安全技术防范系统工程图常用图形符号(表5-15)

安全防范系统常用图形符号

表 5-15

序　　号	符　　号	说　　明	符号来源
01		电视摄像机	GB/T 5465.2—1996 5116(idt IEC 60417:1994)
02		带云台的电视摄像机	GB/T 5465.2—1996 5116(idt IEC 60417:1994) GA/T 74—94 3.10.20
03	R	球形摄像机	GB/T 5465.2—1996 5116(idt IEC 60417:1994)＋标注
04	R	带云台的球形摄像机	GB/T 5465.2—1996 5116(idt IEC 60417:1994) GA/T 74—94 3.10.20＋标注
05	OH	有室外防护罩的电视摄像机	GB/T 5465.2—1996 5116(idt IEC 60417:1994)＋标注
06		有室外防护罩的带云台的摄像机	GB/T 5465.2—1996 5116(idt IEC 60417:1994) GA/T 74—94 3.10.20＋标注
07		彩色电视摄像机	GB/T 5465.2—1996 5117(idt IEC 60417:1994)
08		带云台彩色摄像机	GB/T 5465.2—1996 5117(idt IEC 60417:1994) GA/T 74—94 3.10.20
09		电视监视器	GB/T 5465.2—1996 5051(idt IEC 60417:1994)
10		彩色电视监视器	GB/T 5465.2—1996 5052(idt IEC 60417:1994)
11		带式录像机	GB/T 5465.2—1996 5118(idt IEC 60417:1994)
12		读卡器	GA/T 74—94 3.2.10
13		保安巡逻打卡器	GA/T 74—94 3.1.5
14		紧急脚挑开关	GA/T 74—94 3.3.1
15		紧急按钮开关	GA/T 74—94 3.3.3
16		压力垫开关	GA/T 74—94 3.3.4
17		门磁开关	GA/T 74—94 3.3.5

序　号	符　号	说　明	符　号　来　源
18	P	压敏探测器	GA/T 74—94 3.5.3
19	B	玻璃破碎探测器	GA/T 74—94 3.5.4
20	IR	被动红外入侵探测器	GA/T 74—94 3.6.1
21	M	微波入侵探测器	GA/T 74—94 3.6.2
22	IR/M	被动红外/微波双技术探测器	GA/T 74—94 3.6.5
23	Tx—IR—Rx	主动红外入侵探测器（Tx、Rx 分别为发射、接收）	GA/T 74—94 3.1.10
24	Tx—M—Rx	遮挡式微波探测器（Tx、Rx 分别为发射、接收）	GA/T 74—94 3.1.13
25		楼寓对讲电控防盗门主机	GA/T 74—94 3.2.1
26		对讲电话分机	GA/T 74—94 3.2.2
27	EL	电控锁	GA/T 74—94 3.2.5
28		可视对讲机	GA/T 74—94 3.2.9
29		可视对讲户外机	GB/T 5465.2—1996 5116(idt IEC 60417：1994)＋GB/T 4728.11-2000 11-16-05(idt IEC 60617—11：1996)
30	DEC	解码器	GY/T 5059—1997 02-08-54
31	SV	视频顺序切换器（X 代表几位输入，Y 代表几位输出）	GA/T 74—94 3.10.16
32	(X)	图像分割器（X 代表画面数）	GA/T 74—94 3.10.22

序　号	符　号	说　明	符号来源
33	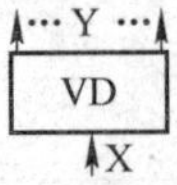 VD（框内）	视频分配器（X 代表输入，Y 代表几位输出）	GA/T 74—94 3.10.19
34	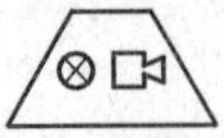 （梯形框内⊗▷▭）	声、光报警箱	GA/T 74—94 3.7.1
35	MR	监视立柜	GY/T 5059—1997 04-01-42
36	MS	监视墙屏	GY/T 5059—1997 04-01-43

三、防盗报警系统

防盗报警系统，是在探测到防范区域有入侵者的移动或其他行动时，能报警的系统。当系统运行时，只要有入侵行动的出现，就能发出报警信号。

（一）防盗报警系统的组成

防盗报警系统组成部分如图 5-40 所示。

探测器 → 传输通道 → 控制器 → 传输通道 → 报警中心

图 5-40　防盗报警系统方框图

1. 探测器

探测器是用来探测入侵者移动或其他动作的电子和机械部件所组成的装置。通常由传感器和信号处理器组成。

传感器是一种物理量的转化装置，通常把压力、振动、声响和光强等物理量，转换成易于处理的电量(电压、电流和电阻等)。

信号处理器是把传感器转换成的电量进行放大、滤波和整形处理，使它成为一种合适的信号，能在系统的传输通道中顺利地传送，通常把这种信号称为探测电信号。

探测器按其所探测的物理量的不同，可分为：微波探测器、红外探测器、激光探测器、开关式探测器、振动探测器、声探测器等。

2. 传输通道

探测器电信号的传输通道通常分有线和无线。有线是指探测器电信号通过双绞线、电话线、电缆或光缆向控制器或控制中心传输。无线则是对探测电信号先调制到专用的无线电频道由发送天线发出，控制器或控制中心的无线接收机将无线电波接收下来后，解调还原出报警信号。

3. 控制器

报警控制器由信号处理器和报警装置组成。报警信号处理器是对信号中传来的探测电信号进行处理，判断出电信号中"有"或"无"情况，并输出相应的判断信号。若探测电信号中含有入侵者入侵信号时，则信号处理器发出告警信号，报警装置发出声或光报警，引起防范工作人员的警觉。反之，若探测电信号中无入侵者的入侵信号，则信号处理器送出"无情况"的信号，则报警器不发出声光报警信号。智能型的控制器还能判断系统出现的故障，及时报告故障性质及位置等。

4. 控制中心（报警中心）

通常为了实现区域性的防范，即把几个需要防范的小区，联网到一个警戒中心，一旦出现危险情况，可以集中力量打击犯罪分子。控制中心通常设在市、区公安保卫部门。

（二）防盗报警系统图示例

图 5-41 为某建筑防盗报警系统图，由系统图我们可了解该系统的组成。图中部分图形符号含义补充说明见表 5-16。

图 5-41 用部分图形符号　　　　　　　　　　　　　　　　表 5-16

序号	符号	说明	序号	符号	说明	
1	(I/M) 吸顶双鉴探测器符号	吸顶双鉴探测器	7	声控探测器符号	声控探测器	
2	◁ I/M 双鉴探测器符号	双鉴探测器	8	收集器符号	收集器（防区扩展模块）	A—报警主机 P—巡更点 D—探测器
3	◇A 电子振动探测器符号	电子振动探测器	9	电源符号	电源	
4	◇A 振动探测器符号	振动探测器	10	KF6	联动模块	
5	971A	振动分析仪	11	警号符号	警号	
6	⊠ 栅栏探测器符号	栅栏探测器	12	无线巡更按钮符号	无线巡更按钮	

1. 系统概况

该建筑防盗报警系统布防在一～四层。一层共设置 8 个探测点，其中有 2 个电子振动探测器、2 个栅栏探测器、2 个声控探测器、2 个玻璃破碎探测器。另外还有 10 个无线巡更按钮。各探测器将探测信号送至收集器，再送至安防控制中心。

二层设置有 3 个双鉴探测器、3 个门磁开关、3 个紧急按钮开关、3 个玻璃破碎探测器、1 个振动分析仪并连接 6 个振动探测器。共 18 个探测点。

三层共 20 个探测点，四层共 25 个探测点。

一～三层每层安装 1 台收集器和 1 台电源，四层因探测点较多，安装 2 台收集器及配套电源。

2. 系统配线情况

各层收集器电源由控制室 UPS 提供，使用 RVV3×1.5 绝缘线，收集器至控制主机通信线采用 RVVP2×1.0 线。

收集器到双鉴探测器、吸顶双鉴探测器、玻璃破碎探测器、红外探测器、微波探测器、电子振动探测器均使用 RVV6×0.5 线或 RVV4×0.5 线；到振动探测器、紧急按钮、门磁开关、栅栏探测器均使用 RVV2×0.5 线；监听（声控探测器）采用 RVVP3×0.75 线；警号采用 RVVP3×0.75 线。

214

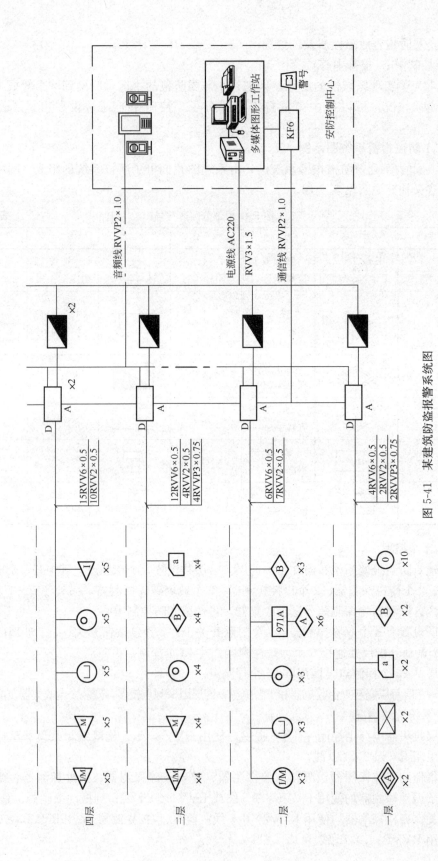

图 5-41 某建筑防盗报警系统图

如四层有 5 个双鉴探测器、5 个微波探测器、5 个红外探测器，用 15 根 RVV6×0.5 线；有 5 个门磁、5 个紧急按钮，所以用 10 根 RVV2×0.5 线。其他各层均如此阅读。

3. 线路敷设及设备安装

线路敷设及设备安装应主要阅读施工平面图，依据设计和现场实际情况决定线路敷设途径及敷设部位。线路敷设方式可采用线槽敷设或管子敷设。

四、闭路电视监控系统

闭路电视监控系统是采用摄像机对被控现场进行实时监视的系统，是安全技术防范系统中的一个重要组成部分，尤其是近年来计算机、多媒体技术的发展使得这种防范技术更加先进。

(一) 闭路电视监控系统的组成

闭路电视监控系统根据其使用环境、使用部门和系统的功能而具有不同的组成方式，无论系统规模的大小和功能的多少，一般监控系统由摄像、传输、控制、图像处理和显示等 4 个部分组成，如图 5-42 所示。

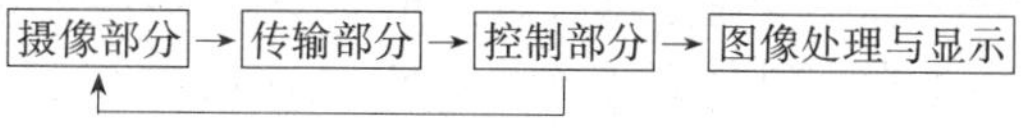

图 5-42　闭路监控系统的组成

1. 摄像部分

摄像部分的作用是把系统所监视的目标，即把被摄物体的光、声信号变成电信号，然后送入系统的传输分配部分进行传送。摄像部分的核心是电视摄像机，它是光电信号转换的主体设备，是整个系统的眼睛，为系统提供信号源。

摄像机种类很多，按颜色划分有彩色摄像机和黑白摄像机；按摄像器件的类型划分有电真空摄像器件(即摄像管)和固体摄像器件(如 CCD 器件、MO 器件)两大类。

2. 传输部分

传输部分的作用是将摄像机输出的视频(有时包括音频)信号馈送到中心机房或其他监视点。控制中心的控制信号同样通过传输部分送到现场，以控制现场的云台和摄像机工作。

传输分配部分组成主要有：

(1) 馈线。传输馈线有同轴电缆(以及多芯电缆)、平衡式电缆、光缆。

(2) 视频电缆补偿器。在长距离传输中，对长距离传输造成的视频信号损耗进行补偿放大，以保证信号的长距离传输而不影响图像质量。

(3) 视频放大器。视频放大器用于系统的干线上，当传输距离较远时，对视频信号进行放大，以补偿传输过程中的信号衰减。具有双向传输功能的系统，必须采用双向放大器，这种双向放大器可以同时对下行和上行信号给予补偿放大。

3. 控制部分

控制部分的作用是在中心机房通过有关设备对系统的现场设备(摄像机、云台、灯光、防护罩等)进行远距离遥控。

控制部分的主要设备有：集中控制器、微机控制器。

4. 图像处理与显示部分

图像处理是指对系统传输的图像信号进行切换、记录、重放、加工和复制等功能。显示部分则是使用监视器进行图像重放，有时还采用投影电视来显示其图像信号。图像处理和显示部分的主要设备有：视频切换器、监视器和录像机。

(二) 闭路电视监控系统的监控形式

闭路电视监控系统的监控形式，一般有以下几种方式：

1. 摄像机加监视器和录像机的简单系统

图5-43所示是最简单的组成方式，这种由一台摄像机和一台监视器组成的方式用在一处连续监视一个固定目标的场合。

图5-43　摄像机加监视器和录像机的简单系统

2. 摄像机加多画面处理器监视录像系统

如果摄像机不是一台，而是多台。选择控制的功能不是单一的，而是复杂多样的，通常选用摄像机加多画面处理器监视录像系统，如图5-44所示。

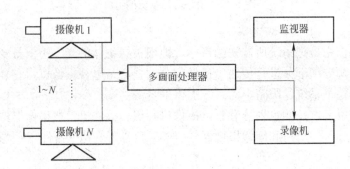

图5-44　摄像机加多画面处理器系统

3. 摄像机加视频矩阵主机监视录像系统

这种加视频矩阵主机的监视录像系统如图5-45所示。

4. 摄像机加硬盘录像监视录像系统

摄像机加硬盘录像监视录像系统如图5-46所示。

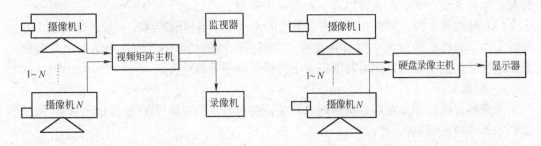

图5-45　摄像机加视频矩阵主机系统　　　　图5-46　摄像机加硬盘录像主机系统

此外，根据实际需要，系统除了图像系统以外有时还配置控制系统，报警输入，报警输出联动接口，语音复核系统等。

（三）闭路电视监控系统图示例

图 5-47 为某建筑闭路电视监控系统图（局部），对照表 5-17 可以了解该系统的组成概况。

图 5-47 中图形符号含义　　　　　　　　　　　　　　　表 5-17

图形符号	说　明	图形符号	说　明
⊏•••▭	彩色摄像机	⊏•▭	黑白摄像机
⊙	彩色半球摄像机	⊙	室内彩色一体化摄像机
⊙	室外黑白一体化摄像机	信号分配器	信号分配器
VD	视频分配器	VS	矩阵切换主机
▭	数字硬盘录像机（16 画面分割）	KP/	控制键盘
▭	数字硬盘录像机（4 画面分割）	15″	15″彩色监视器
20″	20″黑白监视器	21″	21″彩色监视器

该系统图可分成两大部分，即现场设备部分和控制中心设备部分。传输线路将这两部分联系在一起，组成一个整体。

现场设备：一～四层共安装各种类型摄像机 63 台，其中黑白摄像机 16 台、彩色摄像机 24 台、彩色半球摄像机 18 台、室内彩色一体化摄像机 4 台、黑白一体化摄像机 1 台。

控制室设备：矩阵切换主机（VS）1 台、视频分配器（VD）9 台、数字硬盘录像机 5 台、监视器 7 台、信号分配器 1 台、UPS 和多媒体图形工作站等。我们只要了解几个主要设备的功能，也就知道了系统的工作过程。

视频信号分配器的作用是，将一路视频信号分成多路信号，也就是说它可将一台摄像机送出的视频信号供给多台监视器或其他终端设备使用。

视频矩阵主机是电视监控系统中的核心设备，对系统内各设备的控制均是从这里发出和控制的。其主要作用有：监视器能够任意显示多个摄像机摄取的图像信号；单个摄像机摄取的图像可同时送到多台监视器上显示；可通过主机发出的串行控制数据代码，去控制云台、摄像机镜头等现场设备。有的视频矩阵主机还带有报警输入接口，可以接收报警探测器发出的报警信号，并通过报警输出接口去控制相关设备，可同时处理多路控制指令，供多个使用者同时使用系统。

数字硬盘录像机的作用是把模拟的图像转化成数字信号。它以 MPEG 图像压缩技术实时地贮存于计算机硬盘中，存储容量大，安全可靠。检索图像方便快速。图像质

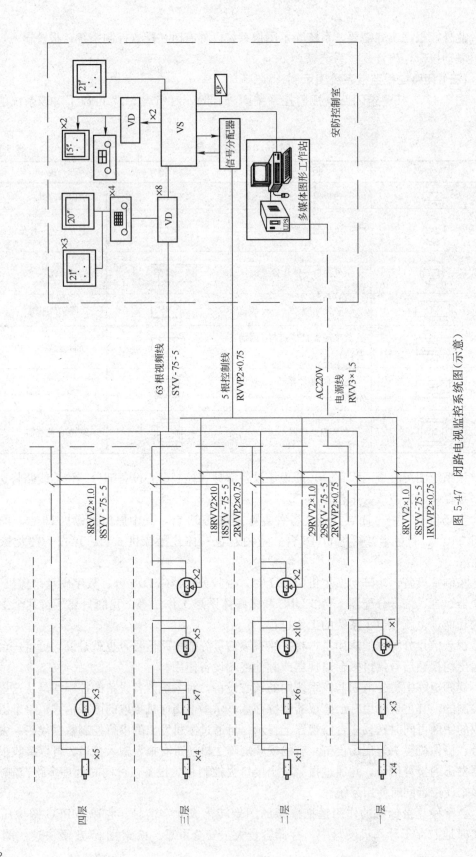

图 5-47 闭路电视监控系统图（示意）

量高。

监视器是闭路监控系统的终端显示设备,用来重现被摄体的图像,最直观反映系统的优劣,因此也属系统的主要设备。

图 5-47 闭路监控系统表示:现场所有摄像机的图像信号经视频电缆(SYV-75-5 型)传到安防控制室进入视频分配器,然后分两路送出信号(一进二出)。一路到矩阵切换主机,再通过监视器显示出来;一路到数字硬盘录像机进行 24 小时录像,再通过监视器显示出来。

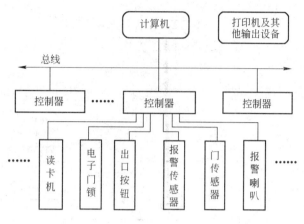

图 5-48 出入口控制系统的基本结构

五、出入口控制系统(门禁系统)

出入口控制系统实现人员出入自动控制,又称门禁管制系统。其基本结构如图 5-48 所示。直接与人员打交道的设备有读卡机、电子门锁、出口按钮、报警传感器和报警喇叭等。它们用来接收人员输入的信息,再转换成电信号送到控制器中,同时根据来自控制器的信号,完成开锁、闭锁等工作。控制器接收到有关人员的信息,同自己存储的信息相比较以作出判断,然后再发出处理的信息。

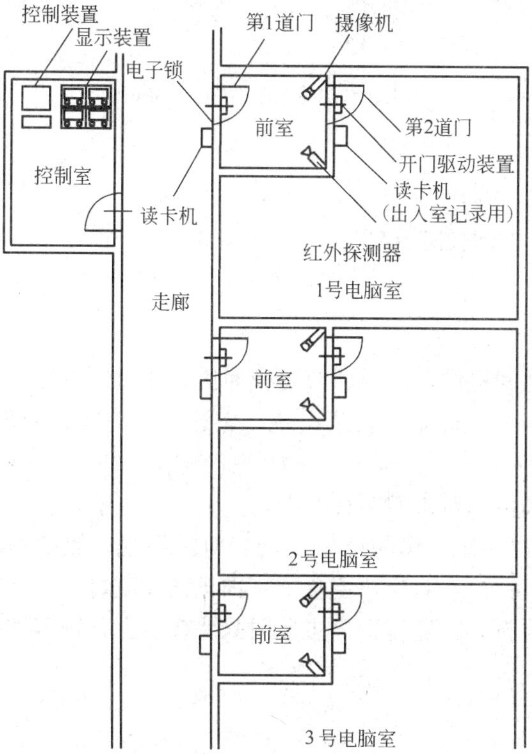

在出入口控制装置中使用的出入凭证或个人识别方法,有卡片(磁卡、条码卡、智能卡、光卡、光符识别卡等)、代码(指定密码,用于数字密码锁开门)和人体生物特征识别(指纹、掌纹、眼纹、声音等。)

出入口控制装置的布置示例见图 5-49。该图为某大楼各室的出入口控制系统的设备平面布置。该系统使用 IC 卡(智能卡)结合监控电视(CCTV)摄像机进行出入个人身份鉴别和管理。该系统控制程序参见图 5-50。

图 5-51 为某建筑门禁系统图示例。图中有双门读卡模块和单门读卡模块。主控模块到各层读卡模块采用五类非屏蔽双绞线。读卡模块到读卡器、门磁开关、出门按钮、电控锁所用导线见图 5-52。

图 5-49 某大楼出入口控制系统设备布置图

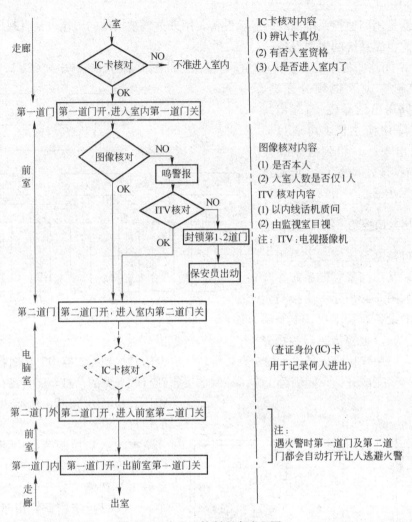

图 5-50　出入口控制程序流程图

六、访客对讲系统

访客对讲系统是指对来访客人与住户之间提供双向通话或可视通话，并由住户遥控防盗门的开关及向保安管理中心进行紧急报警的一种安全防范系统。它适用于单元式公寓、高层住宅楼和居住小区等。

访客对讲系统按功能可分为单对讲型和可视对讲型两种类型。

图 5-53 为 JB-2000 型二总线制楼宇对讲系统。由防盗安全门、对讲系统、控制系统和电源等组成。只要访客按下户主的代码（房号），对应户主拿下室内机话筒就可以与访客通话，以决定是否打开防盗安全门。如果要打开防盗门，户主此时只要按机上开锁键即可打开大门电磁锁。

七、安防系统施工平面图阅读示例

图 5-54 和图 5-55 分别为某建筑六层监控、门禁系统平面图和六层防盗、对讲、巡更

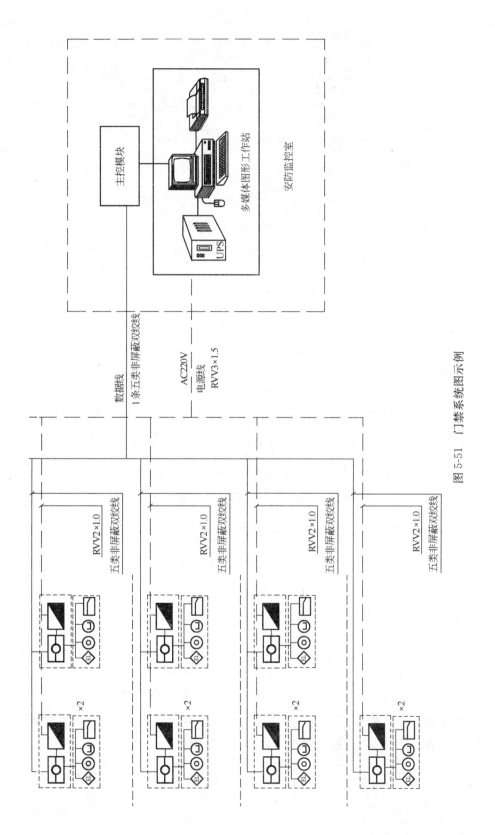

图 5-51　门禁系统图示例

主控模块

安防监控室

多媒体图形工作站

UPS

数据线
1 条五类非屏蔽双绞线

AC220V
电源线
RVV3×1.5

RVV2×1.0
五类非屏蔽双绞线

RVV2×1.0
五类非屏蔽双绞线

RVV2×1.0
五类非屏蔽双绞线

RVV2×1.0
五类非屏蔽双绞线

×2

×2

×2

×2

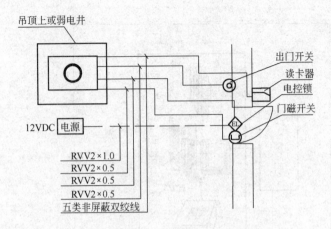

图 5-52　门禁系统单门模块接线示意图

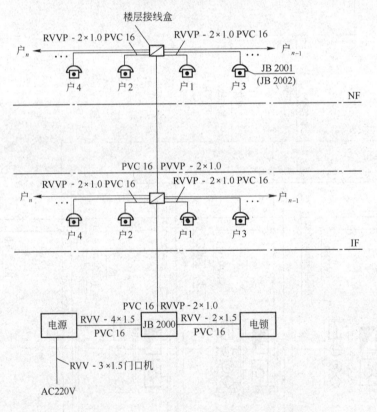

图 5-53　JB-2000 型二总线制楼宇对讲系统

系统平面图。首先了解设计者对图面标注的一些特殊定义。导线用途、规格型号采用代号表示，见表 5-18，设备的标注格式如下：

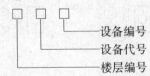

设备编号
设备代号
楼层编号

用　途	设备及导线	规格型号	符　号
监　控	视频线	SYV-75-5	L1
	控制线	RVVP2×0.75	L2
防盗报警	(吸顶)双鉴探测器	RVV6×0.5	L3
	玻璃破碎探测器	RVV6×0.5	L3
	微波探测器	RVV6×0.5	L3
	振动探测器	RVV6×0.5	L3
	传感电缆	RVV6×0.5	L3
	门磁开关	RVV2×0.5	L4
	紧急按钮	RVV2×0.5	L4
	栅栏	RVV2×0.5	L4
	通信线	RVVP2×1.0	L5
报警联动照明	通信线	RVV2×1.0	L8
呼叫对讲	对讲机	RVVP2×1.0	L5
监　听	监听器	RVVP3×0.75	L6、
		RVV2×0.5	L4
警　号	警号器	RVVP3×0.75	L6
门　禁	数据线	五类非屏蔽双绞线	L7
	读卡器	五类非屏蔽双绞线	L7
	门磁、出门按钮	RVV2×0.5	L4
	电控锁	RVV2×1.0	L4
电源线	分支线	RVV2×1.0	L8
	主干线	RVV3×1.5	L9

1. 阅读图 5-54

图 5-54 表示了监控系统和门禁系统设备的平面布置和线路的敷设途径及敷设方法和部位。从系统图我们已经知道，所有现场设备的接线都汇集至安防监控室。

监控系统设备共 8 台摄像机，分别是 6CA101、6CA102(1 号电梯厅内外)、6CA104、6CA106(财务部内外)、6CA105(2 号电梯厅)、6CA107(1 号弱电井外走廊)、6CA108(控制室外)、6CA109(报告厅内)。这些设备的接线都采用线管、线槽在吊顶内敷设至本层 1 号弱电井，再引下至安防监控室。摄像机接线简单，一般都是接电源线和视频线，如 6CA101 配线，平面图标注为 D20L1、L8 即用直径 20mm 的管子，分别穿视频线 SYV-75-5(L1)和电源线 RVV-2×1.0(L8)。只有 6CA109 一台摄像机比其他摄像机多出一根控制线(L2)，即 RVVP-2×0.75。此控制线是用来控制摄像机云台的。

门禁系统。本层装置三套门禁系统，即安装三个双门控制模块，即 6MJ09、6MJ10(保管室南门旁)和 6MJ11(②～③/Ⓝ～Ⓜ办公室西门旁)。每个控制模块都接有两个读卡器，分别是：6MJ09 接 6MJ091、6MJ092；6MJ10 接 6MJ101、6MJ102；6MJ11 接 6MJ111、6MJ112。各设备所接导线按平面图标注并对应表 5-18 选取，通过线管、线槽敷设至本层弱电井，再引至首层安防监控室。

2. 阅读图 5-55

图 5-55 为六层防盗、对讲、巡更三个系统的设备平面布置和线路敷设途径、敷设方法和部位。巡更系统为无线巡更，没有线路敷设问题，且只安装了三个巡更按钮，分别是6XG01(电梯厅 1 号内)、6XG02(电梯厅 2 号内)、6XG03(⑥/Ⓙ柱旁)。

对讲系统。安装对讲分机 3 个，分别是 6IP101(电梯厅 1 号内)、6IP102(电梯厅 2 号内)、6IP103(⑥/Ⓙ柱旁)。对讲分机采用 RVVP-2×1.0 导线穿直径 20mm 钢管、线槽，敷设至本层 1 号弱电井，再配至首层安防控制室。

防盗系统。只安装了一个收集器 6ES04(安装于 1 号弱电井内)，收集本层所有探测信号，然后报告首层安防控制室。收集器 6ES04 所接各报警设备平面布置位置见表 5-19。所用导线规格型号按平面图标注和表 5-18 选取，穿管或用线槽敷设。

6ES04 收集器所接设备平面布置一览　　　　　　　　　　表 5-19

序　号	设备编号	设备名称	在平面图上的位置
1	6ES04 H1	监听器	②—③/Ⓛ—Ⓚ办公室门外走廊
2	6ES04 H2	监听器	④—⑤/Ⓝ—Ⓜ办公室门外走廊
3	6ES04 H3	监听器	⑤—⑥/Ⓚ—Ⓙ
4	6ES04 H4	监听器	④/Ⓙ柱处走廊内
5	6ES04 Z2	双鉴探测器	②/Ⓜ处走廊内
6	6ES04 Z3	吸顶双鉴探测器	财务部
7	6ES04 Z4	双鉴探测器	2 号电梯厅内
8	6ES04 Z8	双鉴探测器	Ⓜ/②—③
9	6ES04 Z10	双鉴探测器	1 号电梯厅内
10	6ES04 Z13	双鉴探测器	⑥/Ⓙ—Ⓜ楼梯间
11	6ES04 Z14	双鉴探测器	⑤/Ⓙ柱处走廊内
12	6ES04 Z5	门磁开关	财务部门
13	6ES04 Z6	门磁开关	②/Ⓜ—Ⓛ保管室门
14	6ES04 Z9	门磁开关	③—④/Ⓝ—Ⓜ办公室门
15	6ES04 Z15	门磁开关	②—③/Ⓝ—Ⓜ办公室门
16	6ES04 Z11-1	门磁开关	
17	6ES04 Z11-2	门磁开关	⑤—⑥/Ⓚ报告厅南门
18	6ES04 Z12-1	门磁开关	
19	6ES04 Z12-2	门磁开关	

第五节　建筑设备监控系统

建筑设备自动化系统(building automation system)简称 BAS。是将建筑物或建筑群内的空调与通风、变配电、照明、给排水、热源与热交换、冷冻和冷却及电梯和自动扶梯等系统，以集中监视、控制和管理为目的构成的综合系统。亦称为建筑设备监控系统。

一、集散型控制系统

现在的智能建筑中，有大量的机电设备，如空调设备、给排水设备、电气设备等，而且分布很散，对这些设备的控制繁杂，工程量很大。采用专用计算机对机电设备集中控制的方式已经很难实现。随着计算机技术与通信技术的发展出现了一种先进的控制方法——集散型控制系统。其特点是：以分布在被控设备现场的计算机控制器完成对被控设备的监视、测量与控制。中央计算机完成集中管理、显示、报警和打印等功能。先进的计算机网络把所有现场的计算机控制器与中央计算机联系在一个系统内，完成对系统集中管理与分散控制的功能。

1. 集散控制系统的基本组成

集散控制系统是由集中管理部分、分散控制部分和通信部分所组成。集中管理部分主要由中央管理计算机与相关控制软件组成。分散控制部分主要由现场直接数字控制器及相关控制软件组成，它用于对现场设备的运行状态、参数进行监测和控制。它的输入端连接传感器等探测设备，它的输出端与执行器连接在一起，完成对被控量的调节。通信部分连接集散型控制系统的中央管理计算机与现场直接数字控制器，完成数据、控制信号及其他信息的传递。

2. 现场控制器

现场控制器采用了计算机技术，通常又称直接数字控制器，简称DDC。

现场控制器采用模块化结构，通常包括电源模块、计算模块、通信模块和输入/输出模块。如图5-56所示。计算模块与通信模块通过输入模块完成数据采集、滤波、非线性校正、各种补偿运算、上下限报警及累积量计算等。同时运算输出，通过输出模块带动驱动器完成对被控量的调节。根据需要通过连接模块联系远程驱动器实现远程控制。所有测量值和报警值经通信模块传送到中央管理计算机数据库，供实时显示、优化计算、报警打印等。中央管理计算机的管理、控制信号同样通过通信模块送入计算模块的计算机实现系统的调控。

在系统设计和使用中，应主要掌握DDC的输入和输出的连接。根据信号形式的不同，DDC的输入、输出有如下四种：

（1）模拟量输入（Analogy Input，缩写为AI）

模拟量输入的物理量有温度、湿度、压力、流量等，这些物理量由相应的传感器感应测得，往往经过变送器转变为电信号送入DDC的模拟输入口（AI）。此电信号可以是电流信号，如0~10mA，也可以是电压信号，如0~5V或0~10V。一般一个DDC控制器可有多个AI输入口。

（2）开关量输入（Digital Input，缩写为DI）

DDC计算机能够直接判断DI通道上的电平高/低（相当于开/关）两种状态，将其转换为数字量1或0，进而对其进行逻辑分析和计算。DI亦称数字量输入。各种限位（限值）开关，如水流开关、风速开关等，继电器或电磁阀门联动触点等可以直接接到DDC的DI通道上。

（3）模拟量输出（Analogy Output，缩写为AO）

DDC的模拟量输出（AO）信号是0~5V、0~10V间的电压或0~10mA、4~20mA间的

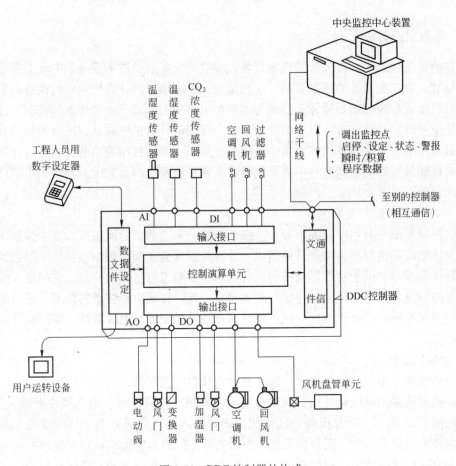

图 5-56　DDC 控制器的构成

电流。其输出电压或电流的大小由控制软件决定。由于 DDC 计算机内部处理的信号都是数字信号，所以这种可连续变化的模拟量信号是通过内部数字/模拟转换器(D/A)产生的。

通常，模拟量输出(AO)信号去控制风阀、水阀等的执行器动作。

(4) 开关量输出(Digital Output，缩写为 DO)

开关量输出 DO 亦称数字量输出，它可由控制软件将输出通道变成高电平或低电平，通过驱动电路即可带动继电器或其他开关元件动作，也可驱动指示灯显示状态。

开关量输出 DO 信号可用来控制开关、交流接触器、变频器以及可控硅等执行元件动作。交流接触器是启停风机、水泵及压缩机等设备的执行器。控制时，可以通过 DDC 的 DO 输出信号带动继电器，再由继电器的触头接通交流接触器线圈，实现对设备的启/停控制。为了使 DDC 了解接触器是否真正吸合，一般要将接触器的一个辅助触点接至 DDC 的输入通道，使 DDC 能随时测出接触器的实际工作状态。

3. 中央管理计算机

中央管理计算机具有以下功能：监控功能、显示功能、操作功能、控制功能、数据管理辅助功能、安全保障管理功能、记录功能、自诊断功能、内部互通电话及与其他系统之间的通信功能等。

4. 系统控制软件

系统控制软件指完成操作、监控、管理、控制、计算和自诊断等功能的计算机程序。整个系统在软件指挥下协调工作。从管理范围来分，软件可分为系统管理软件和现场控制器管理软件。系统管理软件一般具有：系统操作管理、交互式系统界面、报警、故障的提示和打印、辅助功能设定等功能。现场控制器管理软件具有：采样和数据处理、报警设定、控制程序、数字功能、通信功能等。

二、建筑设备监控系统工程图常用图形符号

参照国家建筑标准设计图集《建筑电气工程设计常用图形和文字符号》00DX001，将建筑设备监控系统常用图形符号摘录于表5-20。

BAS 常用图形符号

表 5-20

符　号	说　明	符　号	说　明
	风机	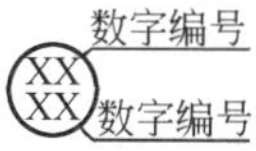	管道嵌装仪表
	水泵	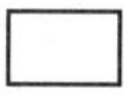	仪表盘、DDC 站
	空气过滤器		热电偶
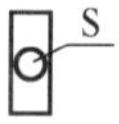	空气加热、冷却器 S＝＋为加热，S＝－为冷却		热电阻
	风门		湿度传感器
	加湿器		节流孔板
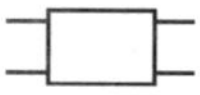	冷水机组		一般检测点
	冷却塔		电动二通阀
	热交换器		电动三通阀
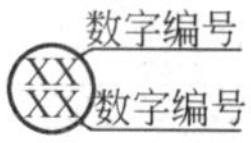	就地安装仪表		电磁阀
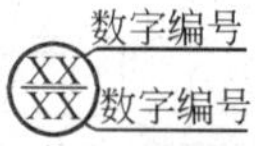	盘面安装仪表		电动蝶阀
	盘内安装仪表		电动风门

三、建筑设备监控系统图

图 5-57 为某建筑 BAS 系统图（部分）示例。阅读该系统图可了解该建筑内设备监控系统的基本概况。

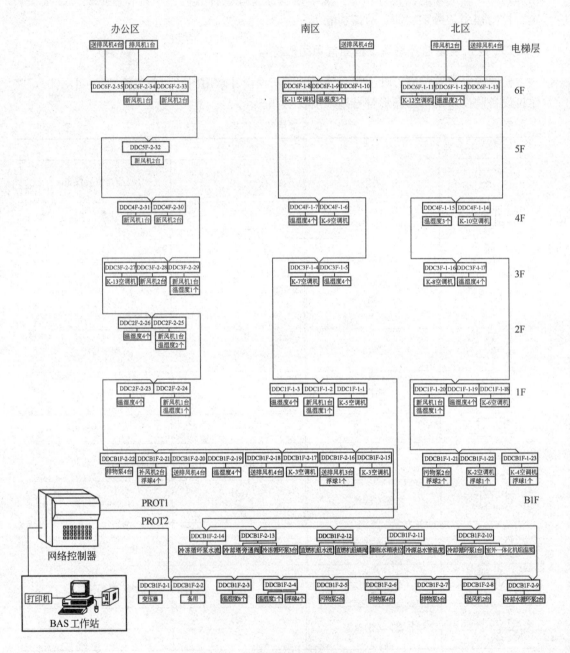

图 5-57　某建筑 BAS 系统图（部分）

228

1. 系统概况

该系统为集散型控制系统。监控中心设在负一层，系统采用总线式开放结构，通过 RS-485 通信接口对冷热源系统、空调系统、送排风系统、给排水系统、变配电系统等进行监控和管理。

对冷热源的监控主要是对直燃机组、冷冻泵、冷却泵的开关状态、故障报警、开关控制、冷冻水、冷却水及热水的温度及水流状态等参数的监测和电动蝶阀的远程控制。

对空调机的监控主要是：手/自动状态、故障报警、运行状态、回风温度、过滤网堵塞报警、风机启停控制、冷水阀开度调节、新风阀调节等。

现场被控设备的数量和分布，从系统图中已有大概了解。但要了解整个系统的监控过程，就要分别了解冷源系统、空调系统等各分系统的控制原理。

2. 冷源系统监控原理

冷源系统有 3 台冷水机组及冷却水泵、冷冻水泵等组成。其监控原理见图 5-58。冷水机组的正常工作分为两个分系统，即冷冻水系统和冷却水系统。两个分系统共同工作才完成冷冻水的供应。

冷冻水系统：把冷水机组所制冷冻水经冷冻水泵送入分水器，由分水器向各空调分区的风机盘管、新风机组或空调机组供水后返回到集水器经冷水机组循环制冷的冷冻水环路，称为冷冻水系统。

冷却水系统：冷却水是制冷机的冷凝器和压缩机冷却用水。经冷却塔冷却的冷却水送入冷冻机进行热交换，水温提高，然后循环水进入冷却水泵，由冷却水泵将循环水再打上冷却塔进行冷却处理，这个冷却水环路称为冷却水系统。

为了保证冷水机组的安全运行，对冷水机组及辅机实施启停连锁控制。启动顺序控制：冷却塔→冷却水泵→冷冻水泵→冷水机组。停机顺序控制：冷水机组→冷冻水泵→冷却水泵→冷却塔。

冷水机组的节能控制可利用冷冻水供、回水温度调节冷水机组和冷冻水泵运行台数来实现。因为冷水机组输出的冷冻水温度是一定的，一般为 7℃ 左右，冷冻水经过终端负载进行能量交换后，水温上升。回水温度的高低，基本上反映了系统的冷负荷的大小，根据负荷大小可调节冷水机组开启台数。安装在分水器和集水器连通管上的电动旁通阀，用出水口和回水口间的压力差来控制旁通阀的开度，以保证恒水量工作。

冷却水进水温度的高低基本反映冷却塔的冷却效果，所以，用冷却水进水温度来控制冷却塔风机、控制冷却水泵的运行台数是科学的，可以达到节能的目的。因本系统采用的是无风机型冷却塔，为保证冷却水进水温度在 25～32℃ 之间，在冷却水回水总管和进水管之间加装一电动调节阀。

冷源系统监、控点设置见图 5-58。

3. 空调机组监控原理

空调机组监控原理图见图 5-59。空调系统的节能是以回风温度作为调节参数，把回风温度传感器测量的回风温度送入 DDC 控制器与给定值比较，产生偏差，由 DDC 调节水阀的开度以达到控制冷冻水量。根据新风的温湿度、回风温湿度，由 DDC 进行回风及新风焓值计算，按回风和新风的焓值比例控制新风阀和回风阀的开度比例，使系统在最佳的新风、回风比状态下运行，以达到节能的目的。

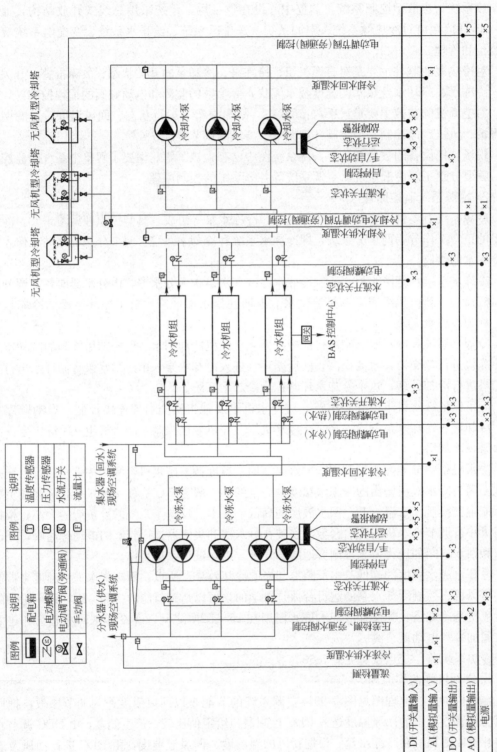

图 5-58 冷源系统监控原理图

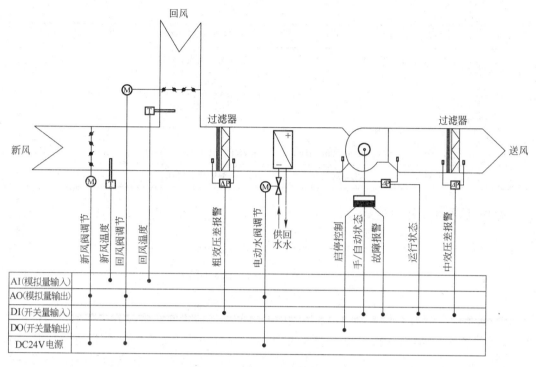

图 5-59　空调机组监控原理图

采用压差开关测量过滤器两端差压，当差压超限时，压差开关闭合报警。

监测和控制点的设置见图 5-59。

四、建筑设备监控系统施工平面图示例

图 5-60 为某建筑负一层 BAS 系统施工平面图（局部）。看图时可以从 BAS 机房至现场设备 DDC，或者从现场设备 DDC 至 BAS 机房。图 5-60 示出被监控设备机房有：K-3 空调机房，装置两台 DDC，即 DDCB1F-2-17～18。K-1 空调机房亦装置两台 DDC，即 DDCB1F-2-15～16。直燃机组机房，装置 4 台 DDC，即 DDCB1F-2-11～14。水泵房，装置 8 台 DDC，即 DDCB1F-2-3～10。低压配电室，装置 2 台 DDC，即 DDCB1F-2-1～2。所有这些 DDC 接至设备上各种传感器、控制开关、阀门等的导线都采用镀锌钢管配线。接至 BAS 监控室的所有导线都采用线管、线槽配线。为了保证图面清晰，设计者将导线的用途及规格型号采用代号标注在图面上，既保证图面清晰，又减少了标注量。所采用代号的含义见表 5-21。

BAS 系统用导线标注代号　　　　　　　　　　　表 5-21

序号	导线用途		导线规格、型号	标注代号
1	DDC 通信线		RVSP2×1.0	LAN1
2	DDC 电源线	主干	3×BV2.5	DY
		分支	RVV3×1.5	DY
3	网关通信线		RVVSP2×1.0	LAN3

序号	导线用途	导线规格、型号	标注代号
4	照明控制通信线	非屏蔽 5 类线（UTP5）	LAN2
5	故障报警、液位开关、滤网报警	2×BV1.0	BJ
6	手/自动状态、运行状态、水流状态	2×BV1.0	ZT
7	开关控制	RVV2×1.0	KZ
8	温湿度传感器、流量计、阀门驱动器	RVVP2×1.0+RVV2×1.0	R2
9	水管温度传感器、压差开关	RVVP2×1.0	R1

DDC 编号含义为：

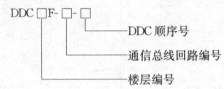

平面图中只给出了 DDC 至 BAS 控制中心之间的导线走向和敷设方法和敷设部位，而 DDC 至传感器、阀门、控制开关等之间导线则要根据现场设备实际安装位置决定敷设途径和部位，所以平面图上未画出。但所用导线规格型号、数量我们可根据各被监控设备的监控原理图和表 5-21 来决定。在此不再详细叙述。

思 考 题 与 习 题

1. 简述智能建筑工程系统组成，分部分项工程的划分。
2. 常见火灾探测器有哪些类型？
3. 简述火灾自动报警及消防联动系统的组成。阅读图 5-61 某综合楼火灾自动报警及消防联动系统图，简述工程概况。
4. 有线电视系统的组成，广播音响系统的组成。
5. 何谓综合布线系统，简述其结构组成。
6. 一般智能建筑的安全技术防范系统包括哪些内容？
7. 何谓建筑设备监控系统？
8. 简述集散型控制系统的组成。

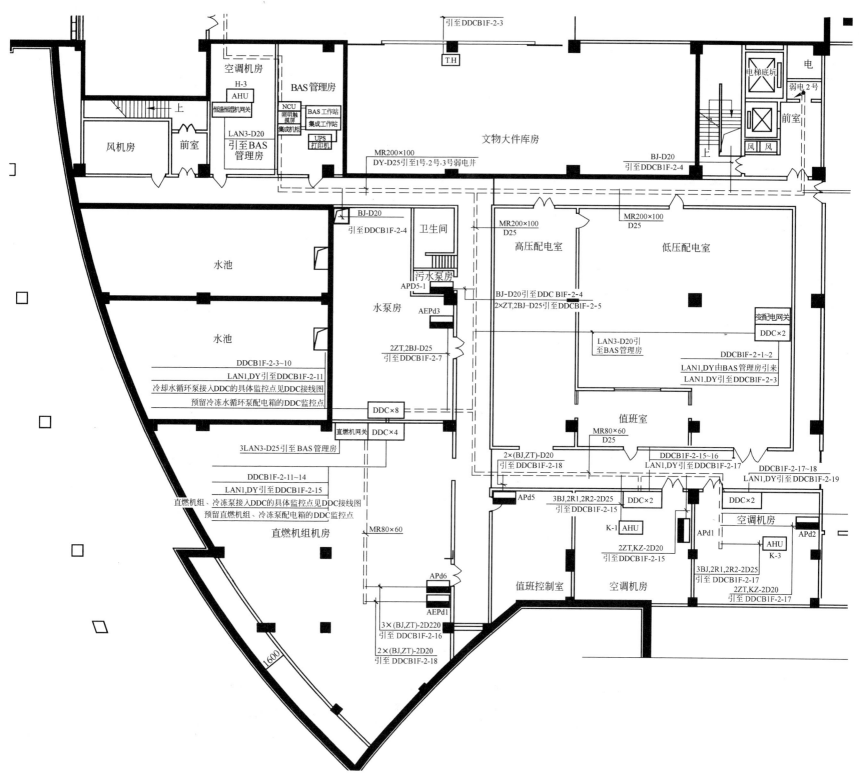

图 5-60 某建筑负一层 BAS 系统平面图

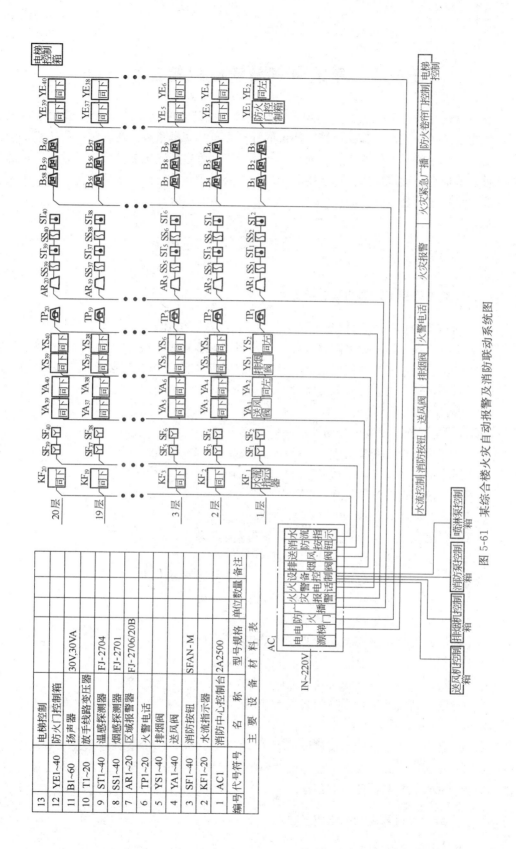

图 5-61 某综合楼火灾自动报警及消防联动系统图

编号	代号符号	名 称	型 号 规 格	单位	数量	备注
13		电梯控制				
12	YE1~40	防火门控制箱				
11	B1~60	扬声器	30V,30VA			
10	T1~20	放手线路变压器				
9	ST1~40	温感探测器	FJ-2704			
8	SS1~40	烟感探测器	FJ-2701			
7	AR1~20	区域报警器	FJ-2706/20B			
6	TP1~20	火警电话				
5	YS1~40	排烟阀				
4	YA1~40	送风阀				
3	SF1~40	消防按钮				
2	KF1~40	水流指示器	SFAN-M			
1	AC1	消防中心控制台	2A2500			
编号	代号符号	名 称	型 号 规 格	单位	数量	备注

主 要 设 备 材 料 表

233

第六章　建筑电气与智能建筑工程造价

随着现代化智能建筑的大量涌现，建筑安装投资所占建筑工程总投资的比重越来越高，使得安装工程造价计算在建筑总造价的计算中也越来越重要。我国传统的工程造价计价方式，是"定额"计价方式，全国统一安装工程预算定额是编制安装工程预算造价的主要依据。因此，正确贯彻执行和运用全国统一安装工程预算定额，准确计算安装工程造价就成为本章的主要任务。

第一节　安装工程预算定额概述

一、安装工程预算定额的概念及种类

1. 安装工程预算定额的概念

安装工程预算定额是指由国家或授权单位组织编制并颁布执行的具有法律性的数量指标。它反映出国家对完成单位安装产品基本构造要素（即每一单位安装分项工程）所规定的人工、材料和机械台班消耗的数量额度。

2. 安装工程预算定额的种类

目前，《全国统一安装工程预算定额》共分十三册，包括：

第一册　机械设备安装工程　GYD-201-2000

第二册　电气设备安装工程　GYD-202-2000

第三册　热力设备安装工程　GYD-203-2000

第四册　炉窑砌筑工程　GYD-204-2000

第五册　静置设备与工艺金属结构制作与安装工程　GYD-205-2000

第六册　工业管道工程　GYD-206-2000

第七册　消防及安全防范设备安装工程　GYD-207-2000

第八册　给排水、采暖、燃气工程　GYD-208-2000

第九册　通风空调工程　GYD-209-2000

第十册　自动化控制仪表安装工程　GYD-210-2000

第十一册　刷油、防腐蚀、绝热工程　GYD-211-2000

第十二册　通信设备及线路安装工程　GYD-212-2000（另行发布）

第十三册　建筑智能化系统设备安装工程　GYD-213-2003　建设部公告第 120 号文批准发布，自 2003 年 3 月 1 日起实施。

此外，还有《施工机械台班费用定额》、建设部 2000 年《全国统一安装工程施工仪器仪表台班费用定额》和《安装工程焊接材料消耗定额》，是作为安装工程预算定额计算机械台班费用和焊接材料消耗量的依据。

二、安装工程预算定额的组成及作用

1. 安装工程预算定额的组成

全国统一安装工程预算定额通常由以下内容组成：

（1）册说明

介绍关于定额的主要内容、适用范围、编制依据、适合条件、工作内容以及施工机械台班消耗量和组成预算价格的确定方法、确定依据等。

（2）目录

为查、套定额提供索引。

（3）章说明

介绍本章定额的适用范围、内容、计算规则以及有关定额系数的规定。

（4）定额项目表

它是每篇安装定额的核心内容。其中包括：分节工作内容、各分项定额的人工、材料和机械台班消耗量指标以及定额基价、未计价材料等内容。

（5）附录

一般置于各篇定额表的后面，其内容主要有材料、元件等重量表、配合比表、损耗率表以及选用的一些价格表等。

2. 安装工程预算定额的作用

安装工程预算定额是计算安装工程预算造价的重要依据；是编制标底的依据；是进行工程拨款、贷款的依据；是工程竣工结算的依据；对企业内部还是作为编制投资计划、编制施工计划、编制财务计划、作为工程形象进度统计等的基础资料。

第二节 安装工程预算定额消耗量指标及其相应费用的确定

一、定额人工消耗量指标的确定

安装工程预算定额人工消耗量指标，是在劳动定额基础上确定的完成单位分项工程必须消耗的劳动量。其表达式如下：

分项工程人工消耗量＝基本用工＋其他用工

＝（技工用工＋辅助用工＋超运距用工）×（1＋人工幅度差率）

式中，技工指某分项工程的主要用工；辅助用工指现场材料加工等用工；超运距用工指材料运输中，超过劳动定额规定距离外增加的用工；人工幅度差率指预算定额所考虑的工作场地的转移、工序交叉、机械转移以及零星工程等用工。国家规定在10％左右。

二、定额材料消耗量指标的确定

（一）定额子目工程材料消耗量的计算

安装工程施工，进行设备安装时要消耗材料，有些安装工程就是由施工加工的材料组装而成。构成安装工程主体的材料称为主要材料，其次要材料则称为辅助材料（或计价材料）。完成定额分项工程必须消耗的材料可以按下述方法计算：

分项定额材料消耗量＝材料净用量＋损耗量

＝材料净用量×（1＋损耗率）

＝材料净用量×损耗系数

材料净用量是构成工程子目实体必须占有的材料量。

损耗量包括施工操作、场内运输、场内堆放等材料损耗量。

(二) 材料与设备的划分

安装工程的材料与设备界线划分，国家目前未作正式规定，可从《全国统一安装工程预算定额》中的计价材料和未计价材料这一项里去掌握。

1. 凡是经过加工制造，由多种材料和部件按各自用途组成独特结构，具有功能、容量及能量传递或转换性能的机器、容器和其他机械、成套装置等均为设备。

设备分为需要安装与不需要安装的设备、定型设备和非标准设备。

2. 为完成建筑、安装工程所需的经过工业加工的原料和在工艺生产过程中不起单元工艺生产作用的设备本体以外的零配件、附件、成品、半成品等，均为材料。

(三) 设备与材料划分举例

1. 各种电力变压器、互感器、调压器、感应移相器、电抗器、高压断路器、高压熔断器、稳压器、电源调整器、高压隔离开关、装置式空气开关、电力电容器、蓄电池、磁力启动器、交直流报警器、成套供应的箱、盘、屏及其随设备带来的母线和支持瓷瓶，均为设备；

2. 各种电缆、电线、管材、型钢、桥架、梯架、槽盒、线盒、灯具及其开关、插座、按钮等均为材料；

3. 小型开关、保险器、杆上避雷器、各种避雷针、各种绝缘子、金具、电线杆、铁塔、各种支架等均为材料；

4. 各种电扇、铁壳开关、电铃等小型电器均为材料。

三、定额机械台班消耗量的确定

安装工程定额中的机械费通常为配备在作业小组中的中、小型机械，与工人小组产量密切相关，可按下式确定，不考虑机械幅度差。

$$机械台班消耗量 = \frac{分项定额计量单位值}{小组总产量}$$

四、预算定额基价及单位估价表

1. 预算定额基价

是指预算定额中确定消耗在工程基本构造要素上(工程子目)的人工、材料、机械台班消耗量。在定额中以价值形式反映。其组成有三部分，即：

$$预算定额基价 = 人工费 + 材料费 + 机械台班费$$

(1) 定额人工费

指直接从事安装工程施工工人(包括场内水平和垂直运输等辅助工人和机械操作工人)完成分项工程所开支的各项费用之和(包括基本工资、工资性津贴和属于生产工人开支的各项费用)。

基价表人工费包括基本用工、超远距用工、人工幅度差、辅助用工，一律以综合工日计算。

人工单价中包括工人的基本工资、辅助工资、工资性补贴、职工福利费和劳动保护费。

(2) 定额材料费

指消耗在单位工程分项项目上的材料、零、配件消耗量和周转材料的摊销量，按相应的价格计算的费用之和。

安装工程材料分计价材料和未计价材料，定额材料费表达式为：

定额材料费＝计价材料费＋未计价材料费

凡定额内未注明单价的材料均为主材，基价中不包括其价格，应根据"（ ）"内所列的用量，按各省、自治区、直辖市的造价总站发布的信息价或市场实际发生的材料价格计算。

（3）定额机械台班费

指完成单位工程分项项目所用的各种机械台班费用之和。其表达式为：

定额机械台班费＝Σ分项项目机械台班消耗量×相应机械台班单价

上式中机械台班预算单价包括了折旧费、大修理费、经常修理费、机械安拆费及场外运输费、燃料动力费、人工费、养路费及车船使用税。

机械费中的施工机械台班是按正常合理的机械配备和大多数施工企业的机械化程度综合取定的，除篇、章另有说明外，不作调整。

2. 单位估价表

执行预算定额地区，根据定额中3个消耗量(人工、材料、机械台班)标准与本地区相应3个单价相乘计算得到分项工程(子目工程)预算价格称为"估价表单价"或工程预算"单价"。若将以上单价、基价等列入定额项目表中，并且汇总、分类成册，即为单位估价表。

预算定额与估价表的关系是，前者为确定三个消耗量的数量标准，是执行定额地区编制单位估价表的依据，后者则是"量"、"价"结合的产物。

五、安装工程预算定额的应用

1. 注意计价材料与未计价材料的区别

计价材料是指编制定额时，把所消耗的辅助性或次要材料费用计入定额基价中。主要材料是指构成工程实体的材料，又称为未计价材料。该材料规定了其名称、规格、品种及消耗数量，它的价值不直接进入定额基价，而是根据本地区定额，按地区材料预算单价(即材料预算价格)计算后汇总在工料分析表中。计算方法为：

某项未计价材料数量＝工程量×某项未计价材料定额消耗量

未计价材料定额消耗量通常列在相应定额项目表中。而其费用的计算为：

某项未计价材料费＝工程量×某项未计价材料定额消耗量×材料预算价格

2. 注意运用系数计算的费用

预算造价计费程序表中某些费用，要运用定额规定的系数来计算。有些辅助工作在费用定额中不便列项，而是通过在原定额基础上乘以一个规定系数计算。属于直接费系数的有章节系数、综合系数。

（1）章节系数

有些子目(分项工程项目)需要经过调整，方能符合定额要求。其方法是在原子目基础上乘以一个系数即可。该系数通常放在各章说明中，称为章、节系数。

（2）综合系数

它是列入各册说明或总说明内，如脚手架搭拆系数、安装与生产同时进行时的降效增加系数、在有毒有害健康环境中施工时要收取的降效增加系数、高层建筑增加系数、单层房屋工程超高增加系数、施工操作超高增加系数，以及在特殊地区施工中应收取的施工增加系数等。

3. 安装工程预算定额表的查阅

预算定额表的查阅，也就是定额的使用方法。其步骤为：

（1）确定工程名称，要与定额中各章、节工程名称相一致。

（2）根据分项工程名称、规格，从定额项目表中确定定额编号。

（3）按照所查定额编号，找出相应工程项目单位产品的人工费、材料费、机械台班费和未计价材料数量。

注意：定额除了可直接套用外，还存在定额的换算问题。安装工程中如出现换算定额时，一般有定额的人工、材料、机械台班及其费用的换算，多数情况下采用乘以一个系数的办法解决。但各地区可根据具体情况酌情处理。

（4）按照施工图预算表的格式及要求，将套用的单位产品的人工费、材料费、机械台班费、未计价材料数量和定额编号，在施工图预算表上填写清楚。

对定额中查阅不到的项目，业主和施工方可根据工艺和图纸的要求，编制补充定额，双方必须经当地定额站仲裁后方可执行。

第三节　安装工程施工图预算的编制

一、我国现行工程造价的构成

我国现行工程造价的构成主要划分为设备及工具、器具购置费用、建筑安装工程费用、工程建设其他费用、预备费、建设期贷款利息、固定资产投资方向调节税等几项，如图 6-1 所示。

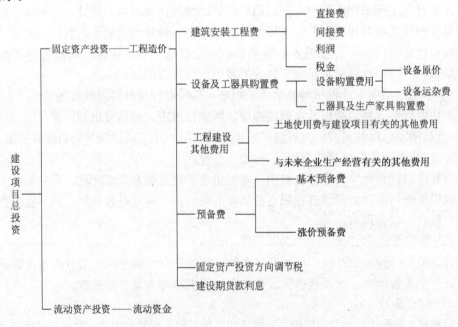

图 6-1　我国现行工程造价的构成

1. 设备及工具、器具购置费用

设备及工具、器具购置费用由设备购置费和工具、器具及生产家具购置费组成。其中设备购置费用包括设备原价和设备运杂费。

2. 建筑安装工程费用

我国现行建筑安装工程费用项目的具体组成主要是4部分：直接费、间接费、利润和税金。

3. 工程建设其他费用

工程建设其他费用，是指从工程筹建起到工程竣工验收交付使用止的整个建设期间，除建筑安装工程费用和设备及工具、器具购置费用以外的，如保证工程建设顺利完成和交付使用后能够正常发挥效用而发生的各项费用。

工程建设其他费用，按其内容大体可分为三类。第一类指土地使用费；第二类指与工程建设有关的其他费用；第三类指与未来企业生产有关的其他费用。

（1）土地使用费

是指通过划拨方式取得土地使用权而支付的土地征用及迁移补偿费，或者通过土地使用权出让方式取得土地使用权而支付的土地使用权出让金。其中，土地征用及迁移补偿费又包含土地补偿费、清苗补偿费和被征用土地上的房屋、水井、树木等附着物补偿费及安置补助费三项。

（2）与工程建设有关的其他费用

与工程建设有关的其他费用包括建设单位管理费、勘察设计费、研究试验费、建设单位临时设施费、工程监理费、工程保险费、引进技术和进口设备其他费用、工程承包费。

（3）与未来企业生产经营有关的其他费用

含联合试运转费、生产准备费、办公和生活家具购置费。

4. 预备费

按我国现行规定，预备费包括基本预备费和涨价预备费。

5. 建设期贷款利息

建设期贷款利息包括向国内银行和其他非银行金融机构贷款、出口信贷、外国政府贷款、国际商业银行贷款以及在境内外发行的债券等在建设期间内应偿还的借款利息。

6. 固定资产投资方向调节税

简称投资方向调节税。是为了贯彻国家产业政策，控制投资规模，引导投资方向，调整投资结构，加强重点建设，促进国民经济持续、稳定、协调发展，对在我国境内进行固定资产投资的单位和个人征收的税种。

为扩大内需，鼓励投资，根据国务院的规定，对《中华人民共和国固定资产投资方向调节税暂行条例》规定的纳税义务人，其固定资产投资应税项目自2000年1月1日起新发生的投资额暂停征收固定资产投资方向调节税。但该税种并未取消。

二、安装工程施工图预算造价的概念

以单位工程施工图为依据，按照安装工程预算定额的规定和要求以及有关造价费用标准和规定，结合工程现场施工条件，按一定的工程费用计算程序，计算出来的安装工程造价，称为"安装工程施工图预算"，简称"安装工程预算"或"安装预算"。其书面文字称为"安装工程预算书"。

施工图预算，是控制投资、编制投资计划、评价设计方案及施工方案、编制施工财务计划、工程招标和投标、签订工程承包合同、考核工程投资等的依据。

三、安装工程施工图预算造价费用的构成及其计算

根据建设部、中国人民建设银行建标（2003）206 号文《建筑安装工程费用项目组成》的通知精神，建筑安装工程费由直接费、间接费、利润和税金四个部分组成。

（一）直接费

直接费由直接工程费和措施费组成。

1. 直接工程费：是指施工过程中耗费的构成工程实体的各项费用，包括人工费、材料费、施工机械使用费。

建安工程费中的人工费是指直接从事建筑安装工程施工的生产工人开支的各项费用。构成人工费的基本要素有人工工日消耗量和人工工日单价两个。

建安工程费中的材料费，是指施工过程中耗费的构成工程实体的原材料、辅助材料、构配件、零件、半成品的费用。构成材料费的基本要素是材料消耗量、材料基价和检验试验费。

建安工程费中的施工机械使用费，是指施工机械作业所发生的机械使用费以及机械安拆费和场外运费。构成施工机械使用费的基本要素是施工机械台班消耗量和机械台班单价。

2. 措施费

措施费是指为完成工程项目施工，发生于该工程施工前和施工过程中非工程实体项目的费用。包括：

（1）环境保护费；

（2）文明施工费；

（3）安全施工费；

（4）临时设施费；

（5）夜间施工增加费；

（6）二次搬运费；

（7）大型机械设备进出场及安拆费；

（8）混凝土、钢筋混凝土模板及支架费；

（9）脚手架费；

（10）已完工程及设备保护费；

（11）施工排水、降水费。

（二）间接费

是指虽不直接由施工的工艺过程所引起，但却与工程的总体条件有关的，建筑安装企业为组织施工和进行经营管理，以及间接为建安生产服务的各项费用。

按现行规定，建安工程间接费由规费和企业管理费组成。

1. 规费：是指政府和有关权力部门规定必须缴纳的费用。包括：

（1）工程排污费；

（2）工程定额测定费；

（3）社会保障费；

（4）住房公积金；

（5）危险作业意外伤害保险。

2. 企业管理费：是指建安企业组织施工生产和经营管理所需费用。包括：

(1) 管理人员工资；

(2) 办公费；

(3) 差旅交通费；

(4) 固定资产使用费；

(5) 工具、用具使用费；

(6) 劳动保险费；

(7) 工会经费；

(8) 职工教育经费；

(9) 财产保险费；

(10) 财务费；

(11) 税金；是指企业按规定缴纳的房产税、车船使用税、土地使用税、印花税等；

(12) 其他。

(三) 利润

是指施工企业完成所承包的工程获得的盈利。

(四) 税金

是指国家税法规定的应计入建安工程费用的营业税、城市维护建设税及教育费附加。

四、安装工程施工图预算

(一) 施工图预算的概念

施工图预算是指以施工图为依据，按安装工程预算定额的规定和要求以及有关造价费用标准和规定，结合工程现场施工条件，按一定的工程费用计算程序，计算出来的安装工程造价。

(二) 施工图预算的作用

1. 施工图预算是施工单位同业主办理工程结算的依据；

2. 施工图预算是施工单位收入的依据；

3. 施工图预算是施工单位进行施工准备，编制施工计划和建安工程统计的依据；

4. 施工图预算是业主进行贷款、建设银行拨款、甲乙双方决算以及业主同承包商签订承包合同的基础；

5. 施工图预算是施工单位内部进行经济核算的依据。

(三) 施工图预算的编制依据

1. 会审后的施工图纸(含施工说明书)；

2. 《全国统一安装工程预算定额》和配套使用的各省、市、自治区的单位估价表；

3. 工程量计算规则；

4. 配套的安装工程取费标准；

5. 施工组织设计或施工方案；

6. 施工图会审纪要；

7. 工程施工及验收规范；

8. 工程承包合同或协议书；

9. 国家标准图集和有关技术、经济文件、资料等。

(四) 施工图预算编制应具备的条件

1. 施工图纸已经会审；

2. 施工组织设计或施工方案已经审批；

3. 工程承包合同已经签订生效。

(五) 施工图预算的计算步骤

1. 阅读、熟悉施工图；

2. 熟悉施工组织设计或施工方案；

3. 熟悉工程承包合同及招标文件的要求；

4. 按施工图计算工程量；

5. 汇总工程量、立项、套定额；

6. 计算直接费，分析工料；

7. 按计算费用程序计算各种费用及工程造价；

8. 计算各种经济指标；

9. 编写预算造价书的编制说明；

10. 对施工图预算书进行校核、审核、审查、复制、签章。

(六) 施工图预算的组成

1. 封面，见表 6-1；

2. 编制说明，见表 6-2；

3. 安装工程是以基价人工费为取费基础，其计算程序按工程取费表，见表 6-3；

4. 建设工程预算表，见表 6-4；

5. 工程量计算表(是施工图预算书最原始的数据、基础资料，由预算人员自行保留，无统一标准格式)。

封　　面 表 6-1

重庆市建设工程造价预算书
×××系统

建设单位：　　　　　　　工程名称：　　　　　　　建设地点：

施工单位：　　　　　　　取费等级：　　　　　　　工程类别：

工程规模：　　　　　　　工程造价：　　　　　　　单位造价：

建设(监理)单位：＿＿＿＿＿＿＿　　　　　施工(编制)单位：＿＿＿＿＿＿＿

技术负责人：＿＿＿＿＿＿＿　　　　　　　技术负责人：＿＿＿＿＿＿＿

审核人　　　　　　　　　　　　　　　　　编制人
资格证章：＿＿＿＿＿＿＿　　　　　　　　资格证章：＿＿＿＿＿＿＿

年　月　日　　　　　　　　　　　　年　月　日

编 制 说 明 表 6-2

施工图号： _____

合　　同： _____

使用定额： _____

材料价格： _____

其　　他： _____

说　　明：

填表说明：1. 使用定额与材料价格栏注明使用的定额、费用标准以及材料价格来源；
　　　　　　2. 说明栏注明报价编制的范围、合同外需特别说明的事项等。

工 程 取 费 表 表 6-3

序 号	费 用 名 称	计 算 公 式	费率	金额
1	1 基价直接费	按基价表计算		
2	1.1 人工费	定额人工费		
3	1.2 材料费			
4	1.3 机械费			
5	2 综合费	1.1×规定费率(%)		
6	其中：临时设施费	2×规定费率(%)		
7	3 劳动保险费	1.1×规定费率(%)		
8	4 计划利润	1.1×规定费率(%)		
9	5 允许按实计算费用及材料价差	按规定		
10	5.1 材料价差	按规定		
11	5.2 设备金额			
12	5.3 按实计算费用			
13	6 安全文明施工费	1.1×规定费率(%)		
14	7 工程定额测定费	(1+2+3+4+5+6)×规定费率(%)		
15	8 税金	(1+2+3+4+5+6+7)×规定费率(%)		
16	9 造价	1+2+3+4+5+6+7+8		

243

序号	定额编号	项目名称	单位	工程量	计价工程费								未计价材料				
					单位价值				单位价值				名称	单位	定额耗量	数量	单价	合价
					基价	人工费	材料费	机械费	合价	人工费	材料费	机械费						
1																		
2																		
3																		
4																		
5																		
6																		
7																		
8																		
9																		
10																		
11																		
12																		
13																		
14																		
15																		
16																		
17																		
18																		
19																		
20																		
21																		
22																		

（七）安装工程施工图预算造价计算程序及工程类别划分标准

1. 安装工程施工图预算造价计算程序

安装工程施工图预算造价计算程序，见表 6-3。

2. 工程类别划分标准

安装工程类别的划分见表 6-5：

工程类别划分标准　　　　　　　　　　　　　　　　表 6-5

篇　号	一　类	二　类	三　类
一	1. 切削、锻压、铸造、压缩机设备工程； 2. 电梯设备工程	1. 起重(含轨道)，输送设备工程； 2. 风机、泵设备工程	1. 工业炉设备工程； 2. 煤气发生设备工程

篇 号	一 类	二 类	三 类
二	1. 变配电装置工程； 2. 电梯电气装置工程； 3. 发电机、电动机、电气装置工程； 4. 全面积的防爆电气工程； 5. 电气调试	1. 动力控制设备、线路工程； 2. 起重设备电气装置工程； 3. 舞台照明控制设备、线路、照明器具工程	1. 防雷、接地装置工程； 2. 照明控制设备、线路、照明器具工程； 3. 10kV以下架空线路及外线电缆工程
三	各类散装锅炉及配套附属辅助设备工程	各类快装锅炉及配套附属、辅助设备工程	
四	1. 各类专业窑炉工程； 2. 含有毒气体的窑炉工程	1. 一般工业窑炉工程； 2. 室内烟、风道砌筑工程	室外烟、风道砌筑工程
五	1. 球形罐组对安装工程； 2. 气柜制作安装工程； 3. 金属油罐制作安装工程； 4. 静置设备制作安装工程； 5. 跨度25米以上桁架制作安装工程	金属结构制作安装工程，总量5吨以上	零星金属结构（支架、梯子、小型平台、栏杆）制作安装工程，总量5吨以下
六	1. 中、高压工艺管道工程； 2. 易燃、易爆、有毒、有害介质管道工程	低压工艺管道工程	工业排水管道工程
七	1. 火灾自动报警系统工程； 2. 安全防范设备工程	1. 水灭火系统工程； 2. 气体灭火系统工程； 3. 泡沫灭火系统工程	
八	1. 燃气管道工程； 2. 采暖管道工程	1. 室内给排水管道工程； 2. 空调循环水管道工程	室外给排水管道工程
九	1. 净化工程； 2. 恒温恒湿工程； 3. 特殊工程（低温低压）	1. 一类范围的成品管道、部件安装工程； 2. 一般空调工程； 3. 不锈钢风管工程； 4. 工业送、排风工程	1. 二类范围的成品管道、部件安装工程； 2. 民用送、排风工程
十	仪表安装、调试工程	1. 仪表线路、管路工程； 2. 单独仪表安装不调试工程	
十一		单独防腐蚀工程	1. 单独刷油工程； 2. 单独绝热工程
十二	通信设备安装工程	通信线路安装工程	

（八）施工图预算书的校核与审查

1. 校核

预算书编制者编完预算书后，应自觉检查所编预算书有无错漏或重算，这一工作称为

"自校"。自校后交给有关人员进行检查核对，称为"校核"。检查核对后，再交给本单位业务主管、高级造价员、高级经济师、高级工程师或主任工程师审查核对，称为"审核"。编制单位通过这"三关"，总称为"校核"。其目的是通过编制单位层层把关，避免疏漏或差错，以便提高预算造价的准确性，正确反映工程造价。

校核方法一般采用询问法，即校核者先查阅图纸和预算底稿，然后向编者询问，如工程量的计算、费用计取的依据及取定、价差的处理方法、按系数计算的费用等。还要看有无漏项、错项、多算、少算，数据是否平衡等。

2. 审查

(1) 审查的原则

施工图预算书的审查，是一项政策性、专业性很强的工作，一般由业主与承包方之间的中介机构进行，如工程造价咨询公司、审计事务所、监理公司等，但无论由谁审查，均应遵守以下原则：

1) 严格按照国家有关方针、政策、法律规定核查；

2) 实事求是，公平合理，维护发包方和承包方的合法权益；

3) 以理服人，大账算清，小账不过分计较，遇事协商解决。

(2) 审查的要求

1) 审查工作必须由职业道德好、信誉高、业务娴熟、坚持原则的单位和人员主持；

2) 审查者根据施工图纸、工程承包合同及预算书，深入工程项目调查，搜集有关数据和资料作好审查准备工作；

3) 发包方和承包方要主动配合审查单位做好审查工作。在审查中除全面审查外，还要确定审查重点、难点，逐项核实，深入细致，做到不缺不漏审，提高审查质量。审查后，及时做好定案工作，以便工程尽早投入施工；

4) 审查后的记录和预算书由发包方、承包方、审查方三方签证，并做好法律认证手续，方可实施生效。

(3) 审查的依据和内容

1) 审查的依据是：会审后的施工图及设计说明书；预算定额和工程费用定额及有关政策规定；工程承包合同及协议书、招标书、投标书；工程量计算规则和定额解释汇编；已审批的施工组织设计或施工方案。

2) 审查的内容是：工程承包合同或协议书所确定的工程范围是否属实；工程量计算和定额的套用及换算是否准确；材料价差计算是否合理；各种费用计取的基础、标准、方法是否正确；国家规定取费之外的内容，协商价或补充定额是否合理。

(4) 审查的形式

1) 单独审查(单审)

适用于工程规模不大的工程，可由发包方(业主)或建设银行单独审查，同承包方协商修正，调整定案后即可。

2) 联合审查(联审)

适用于大、中型或重点工程，可由发包方(业主)会同设计方、建行、承包方联合会审。这种形式的审查，对决策性问题可以决断，但涉及单位多，需要协调。

3）专门机构审查

委托如投资评估公司、工程建设监理公司、工程造价咨询公司等机构审查。上述机构属中介组织，从业人员业务水平较高，能保证审查质量，又能按时完成审查任务，委托单位只需支付适当的咨询费。

（5）审查的方法

工程预算造价书的审查有很多种方法，根据审检结果精细程度要求不同可以灵活运用，最基本的方法有全面审查法、重点审查法、指标审查法三种。

1）全面审查法

就是根据施工图纸、合同和定额及有关规定，对工程预算造价书内容一项不漏地逐一审查的方法。这种方法全面、细致，能纠正错误，审查质量高。缺点是工作量大，时间花费长，与新编预算造价书的工作量相等。当有审查能力，时间充裕且允许时，可采用此法。所有工程项目应尽量采用这种审查方法。

2）重点审查法

针对预算书中的重点部分进行审查的方法。所谓重点，应根据工程特点而定。一是工程某部分复杂、工程量计算繁杂、定额缺项多、对整个造价有明显影响者；二是工程数量多、单价高，占造价比重大的子目者；三是编制预算造价书一般易犯错误处或易弄假处。

重点审查法应灵活应用，重点范围可大可小，据具体情况而定。

重点审查法，一般用于工程规模较大，审查时间要求紧迫，不可能逐项审查时运用。为了尽量避免疏漏(漏审)，可以结合指标审查法、经验审查法等方法进行审查。

3）指标审查法

是利用某单位工程的技术、经济指标进行对比，并且加以分析的一种审查方法。施工图预算通常以单位工程为对象，如果其用途、建筑结构和建筑标准均一样时，并且在同一地区或同一城市范围内，预算造价和人工、材料消耗量基本相同时，可采用此法。即使由于建设地点不同，施工方法不同，建筑面积也不同时，亦可采用对比分析法，找出重点内容进行审查。但在使用中，应注意时间性和地区性的差异。还应注意所利用的指标是否具有相同的性质。否则不具有可比性。

（6）审查书的内容(定案表)

定案表为审查时出具的结论性终审资料，如为业主审查时，只填写审查说明并在封面签名。定案表的内容如下：

1）审核单位、审核者；

2）工程名称；

3）送审金额、审定金额、审减(增)金额；

4）审定时间；

5）审查出的问题；

6）处理定案方法；

7）审核单位意见、建设单位意见、施工单位意见。

第四节 建筑电气工程量的计算规则

一、变配电装置工程量计算规则

变配电装置工程量计算及定额套用，执行第二册《电气设备安装工程》定额。

10kV以下的变配电装置，一般划分为架空进线和电缆进线等方式。由于变配电装置进线方式不同，控制设备就有所不同，故工程量列项内容也就不同。总之，工程量计算顺序均从进户装置开始进行工程量的计算。变配电装置进线及设备如图6-2。

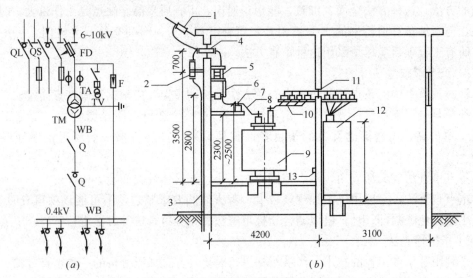

图6-2 变电所剖面图与系统图示意

(a)变配电装置系统图；(b)架空进线变配电装置(剖面图)

1—高压架空引入线拉紧装置；2—避雷器；3—避雷器接地引下线；4—高压穿通板及穿墙套管；5—负荷开关QL，或断路器QF，或隔离开关QS，均带操动机构；6—高压熔断器；7—高压支柱绝缘子及钢支架；8—高压母线WB；9—电力变压器TM；10—低压母线WB及电车绝缘子和钢支架；11—低压穿通板；12—低压配电箱(屏)AP、AL；13—室内接地母线

1. 变压器安装

(1) 变压器安装，根据不同电压等级、不同容量分别按"台"计算。

变压器安装定额中不包括如下内容：

1) 变压器干燥棚的搭拆工作，若发生时可按实计算。

2) 变压器铁梯及母线铁构件的制作、安装(应另执行本册铁构件制作、安装定额)。

3) 瓦斯继电器的检查及试验(已列入变压器系统调整试验定额内)。

4) 端子箱、控制箱的制作、安装(应另执行本册相应定额)。

5) 二次喷漆发生时按本册相应定额执行。

6) 变压器油的过滤。需要过滤时，可按制造厂提供的油量计算。变压器油是按设备带来考虑的，但施工中变压器油的过滤损耗及操作损耗已包括在有关定额中。变压器油过滤不论过滤多少次，直到过滤合格为止，以"t"为计量单位。

7）油断路器及其他充油设备的绝缘油过滤，可按制造厂规定的充油量计算。计算公式：

$$油过滤数量(t)＝设备油重(t)×(1＋损耗率)$$

（2）变压器干燥是因为变压器通过试验，判定绝缘受潮，才需进行干燥，所以只有需要干燥的变压器才能计取此项费用（编制施工图预算时可列此项，工程结算时根据实际情况再作处理），消弧线圈的干燥按同容量电力变压器干燥基价执行。以"台"为计量单位。

（3）在变压器安装中，没有包括变压器的系统调试，其调试应另执行本册相应定额。

2. 配电装置安装

（1）配电装置安装包括断路器、负荷开关、隔离开关、电压互感器、电流互感器、熔断器、避雷器、电抗器、电力电容器、高压成套配电柜、组合型成套箱式变电站等。以"台"、"组"或"个"为计量单位。

设备本体所需的绝缘油、六氟化硫气体、液压油等均按设备带有考虑。其安装定额中不包括如下内容：

1）端子箱安装。

2）设备支架制作及安装。

3）绝缘油过滤。

4）基础槽（角）钢安装。

（2）设备安装所需的地脚螺栓按土建预埋考虑，不包括二次灌浆。

（3）互感器安装定额系按单相考虑的，不包括抽芯及绝缘油过滤，特殊情况另作处理。

（4）电抗器安装定额系按三相叠放、三相平放和二叠一平的安装方式综合考虑的，不论何种安装方式，均不作调整，一律执行第二册第二章定额。干式电抗器安装定额适用于混凝土电抗器、铁芯干式电抗器和空心电抗器等干式电抗器的安装。

（5）高压成套配电柜安装定额系综合考虑的，不分容量大小，定额中不包括母线配制及设备干燥。

（6）低压无功补偿电容器屏（柜）安装列入第二册《电气设备安装工程》定额第四章。

（7）组合型成套箱式变电站主要是指10kV以下的箱式变电站，一般布置形式为变压器在箱的中间，箱的一端为高压开关位置，另一端为低压开关位置。组合型成套箱式变电装置其外形像一个大型集装箱，内装6～24台低压配电箱（屏），箱的两端开门，中间为通道，称为集装箱式低压配电室，列入第二册《电气设备安装工程》定额第四章。

3. 杆上变配电设备安装

杆上变配电设备安装套用第二册第十章相应子目。

杆上变配电设备安装有变压器、跌落式熔断器、避雷器、隔离开关、油开关及配电箱等，以"台"或"组"为计量单位。定额内包括电杆和钢支架及设备的安装工作，但钢支架主材、连引线、线夹、金具等应按设计规定另行计算主材。设备的接地安装和调试应按第二册《电气设备安装工程》定额相应子目另行计算工程量。

杆上变压器安装不包括变压器调试、抽芯、干燥工作。

杆上配电箱安装不包括焊（压）接线端子。

二、母线及绝缘子安装工程量计算规则

(一)母线安装

母线以刚度分:有硬母线、软母线;

母线以材质分:有铜母线、铝母线、钢母线;

母线以断面形状分:有带形、槽形;

母线安装方式:带形母线安装有每相一片、每相二片、每相三片、每相四片。母线安装不包括支持(柱)绝缘子安装和母线伸缩接头制作安装。

1. 硬母线安装:均以"m/单相"计量。硬母线配置安装预留长度按表 6-6 规定计算:

硬母线配置安装预留长度　　　　　　表 6-6

序　号	项　　　目	预留长度(m)	说　　明
1	带形、槽形母线终端	0.3	从最后一个支持点算起
2	带形、槽形母线与分支线连接	0.5	分支线预留
3	带形母线与设备连接	0.5	从设备端子接中算起
4	多片重型母线与设备连接	1.0	从设备端子接中算起
5	槽形母线与设备连接	0.5	从设备端子接中算起

(1)带形母线、槽形母线安装均不包括母线支持绝缘子的安装和钢构件配置安装,其工程量应分别按设计成品数量另行计算工程量。

(2)带形母线伸缩接头及铜过渡板安装均以"个"为计量单位。

(3)带形钢母线安装执行铜母线安装定额。

(4)槽形母线安装以"m/单相"为计量单位。槽形母线与不同的设备连接以"台"或"组"为计量单位。槽形母线及固定槽形母线的金具按设计用量加损耗率计算。壳的大小尺寸长度按设计共箱母线的轴线长度计算。

(5)低压(指 380V 以下)封闭式插接母线槽安装分别按导体的额定电流大小,长度按设计母线的轴线长度计算;分线箱以"台"为计量单位,分别以电流大小按设计数量计算。

(6)重型母线安装包括铜母线、铝母线。分别按截面大小和母线的成品重量以"t"为计量单位。

(7)重型母线接触面加工,指铸造件需加工接触面时,可以按其接触面大小,分别以"片/单相"为计量单位。

(8)高压共箱母线和低压封闭式插接母线槽均按制造厂供应的成品考虑,定额只包含现场安装。封闭式插接母线槽在竖井内安装时,人工和机械乘以系数 2.0。

(9)母线安装定额已包含分相色漆,不另计算。

2. 软母线安装

(1)软母线安装,指直接由耐张绝缘子串悬挂部分,按软母线截面大小分别以"跨/三相"为计量单位。设计跨距不同时,不得调整。导线、绝缘子、线夹、弧度调节金具等均按施工图设计用量加规定的损耗率计算。

（2）软母线引下线，指由 T 型线夹或并沟线夹从软母线引向设备的连接线，以"组"为计量单位，每三相为一组；软母线经终端耐张线夹引下（不经 T 型线夹或并沟线夹引下）与设备连接的部分均执行引下线项目，不得调整。

（3）两跨软母线间的跳引线安装，以"组"为计量单位，每三相为一组。不论两端的耐张线夹是螺栓式或压接式，均执行软母线跳线项目，不得调整。

（4）设备连接线安装，指两设备间的连接部分。不论引下线、跳线、设备连接线，均应分别按导线截面，三相为一组计算工程量。

（5）组合软母线安装，按三相为一组计算。跨距（包括水平悬挂部分和两端引下部分之和）系以 45m 以内考虑，跨度的长与短，不得调整。导线、绝缘子、线夹、金具按施工图设计用量加规定损耗率计算。

（6）软母线安装预留长度见表 6-7：

软母线安装预留长度（m）

表 6-7

项 目	耐 张	跳 线	引下线、设备连接线
预留长度	2.5	0.8	0.6

3. 母线系统调试（10kV 以下系统）

执行第二册《电气设备安装工程》第十一章相应定额。

（二）绝缘子安装

1. 悬式绝缘子串安装

悬式绝缘子串安装，指垂直或 V 型安装的提挂导线、跳线、引下线、设备连线或设备等所用的绝缘子串安装。按单、双串分别以"串"为计量单位。耐张绝缘子串的安装，已包括在软母线安装基价内。未计价材料有：绝缘子、金具、线夹。

2. 支持绝缘子安装

支持绝缘子安装分别按安装在户内、户外，单孔、双孔、四孔固定，以"个"为计量单位。

3. 穿墙套管安装

穿墙套管安装不分水平、垂直安装，均以"个"为计量单位。

三、低压柜（屏）、箱、盘安装工程量计算规则

执行第二册第四章相应定额子目。

1. 低压柜（屏）、箱、盘等控制设备安装按"台"为计量单位。基础槽钢、角钢的制作安装工程量应按相应项目另行计算。

2. 控制设备安装，除限位开关及水位电气信号装置外，其他均未包括支架制作、安装，发生时可执行第二册《电气设备安装工程》第四章相应定额。

3. 配电箱安装不分动力或照明配电箱，按落地式和悬挂嵌入式等安装方式，以"台"为计量单位。

4. 控制设备安装未包括以下工作内容：

（1）二次喷漆及喷字。

（2）电器及设备干燥。

(3) 焊、压接线端子。

(4) 端子板外部（二次）接线。

5. 屏上辅助设备安装，包括标签框、光字牌、信号灯、附加电阻、连接片等，但不包括屏上开孔工作。以"个"为计量单位。

6. 网门、保护网制作安装，按网门或保护网设计图示的框外尺寸，以"m²"为计量单位。

7. 盘柜配线分不同规格，以"m"为计量单位。本项目只适用于盘上小设备元件的少量现场配线，不适用于工厂的设备修、配、改工程。

8. 盘、箱、柜的外部进出线预留长度按表6-8计算：

盘、箱、柜的外部进出线预留长度(m)　　　　　　表6-8

序　号	项　　目	预留长度	说　　明
1	各种箱、柜、盘、板、盒	高+宽	盘面尺寸
2	单独安装的铁壳开关、自动开关、刀开关、启动器、箱式电阻器、变阻器	0.5	从安装对象中心算起
3	继电器、控制开关、信号灯、按钮、熔断器等小电器	0.3	从安装对象中心算起
4	分支接头	0.2	分支线预留

9. 配电板制作安装及包铁皮，按配电板图示外形尺寸，以"m²"为计量单位。

10. 焊（压）接线端子只适用于导线，分不同规格，以"个"为计量单位。电缆终端头制作安装定额中已包括压接线端子，不得重复计算。

11. 端子板外部接线按设备盘、箱、柜、台的外部接线图计算，以"个头"为计量单位。

四、电缆工程量计算规则

1. 10kV以下电力电缆和控制电缆按延长米计算工程量，不扣除电缆中间接头及终端头所占长度。电缆总长度应根据敷设路径的水平长度加垂直长度和规定的附加预留长度，见图6-3。附加预留长度，见表6-9。

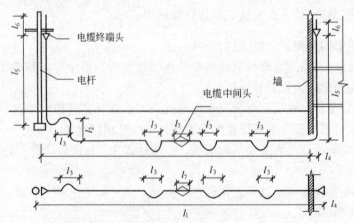

图6-3　电缆长度组成平、剖面示意图

序　号	项　目	预留长度（附加）	说　明
1	电缆敷设弛度、波形弯度、交叉	2.5%	按电缆全长计算
2	电缆进入建筑物	2.0m	规范规定最小值
3	电缆进入沟内或吊架时引上（下）预留	1.5m	规范规定最小值
4	变电所进、出线	1.5m	规范规定最小值
5	电力电缆终端头	1.5m	检修余量最小值
6	电缆中间接头盒	两端各留 2.0m	检修余量最小值
7	电缆进控制、保护屏及模拟盘等	高＋宽	按盘面尺寸
8	高压开关柜及低压配电盘、箱	2.0m	盘下进出线
9	电缆至电动机	0.5m	从电机接线盒起算
10	厂用变压器	3.0m	从地坪起算
11	电缆绕过梁柱等增加长度	按实计算	按被绕物的断面情况计算增加长度
12	电梯电缆与电缆架固定点	每处 0.5m	规范规定最小值

工程量计算式为：

$$l=(l_1+l_2+l_3+l_4+l_5+l_6+l_7)\times(1+2.5\%)$$

式中　l_1——水平长度，m；

l_2——垂直及斜向长度，m；

l_3——余留（弛度）长度，m；

l_4——穿墙基及进入建筑物时长度，m；

l_5——沿电杆、沿墙引上（引下）长度，m；

l_6——电缆终端头长度，m；

l_7——电缆中间头长度，m；

2.5%——电缆曲折弯余系数。

2. 电缆直埋时，电缆沟挖填土（石）方量，除特殊要求外，可按表 6-10 计算土石方工程量：

电缆沟挖填土（石）方量计算　　　表 6-10

项　目	电缆根数	
	1~2 根	每增一根
每米沟长挖方量（m³/m）	0.45	0.153

（1）两根以内的电缆沟，系按上口宽度 600mm，下口宽度 400mm，深度 900mm 计算的常规土方量（深度按规范的最低标准）。

（2）每增加一根电缆，其宽度增加 170mm。

（3）以上土方量系按埋深从自然地坪起算，如设计埋深超过 900mm 时，多挖的土方量应另行计算。

3. 电缆沟盖板揭、盖，按每揭或每盖一次以延长米计算。如又揭又盖，则按两次计算。

4. 电缆保护管长度，除按设计规定长度计算外，遇有下列情况，应按以下规定增加保护管长度：

(1) 横穿道路，按路基宽度两端各增加 2m。

(2) 垂直敷设时管口距地面增加 2m。

(3) 穿过建筑物外墙者，按基础外缘以外增加 1m。

(4) 穿过排水沟，按沟壁外缘以外增加 1m。

5. 电缆保护管埋地敷设，其土方量凡有施工图注明的，按施工图计算；未注明的一般按沟深 0.9m，沟宽按最外边的保护管两侧边缘外各增加 0.3m 工作面计算。

6. 电缆终端头及中间头均以"个"为计量单位。电力电缆和控制电缆均按一根电缆有两个终端头考虑。中间电缆头设计有图示的，按设计确定，设计没有规定的，按实际情况计算（或按平均 250m 一个中间头考虑）。

7. 电缆支架、吊架及钢索制安

(1) 电缆支架、吊架制作安装，以"kg"为计量单位，执行"一般铁构件制作安装"定额。

(2) 吊电缆的钢索及拉紧装置的工程量按相应项目另行计算工程量。

(3) 钢索的计算长度，以两端固定点的距离为准，不扣除拉紧装置所占的长度。

8. 电力电缆敷设定额是按三芯（包括三芯连地）考虑的，5 芯电力电缆敷设定额乘以系数 1.3；6 芯电力电缆敷设乘以系数 1.6，每增加一芯定额增加 30%，以此类推。单芯电力电缆敷设按同截面电缆敷设定额乘以 0.67。截面 400mm² 以上至 800mm² 的单芯电力电缆敷设按 400mm² 电力电缆定额执行。240mm² 以上的电缆头的接线端子为异型端子，需要单独加工，应按实际加工价计算（或调整定额价格）。

五、配管配线工程量计算规则

(一) 配管工程量计算

配管工程量以所配线管材质、敷设方式及线管规格划分定额。线管敷设方式见表 3-3。

1. 配管工程量计算

(1) 计算规则及其要领

各种配管工程量按线管材质、规格和敷设方式不同，以延长米计量，不扣除接线盒（箱）、灯头盒、开关盒所占长度。

计算要领：从配电箱起按各个回路进行计算；或按建筑物自然层划分计算；或按建筑平面形状特点及系统图的组成特点分片划块计算，然后汇总。千万不要"跳算"，防止混乱，影响工程量计算的正确性。

(2) 计算方法

1) 水平方向敷设的线管，以施工平面布置图上线管走向和敷设部位为依据，并借助建筑物平面图所示墙、柱轴线尺寸进行线管长度的计算。以图 6-4 为例：

当线管沿墙暗敷时，按相关墙轴线尺寸计算该配管长度。如 n_1 回路，沿①轴线从配电箱—ⓒ，再沿ⓒ轴从①—③等轴线长度计算工程量；

当线管沿墙明敷时，按相关墙面净空长度尺寸计算线管长度。如 n_2 回路，沿①轴线，从配电箱—Ⓐ，再沿Ⓐ轴线从①—②等墙面净空长度计量。

2）垂直方向敷设的线管（沿墙、柱引上或引下），其工程量计算与楼层高度及与箱、柜、盘、板、开关等设备安装高度有关。无论配管是明敷或暗敷均按图计算线管长度。见图 6-5。

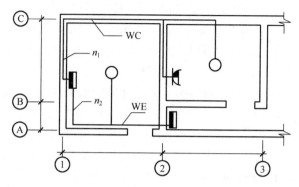

图 6-4　线管水平长度计算示意图

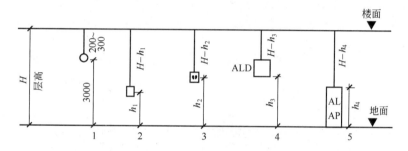

图 6-5　引下线管长度计算示意图

1—拉线开关；2—开关；3—插座；4—配电箱或 Wh 表；5—配电柜

3）当埋地配管时，水平方向的配管按墙、柱轴线尺寸及设备定位尺寸进行计算。穿出地面向设备或向墙上电气开关配管时，按埋地的深度和引向墙、柱的高度进行计算。均见图 6-6、图 6-7。

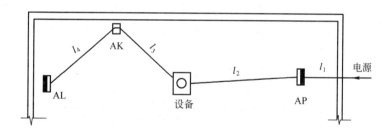

图 6-6　埋地水平管长度

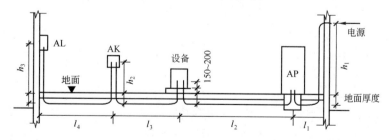

图 6-7　埋地管穿出地面

若电源架空引入，穿管进入配电箱（AP），再进入设备，又连开关箱（AK），再连照明箱（AL）。水平方向配管长度为 L_1、L_2、L_3、L_4 等，均算至各中心处。

当管穿出地面时，沿墙引下管长度（h）加上地面厚度；或设备基础高；或出地面 $150\sim200\mathrm{mm}$ 长度，即为配管长度。见图 6-7。

2. 在钢索上配管时，另外计算钢索架设和钢索拉紧装置制作与安装。

3. 当动力配管发生刨混凝土地面沟时，以沟宽分档，以"m"计量，套相应定额。

4. 在吊顶内配管敷设时，套相应管材明配管定额。

5. 电线管、钢管敷设定额均包括刷防锈漆，若图纸设计要求作特殊防腐处理时，应另行套用相应定额。

（二）配管接线箱、盒安装工程量计算

明配管和暗配管，均会发生接线盒（分线盒）、接线箱安装，或开关盒、灯头盒、插座盒等安装，均以"个"计量，其箱、盒均为未计价材料。

1. 接线盒产生在管线分支处或管线转弯处，见图 6-8(a)、(b) 所示，按此示意图位置

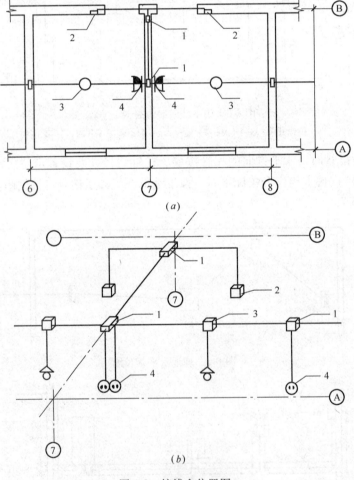

图 6-8 接线盒位置图

(a)平面位置图；(b)透视图

1—接线盒；2—开关盒；3—灯头盒；4—插座盒

计算接线盒数量。

2. 水平或垂直敷设的线管超过一定长度时，中间应加接线盒。其长度规定见本书第三章第三节三之管子配线。

（三）管内穿线工程量计算

1. 管内穿线：分照明线路和动力线路穿线，以不同导线截面分档，按"单线延长米"计量。导线截面超过 $6mm^2$ 以上的照明线路，按动力穿线计算套用定额。

$$管内穿线长度＝（配管长度＋导线预留长度）×同截面导线根数$$

导线进入开关箱、柜及设备预留长度，见表 3-31、图 6-9：

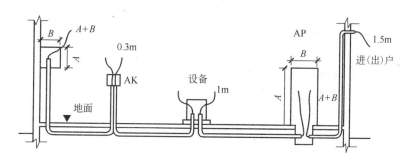

图 6-9　导线与柜、箱、设备等相连接预留长度

线路分支接头、进入灯具及开关、插座、按钮等预留长度已分别综合在相应定额中，不得另行计算导线长度。

2. 导线与设备相连需焊（压）铜接线端子，以"个"计量，套相应定额。

（四）配线工程量计算

配线工程量是按所敷设导线的规格、敷设方式和部位来划分定额的。

1. 线夹配线，分瓷夹板和塑料夹板配线。以两线式与三线式，按敷设在木、砖、混凝土等不同的结构上和导线规格，以"线路延长米"计量。

2. 绝缘子配线，分鼓形绝缘子、针式绝缘子和蝶式绝缘子配线，以"单线延长米"计量。

绝缘子配线沿墙、柱、屋架或跨屋架、跨柱敷设需要支架时，按施工图规定或参照国家标准图计算支架数量和重量，并套用支架制作定额。注意：支架的安装已含在绝缘子配线定额中。

当绝缘子配线跨越梁、柱需拉紧装置时，按"套"计算其制作安装，套用相应定额。

3. 槽板配线，有木槽板配线、塑料槽板配线。分两线式和三线式，按敷设在木、砖、混凝土等结构上和导线规格，以"线路延长米"计量。

4. 塑料护套线配线，不论圆型、扁型、轨型护套线，均以二芯、三芯为区别，按"单根线路延长米"计量。

塑料护套线沿钢索敷设时，必须列项计算钢索架设及钢索拉紧装置两项。

5. 线槽配线，以导线规格分档，以"单线延长米"计量。

（五）滑触线安装工程量计算

1. 滑触线安装以"单相延长米"计量，其附加和预留长度按表 6-11 计算。

序　号	项　　目	预留长度(m/根)	说　明
1	圆钢、铜母线与设备连接	0.2	从设备接线端子接口起算
2	圆钢、铜滑触线终端	0.5	从最后一个固定点起算
3	角钢滑触线终端	1.0	从最后一个支持点起算
4	扁钢滑触线终端	1.3	从最后一个固定点起算
5	扁钢母线分支	0.5	分支线预留
6	扁钢母线与设备连接	0.5	从设备接线端子接口起算
7	轻轨滑触线终端	0.8	从最后一个支持点起算
8	安全节能及其他滑触线终端	0.5	从最后一个固定点起算

2. 滑触线支架的基础铁件及螺栓，按土建预埋考虑。

3. 滑触线及支架的油漆，均按涂一遍考虑。

4. 移动软电缆敷设未包括轨道安装及滑轮制作。

5. 滑触线的辅助母线安装，执行"车间带型母线"安装定额。

6. 滑触线伸缩器和坐式电车绝缘子支持器的安装，已分别包括在"滑触线安装"和"滑触线支架安装"定额内，不另行计算。

7. 滑触线及支架安装是按 10m 及以下高度考虑的，如超过 10m 时按第二册说明的超高系数计算。

8. 铁构件制作，执行第二册第四章的相应项目。

六、电机安装的检查接线工程量计算规则

电机本体安装工程量，套用第一册《机械设备安装工程》定额。电机的检查与接线，套用第二册第六章定额，同时应另套电机调试定额。

1. 交流电机检查接线：可按图纸要求，依需要检查接线的电机数量按"台"计量。带有连接线的小型电机，如排风扇等则不计算检查接线的工程量。套用定额时，可按电机的容量划分档次。

2. 各类电机的检查接线项目不包括控制装置的安装和接线。

3. 直流发电机组和多台一串的机组，按单台电机分别执行相应定额。

4. 电机检查接线定额，除发电机和调相机外，均不包括电机的干燥工作，发生时应执行电机干燥定额。

5. 单台重量在 3t 以下的电机为小型电机，单台重量在 3t～30t 的电机为中型电机，单台重量在 30t 以上的电机为大型电机。大中型电机不分交、直流一律按电机重量执行相应定额。

6. 微型电机分为三类：驱动微型电机系指微型异步电动机、微型同步电动机、微型交流换向器电动机、微型直流电动机等；控制微型电机系指自整角机、旋转变压器、交直流测速发电机、交直流伺服电动机、步进电动机、力矩电动机等；电源微型电机指微型电动发电机组和单枢变流机等。其他小型电机凡功率在 0.75kW 以下的电机均执行微型电机定额。

7. 各种电机的检查接线，按规范要求均需配有相应的金属软管，如设计有规定的按设计规格和数量计算，如设计没有规定时，每台电机配金属软管 1～1.5m（平均按1.25m）。电机的电源线为绝缘电线时，应执行压（焊）接线端子定额。

七、照明器具安装工程量计算规则

（一）灯具安装工程量计算

灯具安装工程量以灯具种类、型号、规格、安装方式划分定额，以"套"计量。灯具安装均不包括吊线盒价值，必须另计。

1.《全国统一安装工程预算定额》第二册"电气设备安装工程"灯具安装定额在套用时应注意：

（1）该定额各型灯具引线，除注明者外，均综合在定额内，不另计算；

（2）定额已包括用摇表测量绝缘及灯具试亮工作（但不包括调试工作）；

（3）路灯、投光灯、碘钨灯、氙气灯、烟囱和水塔指示灯，均已考虑了一般工程的高空作业因素。其他灯具，安装高度如超过 5m 时，应按册说明中规定的超高系数另行计算；

（4）定额中装饰灯具项目均已考虑了一般工程的超高作业因素，并包括脚手架搭拆费用；

（5）灯具安装定额包括灯具以及灯管（灯泡）的安装，对于灯具的未计价材料，可按各地区信息价格为依据。

2.《全国统一安装工程预算定额》第二册中灯具安装定额的套用方法

（1）普通灯具安装（定额 2-1382～2-1396）：包括吸顶灯、其他普通灯具两大类。

（2）荧光灯具安装（定额 2-1581～2-1596）：分组装型和成套型两类。

1）成套型荧光灯具：凡由工厂定型生产成套供应的灯具，因运输需要，散件出厂、现场组装者，执行成套型定额。

2）组装型荧光灯具：凡不是工厂定型生产的成套灯具，或由市场采购的不同类型散件组装起来，甚至局部改装，执行组装型定额。

组装型荧光灯具每套可计算一个电容器安装及电容器的未计价材料价值。

（3）工厂灯及防水防尘灯安装（定额 2-1597～2-1626）：可分为两类，一是工厂罩及防水防尘灯，二是工厂其他常用灯具安装。

（4）医院灯具安装（定额 2-1627～2-1630）：分病房指示灯、病房暗脚灯、紫外线杀菌灯、无影灯四种。

（5）路灯安装（定额 2-1631～2-1634）：包括大马路弯灯安装，臂长有 1200mm 以下及以上；庭院路灯安装，有三火、七火以下柱灯两种。

路灯安装，不包括支架制作及导线架设，应另列项计算。

3. 装饰灯具的安装（定额 2-1397～2-1580）：装饰灯具安装以"套"计量，根据灯具的类别和形状，以灯具直径、灯垂吊长度、方型、圆型等分档，对照灯具图片套用定额。

（二）开关、按钮、插座及其他器具安装工程量计算

1. 开关安装包括拉线开关、扳把开关、板式开关、密闭开关、一般按钮开关安装。分明装与暗装，均以"套"计量。

暗装开关应计算一个开关盒安装,套用相应定额。

2. 插座安装:分普通插座和防爆插座两类,按明装与暗装以"套"计量。插座暗装应计算插座盒安装,执行开关盒安装定额。

3. 安全变压器、电铃、风扇安装

(1) 安全变压器安装,以容量(VA)分档,以"台"计量,但不包括支架制作,需要时应另行计算,并套相应定额;

(2) 电铃安装,以铃径及大小号分档,以"台"计量;

(3) 风扇安装,吊扇不论直径大小均以"台"计量,定额包括吊扇调速器的安装;壁扇、排风扇、鸿运扇安装,均以"台"计量,可套壁扇安装定额。

4. 风机盘管开关、请勿打扰指示灯、须刨插座、钥匙取电器、红外线浴霸安装,均以"套"计量。

八、电梯电气安装工程量计算规则

(一) 电梯电气装置安装工程量计算

1. 电梯电气装置安装工程量,以"层/站"分档,按"部"计量。执行第二册第十章相应定额。

(1) 电梯安装材料、电线管及线槽、金属软管、管子配件、紧固件、电缆、电线、接线箱(盒)、荧光灯及其他附件、备件等,均按设备带有考虑。

(2) 定额是以室内地坪首层为基站±0.00m 以下为地坑(下缓冲)考虑的,如遇"区间电梯"(基层不在首层),下缓冲地坑设在中间层时,则基站以下部分楼层的垂直搬运应另行计算。

(3) 电梯厅门按每层一门,轿厢门按每部一门为准。如需增减时,按增减厅门和轿厢门的相应基价表(子目)计算。

(4) 安装电梯的楼层高度,是按平均层高 4m 以内考虑的,如平均层高超过 4m 时,其超过部分另按提升高度子目计算。

(5) 两部及两部以上并列运行或群控电梯,每部应按相应的定额分别乘以系数 1.2。

(6) 小型杂物电梯是以载重量在 0.2t 以内,轿厢内不载人考虑的。载重量大于 0.2t 的,且轿厢内有司机操作的杂物电梯,则按客、货电梯的相应基价表执行。

2. 电梯电气装置安装定额不包括下列各项工作

(1) 各种支架的制作;

(2) 电源线路及控制开关的安装;

(3) 电动发电机组的安装;

(4) 接地极与接地干线敷设;

(5) 电气调试;

(6) 电梯的喷漆;

(7) 轿厢内的空调、冷风机、闭路电视、步话机、音响设备;

(8) 群控集中监视系统以及模拟装置;

(9) 脚手架的搭拆。

(二)电梯本体安装

按《全国统一安装预算定额》第一册《机械设备安装工程》中的相关定额执行。

九、防雷及接地装置工程量计算规则

1. 接地极制作安装以"根"为计量单位，其长度按设计长度计算，设计无规定时，每根长度按 2.5m 计算。若设计有管帽时，管帽另按加工件计算。

2. 接地母线敷设，按设计长度以"m"为计量单位。接地母线、避雷线敷设，均按延长米计算，其长度按施工图设计水平和垂直长度另加 3.9%的附加长度(包括转弯、上下波动、避绕障碍物、搭接头所占长度)。计算主材量费时，应另加规定的损耗率。

3. 当接地母线遇有障碍，需要跨越时，其跨越处的接头线，即叫做跨接。接地跨接线以"处"为计量单位，按规定计算需作接地跨接线的   数，每跨接一次按一处计算，户外配电装置构架均需接地，每副构架按"一处"

4. 避雷针的加工制作、安装，依避雷针的材质、   安装部位而定，均以"根"为计量单位；独立避雷针安装以"套"为计量单位。长度、高度、数量均按设计规定。独立避雷针的加工制作应执行一般铁件制作项目或按成品计算。

5. 半导体少长针消雷装置安装以"套"为计量单位，按设计安装高度分别执行相应定额。装置本身按设备制造厂成套供货。

6. 利用建筑物内主筋作接地引下线安装以"m"为计量单位，每一柱子内按焊接两根主筋考虑，如果焊接主筋数超过两根时，可按比例调整。

7. 断接卡子制安以"套"为计量单位，按设计规定装设的断接卡子数量计算，接地检查井内的断接卡子安装按每井一套计算。

8. 均压环敷设以"m"为计量单位，主要考虑利用圈梁内主筋作均压环接地连线，焊接是按两根主筋考虑，超过两根时，可按比例调整。长度按设计需要作均压接地的圈梁中心长度，以延长米计算。

9. 钢、铝窗接地以"处"为计量单位(高层建筑 30m 以上的金属窗一般要求接地)，按设计规定接地的金属窗数进行计算。

10. 柱子主筋与圈梁连接以"处"为计量单位，每处按两根主筋与两根圈梁钢筋分别焊接连接考虑。如果焊接主筋和圈梁钢筋超过两根时，可按比例调整，柱子主筋和圈梁钢筋需要连接的，以"处"数按设计规定计算。

十、电气调试工程量计算

定额中的电机调试项目是综合考虑的，如低压鼠笼电机调试不分容量大小，只按"刀开关控制、电磁控制、非电量连锁、带过流保护"等控制方式划分。可调试控制的电机(带一般调速的电机、可逆式控制、带能耗制动的电机、多速机、降压启动电机等)按相应定额乘以系数 1.3。因此，凡是三相小型电机应按控制方式计取调试费。

1. 电气调试系统的划分，以电气原理系统图为依据。电气设备元件的本体试验均包括在相应基价的系统调试之内，不得重复计算。绝缘子和电缆等单体试验，只在单独试验时使用。在系统调试定额中各工序的调试费用如需单独计算时，可按表 6-12 所列比例计算。

比率（%） 项目 工序	发电机调相机系统	变压器系统	送配电设备系统	电动机系统
一次设备本体试验	30	30	40	30
附属高压二次设备试验	20	30	20	30
一次电流及二次回路检查	20	20	20	20
继电器及仪表试验	30	20	20	20

2. 电气调试所需的电力消耗已包括在定额内,一般项目不另计算。但 10kW 以上电动机及发电机的启动调试用蒸汽、电力和其他动力能源消耗,以及变压器空载试运的电力消耗,另行计算。

3. 供电桥回路的断路器、母线分段断路器,均按独立的送配电设备系统计算调试费。

4. 送配电设备系统调试,系按一侧有一台断路器考虑的,若两侧均有断路器时,则应按两个系统计算。

5. 送配电设备系统调试,适用于各种供电回路(包括照明供电回路)的系统调试。凡供电回路中带有仪表、继电器、电磁开关等调试元件的(不包括闸刀开关、保险器),均按调试系统计算。移动式电器和以插座连接的家电设备业经厂家调试合格,不需要用户自调的设备均不应计算调试费用。

6. 变压器系统调试,以每个电压侧有一台断路器为准。多于一个断路器的按相应电压等级的送配电设备系统调试的相应定额,另行计算。

7. 干式变压器、油浸电抗器调试执行相应容量变压器调试项目基价乘以系数 0.8。

8. 特殊保护装置,均以构成一个保护回路为一套,其工程量计算规定如下:

(1) 发电机转子接地保护,按全厂发电机共用一套考虑。

(2) 距离保护,按设计规定所保护的送电线路断路器台数计算。

(3) 高频保护,按设计规定所保护的送电线路断路器台数计算。

(4) 零序保护,按发电机、变压器、电动机的台数或送电线路断路器的台数计算。

(5) 故障示波器的调试,以一块屏为一套系统计算。

(6) 失灵保护,按设置该保护的断路器台数计算。

(7) 失磁保护,按所保护的电机台数计算。

(8) 变流器的断线保护,按变流器台数计算。

(9) 小电流接地保护,按装设该保护的供电回路断路器台数计算。

(10) 保护检查及打印机调试,按构成该系统的完整回路为一套计算。

9. 自动装置及信号系统调试,均包括继电器、仪表等元件本身和二次回路的调整试验,具体规定如下:

(1) 备用电源自动投入装置,按连锁机构的个数确定备用电源自投装置系统数。如,一个备用厂用变压器作为三段厂用工作母线备用的厂用电源,计算备用电源自投调试时,应为三个系统。又如,装设自动投入装置的两条互为备用的线路或两台变压器,计算备用电源自动投入装置调试时,应为两个系统。备用电动机自动投入装置亦按此计算。

(2) 线路自动重合闸调试系统,按采用自动重合闸装置的线路自动断路器的台数计算系统数。

（3）自动调频装置的调试，以一台发电机为一个系统。

（4）同期装置调试，按设计构成一套能完成同期并车行为的装置为一个系统计算。

（5）蓄电池及直流监视系统调试，一组蓄电池按一个系统计算。

（6）事故照明切换装置调试，按设计凡能完成交直流切换时，一套装置为一个调试系统计算。

（7）按周波减负荷装置调试，凡有一个周率继电器，不论带几个回路，均按一个调试系统计算。

（8）变送器屏，以屏的个数计算。

（9）中央信号装置调试，按每一个变电所或配电室为一个调试系统计算工程量。

10. 接地网的调试规定如下：

（1）接地网接地电阻的测定。一般的发电厂或变电站连成一体的母网，按一个系统计算；自成母网不与厂区母网相连的独立接地网，另按一个系统计算。大型建筑群各有自己的接地网(接地电阻值设计有要求)，虽然在最后也将各接地网联在一起，但应按各自的接地网计算，不能作为一个网，具体应按接地网的试验情况而定。

（2）避雷针接地电阻的测定。每一避雷针都有单独接地网(包括独立的避雷针、烟囱避雷针等)者，均按一组计算。

（3）独立的接地装置按组计算。如一台柱上变压器有一独立的接地装置，即按一组计算。

11. 避雷器、电容器的调试，按每三相为一组计算；单个装设的亦按一组计算，上述设备如设置在发电机、变压器、输、配电线路的系统或回路内，仍应按相应定额另外计算调试费用。

12. 高压电气除尘系统调试，按一台升压变压器，一台机械整流器及附属设备为一个系统计算，分别按除尘器范围(m²)执行定额表。

13. 硅整流装置调试，按一套硅整流装置为一个系统计算。

14. 普通电动机的调试，分别按电机的控制方式、功率、电压等级，以"台"为计量单位。

15. 直流可控硅调速电机调试以"系统"为计量单位。其调试内容包括可控硅整流装置系统和电机控制回路系统两个部分的调试。

16. 交流变频调速电动机调试以"系统"为计量单位。其调试内容包括变频装置系统和交流电动机控制回路系统两个部分的调试。

17. 微型电机系指功率在 0.75kW 以下的电机，不分类别，一律按微电机综合调试项目计算工程量，以"台"为计量单位。电机功率在 0.75kW 以上的电机调试应按电机类别和功率分别执行相应调试项目计算工程量。

18. 一般住宅、学校、办公楼、旅馆、商店等民用建筑电气工程的供电调试：

（1）配电室内带有调试元件的盘、箱、柜和带有调试元件的照明主配电箱，应按供电方式执行相应的"配电设备系统调试"项目。

（2）每个用户房间的配电箱(板)上虽装有电磁开关等调试元件，但如果生产厂家已按固定的常规参数调试好了，不需要安装单位进行调试就可直接投入使用的，不得计取调试费用。

（3）民用电度表的调整校验属于供电部门的专业管理，一般皆由用户向供电局订购调试完毕的电度表，不得另外计算调试费用。

19. 高标准的高层建筑、高级宾馆、大会堂、体育馆等具有较高控制技术的电气工程

(包括照明工程)，应按控制方式执行相应的电气调试项目。

第五节　智能建筑工程工程量计算规则

智能建筑工程中的钢管、PVC 管、桥架、线槽敷设工程、管道工程、支架制作安装、机柜安装、杆路工程、设备基础工程和埋式光缆的填挖土工程，均执行第二册《电气设备安装工程》定额和有关土建工程定额。

智能建筑工程中的设备安装，执行第十三册《建筑智能化系统设备安装工程》定额。

楼宇安全防范系统、火灾自动报警及消防联动系统执行第七册《消防及安全防范设备安装工程》定额。

一、综合布线系统

1. 双绞线缆、光缆、漏泄同轴电缆、电话线和广播线敷设、穿放、明布放以"米"计算。光缆敷设按单根延长米计算，如一个架上敷设 3 根各长 100m 的光缆，应按 300m 计算，以此类推。光缆附加及预留的长度是光缆敷设长度的组成部分，应计入光缆长度工程量之内。光缆进入建筑物预留长度 2m；进入沟内或吊架上引上(下)预留 1.5m；中间接头盒，预留长度两端各 2m。

2. 制作跳线以"条"计算，卡接双绞线以"对"计算，跳线架、配线架安装以"条"计算。

3. 安装各类信息插座、过线(路)盒、信息插座底盒(接线盒)、光缆终端盒以"个"计算。

4. 双绞线缆测试，以"链路"或"信息点"计算，光纤测试以"链路"或"芯"计算。

5. 光纤连接以"芯"(磨制法以"端口")计算。

6. 布放尾纤以"根"计算。

7. 室外架设架空光缆以"米"计算。

8. 光缆连接以"头"计算。

9. 制作光缆成端接头以"套"计算。

10. 安装漏泄同轴电缆接头以"个"计算。

11. 成套电话组线箱、机柜、机架、抗震底座安装以"台"计算。

12. 安装电话出线口、中途箱、电话电缆架空引入装置以"个"计算。

二、通信系统

第十三册《建筑智能化系统设备安装工程》第二章定额包括铁塔、天线、天馈系统、数字微波通信、卫星通信、移动通信、光纤通信、程控交换机、会议电话、会议电视等设备的安装、调试工程。

1. 安装通信天线：

(1) 铁塔上安装天线，不论有、无操作平台均执行第十三册《建筑智能化系统设备安装工程》第二章定额。

(2) 在楼顶增高架上安装天线按楼顶铁塔上安装天线处理。

(3) 安装天线的高度均指天线顶部距塔(杆)座的高度。

（4）天线在楼顶铁塔上吊装，是按照楼顶距地面20m以下考虑的，楼顶距地面高度超过20m的吊装工程，按照第十三册说明的高层建筑施工增加费用计取。

2. 光纤传输设备安装与调测按1＋0状态编制，当系统为1＋1状态时，TM终端复用器每端增加2个工日，ADM分插复用器每端增加4个工日。

3. 铁塔架设，以"t"计算。

4. 天线安装、调试以"副"（天线加边加罩以"面"）计算。

5. 馈线安装、调试，以"条"计算。

6. 微波无线接入系统基站、用户站设备安装、调试，以"台"计算。

7. 微波无线接入系统联调，以"站"计算。

8. 卫星通信甚小口径地面站（VSAT）中心站设备安装、调试，以"台"计算。

9. 卫星通信甚小口径地面站（VSAT）端站设备安装、调试、中心站站内环测及全网系统对测，以"站"计算。

10. 移动通信天馈系统中安装、调试、直放站设备、基站系统调试以及全系统联网调试，以"站"计算。

11. 光纤数字传输设备安装、调试以"端"计算。

12. 程控交换机安装、调试以"部"计算。

13. 程控交换中继线调试以"路"计算。

14. 会议电话、电视系统设备安装、调试以"台"计算。

15. 会议电话、电视系统联网测试以"系统"计算。

三、计算机网络系统

第十三册《建筑智能化系统设备安装工程》第三章定额包括计算机（微机及附属设备）和网络系统设备、适用于楼宇、小区智能化系统中计算机网络系统设备的安装、调试工程。

1. 计算机网络终端和附属设备安装，以"台"计算。

2. 网络系统设备、软件安装、调试，以"台（套）"计算。

3. 局域网交换机系统功能调试，以"个"计算。

4. 网络调试、系统试运行、验收测试，以"系统"计算。

四、楼宇安全防范系统

执行第七册《消防及安全防范设备安装工程》第六章定额。

1. 安全防范设备安装包括入侵探测设备、出入口控制设备、安全检查设备、电视监控设备、终端显示设备安装及安全防范系统调试。

2. 工作内容包括：

（1）设备开箱、清点、搬运、设备组装、检查基础、划线、定位、安装设备。

（2）施工及验收规范内规定的调整和试运行、性能实验、功能实验。

（3）各种机具及附件的领用、搬运、搭设、拆除、退库等。

3. 安全防范检测部门的检测费由建设单位负担。

4. 在执行电视监控设备安装项目时，其人工费按系统中摄像机台数和距离（摄像机与控制器之间电缆实际长度）远近分别乘以以下系数。见表6-13和表6-14。

黑白摄像机折算系数 表 6-13

距　　离	1~8 台	9~16 台	17~32 台	33~64 台	65~128 台
71~200m	1.3	1.6	1.8	2.0	2.2
200~400m	1.6	1.9	2.1	2.3	2.5

彩色摄像机折算系数 表 6-14

距　　离	1~8 台	9~16 台	17~32 台	33~64 台	65~128 台
71~200m	1.6	1.9	2.1	2.3	2.5
200~400m	1.9	2.1	2.3	2.5	2.7

5. 系统调试是指入侵报警系统和电视监控系统安装完毕并且联通，按国家有关规范所进行的全系统的检测、调整和试验。

6. 系统调试中的系统装置包括前端各类入侵报警探测器、信号传输和终端控制设备、监视器及录像、灯光、警铃等所必须的联动设备。

7. 设备、部件按设计成品以"台"为计量单位。

8. 模拟盘以"m²"为计量单位。

9. 入侵报警系统调试以"系统"为计量单位，其点数按实际调试点计算。

10. 电视监控系统调试以"系统"为计量单位，其头尾数包括摄像机、监视器数量之和。

11. 其他联动设备的调试已考虑在单机调试中，不再另行计算。

五、建筑设备监控系统

第十三册《建筑智能化系统设备安装工程》第四章定额包括多表远传系统、楼宇自控系统。全系统调试费，按人工消耗量的30％计算。

1. 基表及控制设备、第三方设备通信接口安装、抄表采集系统安装与调试，以"个"计算。

2. 中心管理系统调试、控制网络通信设备安装、控制器安装、流量计安装与调试，以"台"计算。

3. 楼宇自控中央管理系统安装、调试，以"套"计算。

4. 楼宇自控用户软件安装、调试，以"套"计算。

5. 湿度传感器、压力传感器、电量变送器和其他传感器及变送器，以"支"计算。

6. 阀门及电动执行机构安装、调试，以"个"计算。

六、火灾自动报警及消防联动系统

执行第七册《消防及安全防范设备安装工程》第一章、第五章定额。

1. 点型探测器按线制的不同分为多线制与总线制两种，计算时不分规格、型号、不分安装方式与位置，以"只"为计量单位。

2. 红外线探测器以"只"为计量单位。红外线探测器是成对使用的，在计算时一对为两只。

3. 火焰探测器、可燃气体探测器按线制的不同分为多线制与总线制两种，计算时不分规格、型号、不分安装方式与位置，以"只"为计量单位。

4. 线形探测器其安装方式为环绕、正弦及直线综合考虑，不分线制及其保护形式，以"m"为计量单位。

5. 消火栓按钮、手动报警按钮、气体灭火起/停按钮，以"只"为计量单位。

6. 控制模块(接口)是指仅能起控制作用的模块(接口)，亦称为中继器。依据其给出控制信号的数量，分为单输出和多输出两种形式。计算时不分安装方式，按照输出数量以"只"为计量单位。

7. 只能起监视、报警作用而不起控制作用的模块(接口)称为报警模块(接口)。计算时不分安装方式，以"只"为计量单位。

8. 报警控制器按线制的不同分为多线制与总线制两种，不同线制之中按其安装方式不同又分为壁挂式和落地式。在不同线制、不同安装方式中按照"点"数的不同，以"台"为计量单位。

多线制"点"的意义：指报警控制器所带报警器件(探测器、报警按钮等)的数量。

总线制"点"的意义：指报警控制器所带具有地址编码的报警器件(探测器、报警按钮、模块等)的数量。但是，如果一个模块带数个探测器，则只能计为一点。

9. 联动控制器按线制的不同分为多线制与总线制两种，不同线制之中按其安装方式不同又分为壁挂式和落地式。在不同线制、不同安装方式中按照"点"数的不同，以"台"为计量单位。

多线制"点"的意义：指联动控制器所带联动设备的状态控制和状态显示的数量。

总线制"点"的意义：指联动控制器所带具有控制模块(接口)的数量。

10. 报警联动一体机按线制的不同分为多线制与总线制两种，不同线制之中按其安装方式不同又分为壁挂式和落地式。在不同线制、不同安装方式中按照"点"数的不同，以"台"为计量单位。

多线制"点"的意义：指报警联动一体机所带报警器件与联动设备的状态控制和状态显示的数量。

总线制"点"的意义：指报警联动一体机所带具有地址编码的报警器件与控制模块(接口)的数量。

11. 重复显示器(楼层显示器)不论规格、型号，不分安装方式，只按总线制与多线制，以"台"为计量单位。

12. 报警装置分为声光报警和警铃两种形式，均以"台"为计量单位。

13. 远程控制器按其控制回路数以"台"为计量单位。

14. 功放机、录音机的安装为柜内及台上两种方式综合考虑，以"台"为计量单位。

15. 消防广播控制柜是指安装成套消防广播设备的成品机柜。不分规格、型号以"台"为计量单位。

16. 扬声器不分规格、型号，按照吸顶式与壁挂式以"只"为计量单位。

17. 广播分配器是指单独安装的消防广播用分配器(操作盘)，以"台"为计量单位。

18. 电话交换机按"门"数不同以"台"为计量单位。

19. 通信分机、插孔指消防专用电话分机与电话插孔。不分安装方式，分别以"部"、"个"为计量单位。

20. 报警备用电源已综合考虑了其规格、型号的区别，以"台"为计量单位。

21. 自动报警系统是由各种探测器、报警按钮、报警控制器组成的报警系统。其系统调试是按点数不同以"系统"为计量单位。其点数按多线制与总线制报警器的点数计算。

22. 水灭火系统控制装置按不同点数以"系统"为计量单位。其点数按多线制与总线制联动控制器的点数计算。

23. 消防广播喇叭、音箱和消防通信的电话分机、电话插孔，以"10个"为计量单位。

24. 消防用电梯与控制中心间的控制调试，以"部"为计量单位。

25. 由消防控制中心显示与控制的电动防火门、防火卷帘门，以"处"为计量单位。每樘为一处。

26. 正压送风阀、排烟阀、防火阀，以"10处"为计量单位。一个阀为一处。

27. 气体灭火系统装置按试验容器的规格(升)，分别以"个"为计量单位。试验容器的数量包括系统调试、检测和验收所消耗的试验容器的总数。

七、有线电视系统

第十三册《建筑智能化系统设备安装工程》第五章定额包括有线广播电视、卫星电视、闭路电视系统设备的安装调试工程。

1. 电视共用天线安装、调试，以"副"计算。

2. 敷设天线电缆，以"米"计算。

3. 制作天线电缆接头，以"头"计算。

4. 电视墙安装、前端射频设备安装、调试，以"套"计算。

5. 卫星地面站接收设备、前端设备、有线电视系统管理设备、播控设备安装、调试，以"台"计算。

6. 干线设备、分配网络安装、调试，以"个"计算。

八、扩声、背景音乐系统

第十三册《建筑智能化系统设备安装工程》第六章定额包括扩声和背景音乐系统设备安装调试工程。

1. 调音台种类表示程式：①+②/③/④，"①"为调音台输入路数；"②"为立体声输入路数；"③"为编组输出路数；"④"为主输出路数。

2. 扩声全系统联调费、背景音乐全系统联调费，均按人工费的30%计取。

3. 扩声系统设备安装、调试，以"台"计算。

4. 扩声系统设备试运行，以"系统"计算。

5. 背景音乐系统设备安装、调试，以"台"计算。

6. 背景音乐系统联调、试运行，以"系统"计算。

九、电源与电子设备防雷接地装置安装

第十三册《建筑智能化系统设备安装工程》第七章定额适用于弱电系统设备自主配置的电源，包括太阳能电池、柴油发电机组、开关电源。

有关建筑电力电源、蓄电池、不间断电源布放电源线缆，按第二册《电气设备安装工程》相关定额执行。

1. 太阳能电池安装，已含吊装太阳能电池组件的工作，使用中不论是否吊装，均执行同一定额。

2. 太阳能电池方阵铁架安装，以"m"计算。

3. 太阳能电池、柴油发电机组安装，以"组"计算。

4. 柴油发电机组体外排气系统、柴油箱、机油箱安装，以"套"计算。

5. 开关电源安装、调试、整流器、其他配电设备安装，以"台"计算。

6. 天线铁塔防雷接地装置安装，以"处"计算。

7. 电子设备防雷接地系统：

(1) 第十三册《建筑智能化系统设备安装工程》第七章定额适用于电子设备的防雷、接地安装工程。而建筑的防雷、接地执行第二册《电气设备安装工程》相关定额。

(2) 第十三册《建筑智能化系统设备安装工程》第七章定额中电子设备防雷、接地装置按成套供应考虑。

8. 电子设备防雷接地装置、接地模块安装，以"个"计算。

9. 电源避雷器安装，以"台"计算。

十、停车场管理系统

停车场管理分系统联调包括：车辆检测识别设备系统、出/入口设备系统、显示和信号设备系统、监控管理中心设备系统。联调费按人工消耗量的30%计取。

1. 车辆检测识别设备、出入口设备、显示和信号设备、监控管理中心设备安装、调试，以"套"计算。

2. 分系统调试和全系统联调，以"系统"计算。

十一、住宅(小区)智能化系统

第十三册《建筑智能化系统设备安装工程》第十章定额包括：家居控制系统设备安装、家居智能化系统设备调试、小区智能化系统设备调试、小区智能化系统试运行。

1. 住宅小区智能化设备安装工程，以"台"计算。

2. 住宅小区智能化设备系统调试，以"套"(管理中心调试以"系统")计算。

3. 小区智能化系统试运行、测试，以"系统"计算。

第六节 安装工程施工图预算定额执行中应注意的问题

一、第二册与其他册定额的分界

1. 与第一册"机械设备"定额的分界

(1) 各种电梯的机械部分：轿箱、配重、厅门、导向轨道、牵引电机、钢绳、滑轮、各种机械底座和支架等，均执行第一册定额有关项目。电气设备安装主要指：线槽、配管配线、电缆敷设、电机检查接线、照明装置、风扇和控制信号装置的安装和调试，均执行第二册定额。

(2) 起重运输设备的轨道、设备本体安装均执行第一册定额有关项目；其滑触线或移动软电缆，起重机的电机和各种开关、控制设备、管线及灯具均按分部分项套用第二册相应定额。

(3) 电机安装执行第一册定额有关项目，电机检查接线及电机干燥执行第二册定额。

2. 与第七册"消防及安全防范设备安装工程"定额的分界

(1) 消防及安全防范设备的电缆敷设执行第二册定额；

(2) 消防及安全防范设备的桥架安装执行第二册定额；

(3) 消防及安全防范设备的配管配线、接线盒安装执行第二册定额；

(4) 消防及安全防范设备的动力应急照明控制设备、应急照明器具、电机检查接线执行第二册定额；

(5) 消防及安全防范设备的防雷接地装置执行第二册定额。

3. 与第十册"自动化控制装置及仪表安装工程"定额的分界

(1) 自动化控制装置及仪表安装工程中的电气盘箱及其他电气设备均执行第二册定额；自动化控制装置及仪表安装工程的专用盘箱安装执行第十册；

(2) 自动化控制装置及仪表工程电力电缆、控制电缆敷设执行第二册定额；

(3) 自动化控制装置及仪表工程的电气配管执行第二册定额；

(4) 自动化控制装置及仪表工程的接地装置执行第二册定额；

(5) 自动化控制装置及仪表工程的桥架及支架制作安装执行第二册定额。

4. 与第六册"工艺管道"定额的分界

大型水冷变压器的水冷系统，以冷却器进出口的第一个法兰盘划界。法兰盘开始的一次阀门以及供水母管与回水管的安装执行第六册定额有关子目。一般电气套管的制作安装执行第六册定额，而10kV的电气套管的制作安装执行第二册定额。

二、注意定额各册之间的关系

在编制单位工程施工图预算中，除需要使用本专业定额及有关资料外，还涉及其他专业定额的套用。在具体应用中，当不同册定额所规定的费用计算有所不同时，原则上是按各册定额规定的计算规则计算工程量及有关费用，并且套用相应定额子目。

第七节　建筑电气安装施工图预算编制实例

电气照明工程施工图预算编制实例

某饭庄由临街电杆架空引入380V电源，作电气照明用；进户线采用BX型；室内一律用BV型线穿PVC管暗敷；配电箱4台(M_0、M_1、M_2、M_3)均为工厂成品，一律暗装，箱底边距地 1.5m；插座暗装距地 1.3m；拉线开关安装距顶棚 0.3m；跷板开关暗装距地 1.4m；配电箱做可靠接地保护。见图 6-10 电气一层平面图、图 6-11 电气二层平面图、图 6-12 电气系统图，各回路容量及管线见表 6-15。

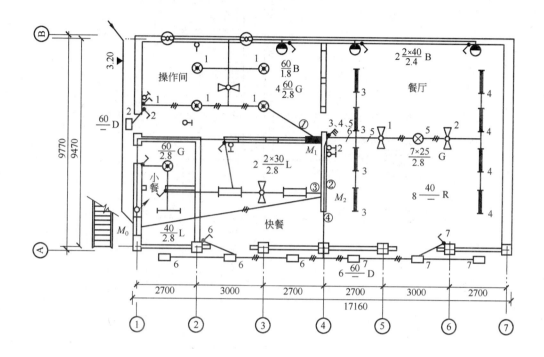

图 6-10　电气一层平面图

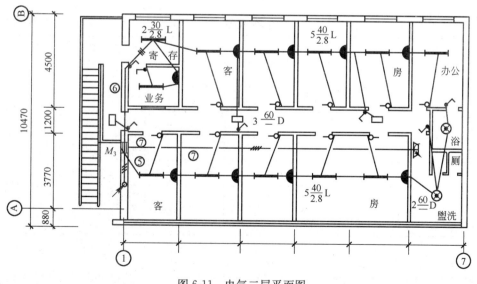

图 6-11　电气二层平面图

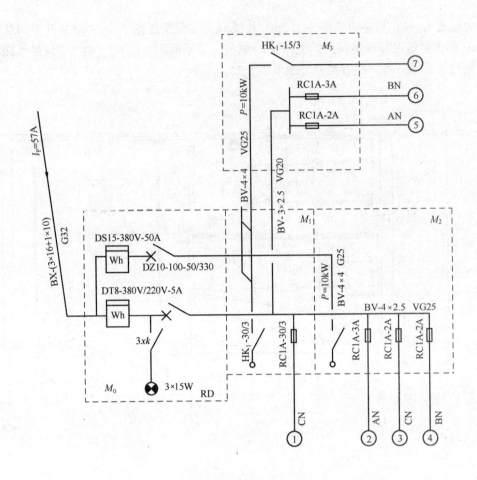

图 6-12　电气系统图

回　路　配　线　表　　　　　　　　　　　　　　　　　　　　　表 6-15

回　　　路	容量/W	配　管　配　线
1	820	BV-2×2.5　PVC15
2	595	BV-2×2.5　PVC15
3	320	BV-2×2.5　PVC15
4	360	BV-2×2.5　PVC15
5	480	BV-2×2.5　PVC15
6	640	BV-2×2.5　PVC15
7	1000	BV-4×2.5　PVC20

1. 工程量计算

根据施工图说明及平面图、系统图、回路配线表,进行工程量的计算(并进行审核)。
工程量的计算见表 6-16。

工程名称：某饭庄电气照明工程

序　号	工程项目名称	单位	数量	部位提要	计　算　式
1	进户线支架	根	1	Ⓑ轴点处	两端埋设四线支架∟50×5，$L=1$m
2	进（人）户线，PVC 管 VG32	m	11.32	沿①轴	[(9.47+0.15)+(3.2−1.5)]埋墙
	线 BX-10	m	14.12	沿①轴	(9.47+0.15)+1.5预留+(3.2−1.5)+(0.8+0.5)预留
	线 BX-16	m	42.36	沿①轴	[(9.47+0.15)+1.5+(3.2−1.5)+(0.8+0.5)]×3 根
3	配电箱 800×500	台	1		M_0
	配电箱 500×300	台	3		M_1、M_2、M_3
4	M0 至 M1，PVC 管 VG20	m	16.05	①-Ⓐ	(3.44−1.5)×2+3.77+(2.7+3+2.7)全埋墙（或埋地）
	管内穿线 BV-2.5	m	72.60	①-④	[(3.44−1.5)×2+3.77+(2.7+3+2.7)+(0.5+0.8+0.5+0.3)预留]×4 根
	PVC 接线盒	个	3		
	M0 至 M1，PVC 管 VG25	m	16.05	①-Ⓐ	备用电源(3.44−1.5)×2+3.77+(2.7+3+2.7)
	管内穿线 BV-4	m	72.60	①-④	备用电源[(3.44−1.5)×2+3.77+(2.7+3+2.7)+(0.8+0.5+0.5+0.3)]×4 根
	PVC 接线盒	个	3		
5	M0 至 M2，PVC 管 VG20	m	12.00	①-Ⓐ	(1.5+2.7+3+2.7+0.6+1.5)埋地
	管内穿线 BV-2.5	m	56.40		[(1.5+2.7+3+2.7+0.6+1.5)+(0.8+0.5+0.5+0.3)]×4 根
	M0 至 M2，PVC 管 VG25	m	12.00	①-④	备用电源(1.5+2.7+3+2.7+0.6+1.5)埋地
	管内穿线 BV-4	m	56.40		备用电源[(1.5+2.7+3+2.7+0.6+1.5)+(0.8+0.5+0.5+0.3)]×4 根
6	M0 至 M3，PVC 管 VG20	m	7.21	①-Ⓐ	(3.44−1.5)+1.5+3.77 全埋墙
	管内穿线 BV-2.5	m	37.24		[(3.44−1.5+1.5+3.77)+(0.8+0.5+0.5+0.3)]×4 根
	M0 至 M3，PVC 管 VG25	m	7.21	①-Ⓐ	备用电源(3.44−1.5)+1.5+3.77
	管内穿线 BV-4	m	37.24		[(3.44−1.5+1.5+3.77)+(0.8+0.5+0.5+0.3)]×4 根
7	① 回路，PVC 管VG15	m	50.18	操作间	(3.44−1.5)埋墙+2.7+3÷2+4.5+(3×2+2.7)+3+(2.7÷2+3+2.7+2.7+3+2.7÷2)+(3.44−1.4)×6 开关引下埋墙+3×0.5引下至排风扇，埋墙，其余管吊顶棚内敷设
	管内穿线 BV-2.5	m	110.66		[(3.44−1.5)+2.7+3÷2+4.5+(3×2+2.7)+3+(2.7÷2+3+2.7+2.7+3+2.7÷2)+(3.44−1.4)×6+3×0.5+(0.5+0.3)]×2+(3÷2×2+3÷2+2.7÷2+3÷2+2.7÷2) 三根线及四根线处
	PVC 暗盒	个	28		接线盒10个，灯头盒11个，开关盒7个

序　号	工程项目名称	单位	数　量	部位提要	计　算　式
8	② 回 路，PVC 管 VG15	m	33.03	餐厅	$\underline{(3.44-1.5)}$埋墙＋$\underline{(3.44-1.4)\times3}$埋墙＋$[9.47\times1\div4+2.7+3+2.7+(9.47\times3\div4)\times2]$吊顶内
	管内穿线 BV-2.5	m	86.11		$[(3.44-1.5)+(3.44-1.4)\times3+9.47\times1\div4+2.7+3+2.7+(9.47\times3\div4)\times2+(0.5+0.3)]\times2$根＋$[(2.7+3)+(2.7+3)\times2+2.7\times1\div2]$三、四、五、六根线处
	PVC 暗盒	个	20		接线盒6个，灯头盒11个，开关盒3个
9	③ 回 路，PVC 管 VG15	m	24.59	快餐 小餐	$\underline{(3.44-1.5)}$埋墙＋$(2.7+3+2.7+9.47\times2\div4+2.7\div2)$吊顶内＋$\underline{(3.44-1.4)\times4}$埋墙
	管内穿线 BV-2.5	m	50.78		$[(3.44-1.5)+(2.7+3+2.7+9.47\times2\div4+2.7\div2)+(3.44-1.4)\times4+(0.5+0.3)预留]\times2$根
	PVC 暗盒	个	13		接线盒4个，灯头盒5个，开关盒4个
10	④ 回 路，PVC 管 VG15	m	23.81	门口处	$\underline{(3.44-1.5)}$埋墙＋$(9.47\times1\div4+0.88\div2+2.7\div2+3+2.7\times2+3+2.7\div2+0.88\div2\times2)$吊顶内＋$\underline{(3.44-1.4)\times2}$埋墙
	管内穿线 BV-2.5	m	49.22		$[(3.44-1.5)+(9.47\times1\div4+0.88\div2+2.7\div2+3+2.7\times2+3+2.7\div2+0.88\div2\times2)+(3.44-1.4)\times2+(0.5+0.3)]\times2$根
	PVC 暗盒	个	13		接线盒5个，灯头盒6个，开关盒2个
11	⑤ 回 路，PVC 管 VG15	m	48.83	Ⓐ轴客房	$\underline{(2.75-1.5)}$埋墙＋$(3.77\div2+2.7\times3+2.7\times1\div2+3\times2+3.77\div2\times2+1.2\div2+1.2+3.77\div2\times5)$吊顶内＋$\underline{(2.75-1.4)\times7}$埋墙＋$\underline{(2.75-1.3)\times4}$埋墙
	管内穿线 BV-2.5	m	99.26		$[(2.75-1.5)+(3.77\div2+2.7\times3+2.7\times1\div2+3\times2+3.77\div2\times2+1.2\div2+1.2+3.77\div2\times5)+(2.75-1.4)\times7+(2.75-1.3)\times4+(0.5+0.3)]\times2$
	PVC 暗盒	个	32		接线盒14个，灯头盒7个，开关盒7个，插座盒4个
12	⑥ 回 路，PVC 管 VG15	m	71.35	Ⓑ轴客房	$\underline{(2.75-1.5)}$埋墙＋$[1.2+4.5\div2+2.7\times3+3\times2+2.7\times1\div2+4.5\div2+4.5\times2\times5+(4.5+1.2)\div2\times2+4.5\div2\times5]$吊顶内＋$\underline{(2.75-1.4)\times10}$埋墙＋$\underline{(2.75-1.3)\times5}$埋墙
	管内穿线 BV-2.5	m	144.30		$[(2.75-1.5)+1.2+4.5\div2+2.7\times3+3\times2+2.7\times1\div2+4.5\div2+4.5\times2\times5+(4.5+1.2)\div2\times2+4.5\div2\times5+(2.75-1.4)\times10+(2.75-1.3)\times5+(0.5+0.3)]\times2$根
	PVC 暗盒	个	40		接线盒15个，灯头盒10个，开关盒10个，插座盒5个

序 号	工程项目名称	单位	数量	部位提要	计 算 式
13	⑦回路，PVC管 VG20	m	16.80		(2.75－1.5＋2.75－1.3)埋墙＋(2.7×3＋3× 2)吊顶内
	管内穿线 BV-2.5	m	70.40	⑧轴客房	[(2.75－1.5＋2.7×3＋3×2)＋(2.75－1.3) ＋(0.5＋0.3)]×4 根
	PVC 暗盒	个	3		接线盒 2 个，插座盒 1 个
14	链吊式荧光灯双管 30W	套	2	快 餐	
	链吊式荧光灯单管 40W	套	11	客 房	
	链吊式荧光灯单管 30W	套	2	寄 存	
15	顶棚嵌入式单管荧光灯 40W	套	8	餐 厅	
16	壁灯 60W	套	1	操作间	
	壁灯 40W	套	2	餐 厅	
17	方吸顶灯 60W	套	10	大门、走道	
18	管吊花灯 7×25W	套	1	餐 厅	
19	吊扇 φ1000	台	4	餐厅、操作间、快餐	带调速开关
	排风扇 φ350	台	2	操作间	
20	单相暗插座 5A	个	9	客 房	
	三相暗插座 15A	个	1	客 房	
21	跷板暗开关(单联)	个	15	餐 厅	
	跷板暗开关(三联)	个	1	餐 厅	
	拉线开关	个	11	客 房	

2. 工程量汇总

将所计算的工程量分项汇总，准备套定额。工程量汇总见表 6-17。

工程量汇总表   表 6-17

序 号	工程项目名称	单 位	数 量
1	进户支架∟50×5	根	1
2	暗配塑料管 PVC15	m	70.11
	明配塑料管 PVC15	m	181.88
	暗配塑料管 PVC20	m	52.06

序 号	工程项目名称	单 位	数 量
2	暗配塑料管 PVC25	m	35.26
	暗配塑料管 PVC32	m	11.12
3	管内穿线 BX-10	m	14.12
	管内穿线 BX-16	m	42.36
4	管内穿线 BV-2.5	m	776.96
	管内穿线 BV-4	m	175.55
5	链吊式双管荧光灯 2×30W	套	2
	链吊式单管荧光灯 1×30W	套	2
	链吊式单管荧光灯 1×40W	套	11
6	嵌入式单管荧光灯 1×40W	套	8
7	壁灯 60W	套	1
	壁灯 40W	套	2
8	正方形吸顶灯 60W	套	10
9	吊风扇 φ1000	台	4
	排气扇 φ350	台	2
10	单相暗插座 5A	个	9
	三相暗插座 15A	个	1
11	三联单控暗开关	个	1
	单联单控暗开关	个	15
12	拉线开关	个	11
13	塑料接线盒 146HS50	个	62
	塑料灯头盒 86HS50	个	50
	塑料开关盒 86HS50	个	33
	塑料插座盒 86HS50	个	10
14	配电箱 800×500	台	1
	配电箱 500×300	台	3

3. 套用定额

4. 编制预算书。

本预算书内容包括：

(1) 封面。见表 6-18；

(2) 编制说明。见表 6-19；

(3) 工程取费表。见表 6-20；

(4) 建设工程预算表。见表 6-21。

表 6-18

编号：

重庆市建设工程造价预算书

安装工程

工程名称：某饭庄电气照明工程　　　建设地点：

取费等级：A 级取费　　　　　　　工程类别：三类工程

工程造价：5416 元　　　　　　　单位造价：

建设（监理）单位：　　　　　　　施工（编制）单位：

技术负责人：　　　　　　　　　　技术负责人：

审 核 人：　　　　　　　　　　　编 制 人：

资格证章：　　　　　　　　　　　资格证章：

建设单位：

施工单位：

工程规模：

表 6-19

第 1/1 页

工程名称：某饭庄电气照明工程(安装工程)

2005 年 11 月 13 日

编 制 说 明

编制依据	施工图号	
	合 同	
	使用定额	2000 年《重庆市安装工程单位基价表》第二册及其相关费用定额
	材料价格	
	其 他	

说 明：

一、编制说明

1. 本报价根据建设单位所提供的施工图说明而编制；

2. 本报价根据建设单位所提供的施工图：电气一层平面图、电气二层平面图、电气系统图、回路配线表而编制。

二、材料及设备价格

本报价中的材料及设备均为甲供，其价格不计入本报价中。

填表说明：1. 使用定额与材料价格栏应注明使用的定额、费用标准以及材料价格来源(如调价表、造价信息等)。

2. 说明栏应注明施工组织设计、大型施工机械以及技术措施等。

编制单位：

工程取费表

工程名称：某饭庄电气照明工程（安装工程）

表 6-20

2005 年 11 月 12 日　第 1/1 页

序号	费 用 名 称	计 算 公 式	费 率	金 额
1	基价直接费	按基价表计算		2826.72
2	人工费	定额人工费		1455.86
1.1	材料费			1255.61
1.2	机械费			115.25
1.3				
2	综合费	1.1×规定费率（%）	113.090	1646.43
3	其中：临时设施费	2×规定费率（%）	22.490	327.42
4	劳动保险费	1.1×规定费率（%）	18.220	265.26
5	计划利润	1.1×规定费率（%）	32.980	480.14
6	允许按实计算费用及材料价差	按规定		
10	材料价差	按规定		
11	设备金额			
12	按实计算费用			
13	安全文明施工费	1.1×规定费率（%）	7.000	101.91
14	工程定额测定费	(1+2+3+4+5+6)×规定费率（‰）	1.400	7.45
15	税金	(1+2+3+4+5+6+7)×规定费率（%）	3.560	189.67
16	工程造价	1+2+3+4+5+6+7+8		5517.58

编制单位：

鹏业软件有限公司软件编制

279

建设工程预算表

表 6-21

工程名称：某饭庄电气照明工程（安装工程）

2005 年 11 月 12 日　　第 1/3 页

序号	定额编号	项目名称	单位	工程量	计价工程费 单位价值				计价工程费 合价				未计价材料					
					基价	人工费	材料费	机械费	合价	人工费	材料费	机械费	名称	单位	定额耗量	数量	单价	合价
		电气设备安装工程																
1	02-0788	进户支架 L 50×5	组	1.000	10.10	7.29	2.81		10.10	7.29	2.81		支架L 50×5	根	1.00	1.00		
2	02-1097	塑料管暗配 DN15	100m	0.701	136.55	99.14	6.57	30.84	95.72	69.50	4.61	21.62	塑料管 DN15	m	106.70	74.80		
3	02-1088	塑料管明配 DN15	100m	1.819	287.89	182.60	74.45	30.84	523.67	332.15	135.42	56.10	塑料管 DN15	m	106.70	194.09		
4	02-1098	塑料管暗配 DN20	100m	0.521	143.27	105.32	7.11	30.84	74.64	54.87	3.70	16.07	塑料管 DN20	m	106.70	55.59		
5	02-1099	塑料管暗配 DN25	100m	0.353	202.23	148.60	7.38	46.25	71.39	52.46	2.61	16.33	塑料管 DN25	m	106.42	37.57		
6	02-1100	塑料管暗配 DN32	100m	0.111	211.77	157.87	7.65	46.25	23.51	17.52	0.85	5.13	塑料管 DN32	m	106.42	11.81		
7	02-1201	管内穿线 BX-10mm²	100m 单线	0.141	39.02	20.98	18.04		5.50	2.96	2.54		铜芯绝缘导线 BX-10mm²	m	105.00	14.81		
8	02-1202	管内穿线 BX-16mm²	100m 单线	0.424	42.83	24.29	18.54		18.16	10.30	7.86		铜芯绝缘导线 BX-16mm²	m	105.00	44.52		

编制单位：

鹏业软件有限公司软件编制

序号	定额编号	项目名称	单位	工程量	计价工程费 单位价值 基价	人工费	材料费	机械费	计价工程费 合价	人工费	材料费	机械费	未计价材料 名称	单位	定额耗量	数量	单价	合价
9	02-1172	管内穿线 BV-2.5mm²	100m单线	7.770	36.04	22.08	13.96		280.03	171.56	108.47		绝缘导线 BV-2.5mm²	m	116.00	901.32		
10	02-1173	管内穿线 BV-4mm²	100m单线	1.756	29.38	15.46	13.92		51.59	27.15	24.44		绝缘导线 BV-4mm²	m	110.00	193.16		
11	02-1589	吊链式双管荧光灯2×30W	10套	0.200	139.15	60.28	78.87		27.83	12.06	15.77		吊链式双管荧光灯2×30W	套	10.10	2.02		
12	02-1588	吊链式单管荧光灯1×30W	10套	0.200	126.78	47.91	78.87		25.36	9.58	15.77		吊链式单管荧光灯1×30W	套	10.10	2.02		
13	02-1588	吊链式单管荧光灯1×40W	10套	1.100	126.78	47.91	78.87		139.46	52.70	86.76		吊链式单管荧光灯1×40W	套	10.10	11.11		
14	02-1594	嵌入式单管荧光灯1×40W	10套	0.800	96.09	47.91	48.18		76.87	38.33	38.54		嵌入式单管荧光灯1×40W	套	10.10	8.08		
15	02-1393	壁灯60W	10套	0.100	158.38	44.60	113.78		15.84	4.46	11.38		壁灯60W	套	10.10	1.01		
16	02-1393	壁灯40W	10套	0.200	158.38	44.60	113.78		31.68	8.92	22.76		壁灯40W	套	10.10	2.02		
17	02-1388	正方形吸顶灯60W	10套	1.000	102.83	55.42	47.41		102.83	55.42	47.41		正方形吸顶灯60W	套	10.10	10.10		
18	02-1702	吊风扇Φ1000	台	4.000	13.35	9.49	3.86		53.40	37.96	15.44		吊风扇Φ1000	台	1.00	4.00		
19	02-1704	排气扇Φ350	台	2.000	14.98	13.47	1.51		29.96	26.94	3.02		排气扇Φ350	台	1.00	2.00		
20	02-1670	单相暗插座5A	10套	0.900	32.76	24.29	8.47		29.48	21.86	7.62		单相暗插座5A	套	10.30	9.27		
21	02-1680	三相暗插座15A	10套	0.100	30.90	23.85	7.05		3.09	2.39	0.71		三相暗插座15A	套	10.30	1.03		
22	02-1639	三联单控暗开关	10套	0.100	27.16	20.53	6.63		2.72	2.05	0.66		三联单控暗开关	只	10.30	1.03		

编制单位:

序号	定额编号	项目名称	单位	工程量	计价工程费 单位价值				计价工程费 合价				未计价材料					
					基价	人工费	材料费	机械费	合价	人工费	材料费	机械费	名称	单位	定额耗量	数量	单价	合价
23	02-1637	单联单控暗开关	10套	1.500	22.57	18.77	3.80		33.86	28.16	5.70		单联单控暗开关	只	10.30	15.45		
24	02-1635	拉线开关	10套	1.100	36.72	18.33	18.39		40.39	20.16	20.23		拉线开关	只	10.30	11.33		
25	02-1379	塑料接线盒146HS50	10个	6.200	47.56	17.66	29.90		294.87	109.49	185.38		塑料接线盒146HS50	个	10.20	63.24		
26	02-1377	塑料灯头盒86HS50	10个	5.000	32.63	9.94	22.69		163.15	49.70	113.45		塑料灯头盒86HS50	个	10.20	51.00		
27	02-1378	塑料开关盒86HS50	10个	3.300	21.10	10.60	10.50		69.63	34.98	34.65		塑料开关盒86HS50	个	10.20	33.66		
28	02-1378	塑料插座盒86HS50	10个	1.000	21.10	10.60	10.50		21.10	10.60	10.50		塑料插座盒86HS50	个	10.20	10.20		
29	02-0265	配电箱M0 800×500	台	1.000	123.64	50.78	72.86		123.64	50.78	72.86		配电箱M0 800×500	台	1.00	1.00		
30	02-0264	配电箱M1、M2、M3 800×500	台	3.000	109.96	39.74	70.22		329.88	119.22	210.66		配电箱M1、M2、M3 800×500	台	1.00	3.00		
31	12-0002	电气设备脚手架搭拆费	100元	14.342	4.00	1.00	3.00		57.37	14.34	43.03							
		分部小计							2826.72	1455.86	1255.61	115.25						
		合计							2826.72	1455.86	1255.61	115.25						

编制单位：

第八节　工程量清单计价

　　国家标准《建设工程工程量清单计价规范》（GB 50500—2003），经建设部批准，已于 2003 年 7 月 1 日正式颁布实施，这是我国工程造价计价方式适应社会主义市场经济发展与国际接轨的一次重大改革，也是我国工程造价计价工作向实现"政府宏观调控、企业自主报价、市场竞争形成价格"的目标迈出的坚实一步。

一、工程量清单计价的基本概念

　　工程量清单计价是建设工程招标投标中，由招标人或委托有资质的中介机构编制反映工程量实体消耗和措施性消耗的工程量清单，并作为招标文件的一部分提供给投标人，由投标人依据工程量清单自主报价的计价方式。相对于传统定额计价方式，是一种全新的计价模式，是通过市场公平、公正、公开竞争形成价格，能更加准确地反映工程成本。

　　1. 工程量清单

　　工程量清单是表现拟建工程的分部分项工程项目、措施项目、其他项目名称和相应数量的明细清单。工程量清单是招标文件的组成部分，一经中标且签订合同，即成为合同的组成部分，因此，无论招标人还是投标人，都应该慎重对待。工程量清单的描述对象是拟建工程，其内容涉及清单项目的性质、数量等，并以表格为主要表现形式。

　　工程量清单是编制招标工程标底和投标报价的依据，也是支付工程进度款和竣工结算调整工程量的依据。它供建设各方计价时使用，并为投标者提供一个公开、公平、公正的竞争环境，是评标、询标、定标的基础，也为办理工程结算、竣工结算及工程索赔提供重要依据。

　　2. 工程量清单计价的费用构成

　　根据《建设工程工程量清单计价规范》的规定，在工程量清单模式下的费用构成与定额计价模式下的费用构成存在显著差异，工程量清单计价模式的费用构成见图 6-13。

　　《建设工程工程量清单计价规范》（GB 50500—2003），规定工程量清单应采用综合单价计价。综合单价法是指完成工程量清单中一个规定计量单位项目所需的人工费、材料费、机械使用费、管理费和利润，并考虑风险因素。工程量乘以综合单价就直接得到分部分项工程费用。综合单价不但适用于分部分项工程量清单，也适用于措施项目清单，其他项目清单等。

　　分部分项工程费是指为完成分部分项工程量所需的实体项目费用。

　　措施项目费是指分部分项工程费以外，为完成该工程项目施工，发生于该工程施工前和施工过程中技术、生活、安全等方面的非工程实体项目所需的费用。

　　其他项目费是指分部分项工程费和措施项目费以外，该工程项目施工中可能发生的其他费用。

　　将各个分部分项工程的费用，与措施项目费、其他项目费和规费、税金加以汇总，就得到整个工程的总造价。

　　3.《建设工程工程量清单计价规范》内容简介

　　《建设工程工程量清单计价规范》共分为总则、术语、工程量清单编制、工程清单计

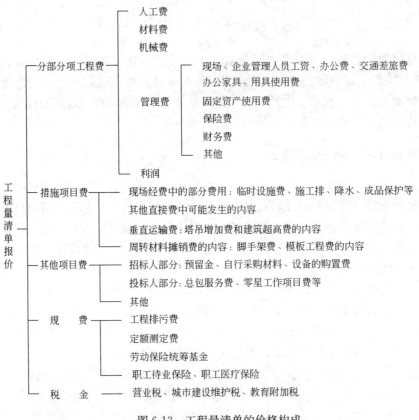

图 6-13　工程量清单的价格构成

价、工程量清单及其计价格式等五章内容和五个附录。附录是规范的组成部分，与正文具有同等效力。附录是编制工程量清单的依据，主要体现在工程量清单中的 12 位编码的前 9 位应按附录中的编码确定，工程量清单中的项目名称应依据附录中的项目名称和项目特征设置，工程量清单中的计量单位应按附录中的计量单位确定，工程量清单中的工程数量应依据附录中的计算规则计算确定。

安装工程工程量清单项目及计算规则由《建设工程工程量清单计价规范》(GB 50500—2003)附录 C 规定，工程分类代码为 03。适用于采用工程量清单计价的一般工业设备安装工程与工业民用建筑配套的采暖、给排水、燃气、消防、电气、通风等安装工程。

电气设备安装工程属于"清单计价规范"附录 C.2 章，包括 10 千伏以下的变配电设备、控制设备、低压电器、蓄电池等安装，电机检查接线及调试，防雷及接地装置、10千伏以下的配电线路架设、动力及照明的配管配线、电缆敷设、照明器具安装等 12 节共126 个清单项目。

通信设备及线路工程属于"清单计价规范"附录 C.11 章。包括通信设备、通信线路工程、建筑与建筑群综合布线、移动通信设备工程等 4 节共 270 个清单项目。

建筑智能化系统设备安装工程属于《清单计价规范》附录 C.12 章。包括通信系统设备、计算机网络系统设备安装工程、楼宇(小区)多表远传系统、楼宇(小区)自控系统、有线电视系统、扩声及背景音乐系统、停车场管理系统、楼宇安全防范系统等8节共68个清单项目。

二、工程量清单计价的特点与作用

目前在我国，工程量清单计价主要是在招投标过程中使用的一种计价模式。而估算、概算、预算的编制依然沿用过去的计算方法。

工程量清单体现了招标人要求投标人完成的工程项目及相应工程数量，全面反映了投标报价要求，是投标人进行报价的依据，工程量清单应是招标文件不可分割的一部分。

工程量清单应反映拟建工程的全部工程内容，并为实现这些工程内容而进行的其他工作。按照《建设工程工程量清单计价规范》（GB 50500—2003)规定，工程量清单由分部分项工程量清单、措施项目清单和其他项目清单组成。

分部分项工程量清单为不可调整的清单，投标人对招标文件提供的分部分项工程量清单必须逐一计价，对清单所列内容不允许作任何更改变动。

措施项目清单为可调整清单，投标人对招标文件中所列项目，可根据企业自身特点作适当的变更增减。投标人要对拟建工程可能发生的措施项目和措施费用作通盘考虑。清单一经报出，即被认为是包括了所有应该发生的措施项目的全部费用。如果报出的清单中没有列项，且施工中又必须发生的项目，建设单位可以认为其已经综合在分部分项工程量清单的综合单价中。投标人不得以任何借口提出索赔与调整。

其他项目清单由招标人部分和投标人部分等两部分组成。招标人填写的内容随招标文件发至投标人或标底编制人，其项目、数量、金额等投标人或标底编制人不得随意改动。由投标人填写部分的零星工作项目表中，投标人填写的项目与数字，招标人不得随意更改，且投标人必须进行报价。如果不报价，招标人有权认为投标人就未报价内容无偿为自己服务。当投标人认为招标人列项不全时，投标人可自行增加列项并确定本项目的工程数目及计价。

三、工程量清单的编制

工程量清单应由具有编制招标文件能力的招标人或具有相应资质的工程造价咨询单位编制。

（一）分部分项工程量清单的编制

1. 分部分项工程量清单编制依据

（1）《建设工程工程量清单计价规范》GB 50500—2003；

（2）招标文件；

（3）设计文件；

（4）有关的工程施工规范与工程验收规范；

（5）拟采用的施工组织设计和施工技术方案。

2. 分部分项工程量清单编制规则

分部分项工程量清单编制严格按照国家颁发的《建设工程工程量清单计价规范》（GB 50500—2003)进行。分部分项工程量清单应表明拟建工程的全部分项实体工程名称和相应数量，编制时应避免错项、漏项。分部分项工程量清单应做到四个统一，即项目编码统一、项目名称统一、计量单位统一、工程量计算规则统一。招标人必须按规定执行，不得因情况不同而变动。

(1) 分部分项工程量清单应包括项目编码、项目名称、计量单位和工程数量。

(2) 分部分项工程量清单应根据附录 A、附录 B、附录 C、附录 D、附录 E 的规定统一项目编码、项目名称、计量单位和工程量计算规则进行编制。

(3) 分部分项工程量清单的项目编码，采用五级编码制，以 12 位阿拉伯数字表示，前四级编码，即前 9 位应按附录 A、附录 B、附录 C、附录 D、附录 E 的规定设置，不得变动；第五级编码，即后 3 位是拟建工程的工程量清单项目名称编码，由清单编制人设置，并应自 001 起顺序编制。

1) 项目编码采用十二位数字表示。一至九位为"规范"规定的全国统一编码；其中，一、二位为规范附录顺序编码，三、四位为专业工程顺序编码，五、六位为分部工程顺序编码，七、八、九位为分项工程项目名称顺序编码。十至十二位为清单项目名称顺序编码。例如：

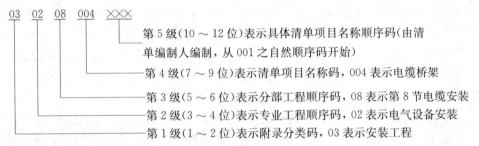

一个项目编码对应一个项目名称、一个计量单位、一个工程、一个单价、一个合价，同一工程不允许出现重码。

2) 项目编码不设付码(如 010405001001-1)，也不在第四级编码后和第五级编码前加横杠(如 010405001-001)。

3) 第五级编码根据具体工程项目特征，自行设置。在具体操作中，特别注意个别特征不同而多数特征相同的项目，必须慎重考虑并项，否则会影响投标人的报价质量，或给工程变更带来不必要的麻烦。

(4) 分部分项工程量清单的项目名称按附录 A、附录 B、附录 C、附录 D、附录 E 的项目名称与项目特征并结合拟建工程的实际确定。

项目名称应以工程实体命名，项目名称的命名应规范、准确、通俗，以避免投标人报价失误。项目特征，是指分项工程的主要特征，应在工程量清单的项目名称栏目中描述的项目特征和包括的分项工程，如点型探测器项目，不仅要说明名称，还要说明类型以及多线制还是总线制等。投标人根据招标文件、设计文件、工程量清单项目特征的描述以及投标人的施工组织设计或施工方案报价。工程量清单编制时，以附录中的项目名称为主体，考虑该项目的规格、型号、材质等特征要求，结合拟建工程的实际情况，使其工程量清单项目名称具体化、细化，能够反映影响工程造价的主要因素。附录清单栏目中未列的而拟建工程分项中具有的特征，应在工程量清单"项目名称"栏内进行补充；附录清单项目特征栏目中已列的项目特征，而拟建工程分项中不具有的特征，在工程量清单"项目名称"栏目内，不应再列。附录中的缺项，工程量清单编制时，编制人可作补充。补充项目应填写在工程量清单相应分部工程项目之后,并在"项目编码"栏中以"补"字示之。

(5)分部分项工程量清单的计量单位应按附录 A、附录 B、附录 C、附录 D、附录 E 规定的计量单位确定。

(6)分部分项工程量清单的工程数量应按附录 A、附录 B、附录 C、附录 D、附录 E 中规定的工程量计算规则计算。

工程数量的有效位数以"吨"为单位时,应保留小数后三位,第四位四舍五入;以"立方米"、"平方米"和"米"为单位时,应保留小数后二位,第三位四舍五入;以"套"、"座"、"台"、"组"、"个"、"项"、"支"、"只"、"片"、"根"、"副"、"对"等为单位时,应取整数。

(二)措施项目清单的编制

1. 措施项目清单的编制规则

(1)措施项目清单应根据拟建工程的具体情况,参照措施项目一览表列项。

(2)措施项目清单的编制,应考虑多种因素,除工程本身的因素外,还涉及水文、气象、环境、安全和施工企业的实际情况等。措施项目清单以"项"为计量单位,相应数量为"1"。

(3)编制措施项目清单,出现措施项目一览表未列项目,编制人可作补充。

2. 措施项目清单的设置

(1)要参考拟建工程的施工组织设计,以确定环境保护、文明安全施工、材料的二次搬运等项目。

(2)根据施工技术方案,确定夜间施工、大型机具进出场及安拆、混凝土模板与支架、脚手架、施工排水降水、垂直运输机械、组装平台大型机具使用等项目。

(3)根据相关的施工规范与工程验收规范,确定施工技术方案没有表述的,但是为了实现施工规范与工程验收规范要求而必须发生的技术措施。

(4)招标文件中提出的某些必须通过一定的技术措施才能实现的要求。

(5)设计文件中一些不足以写进技术方案的,但是要通过一定的技术措施才能实现的内容。

(三)其他项目清单的编制

1. 其他项目清单的编制规则

(1)其他项目清单应根据工程的具体情况,参照下列内容列项。预留金、材料购置费、总承包服务费、零星工作项目费。

(2)零星工作项目应根据拟建工程的具体情况,详细列出人工、材料、机械的名称、计量单位和相应数量,并随工程量清单发至投标人。

(3)编制其他项目清单,出现(1)中未列项目,编制人可作补充。

2. 其他项目清单的说明

(1)工程建设标准的高低、工程的复杂程度、工程的工期长短、工程的组成内容等直接影响其他项目清单中的具体内容。其中:预留金主要考虑可能发生的工程量变更而预留的金额;总承包服务费包括配合协调招标人工程分包和材料采购所需的费用。

(2)为了准确的计价,零星工作项目应详细列出人工、材料、机械名称和相应数量。人工应按工种列项,材料和机械应按规格、型号列项。

(3) 其他项目清单中的预留金、材料购置费和零星工作项目费均为估算、预测数量，虽在投标时计入投标人的报价中，不应视为投标人所有。竣工结算时，应按承包人实际完成的工作内容结算，剩余部分仍归招标人所有。

(四) 工程量清单格式的组成内容

1. 封面(见本节五、实例)

格式按照规范要求。由招标人填写、签字、盖章。

2. 填表须知

(1) 工程量清单及其计价格式中所要求签字、盖章的地方，必须由规定的单位和人员签字、盖章；

(2) 工程量清单及其计价格式中的任何内容不得随意删除或涂改；

(3) 工程量清单计价格式中列明的所有需要填报的单价和合价，投标人均应填报，未填报的单价和合价，视为此项费用已包含在工程量清单的其他单价和合价中；

(4) 明确金额的表示币种。

3. 总说明

(1) 工程概况，如建设规模、工程特征、计划工期、施工现场实际情况、交通运输情况、自然地理条件、环境保护要求等；

(2) 工程招标和分包范围；

(3) 工程量清单编制依据；

(4) 工程质量、材料、施工等的特殊要求；

(5) 招标人自行采购材料的名称、规格型号、数量等；

(6) 其他项目清单中招标人部分(包括预留金、材料购置费等)的金额数量；

(7) 其他需要说明的问题。

4. 分部分项工程量清单(见本节五、实例)

分部分项工程量清单应包括项目编码、项目名称、计量单位和工程数量四个部分。

5. 措施项目清单(见本节五、实例)

措施项目清单应根据拟建工程的具体情况列项。措施项目是指为完成工程项目施工、发生于该工程施工前和施工过程中技术、生活、安全等方面的非工程实体项目。

6. 其他项目清单(见本节五、实例)

其他项目清单应根据拟建工程的具体情况，包括招标人部分和投标人部分。

招标人部分包括预留金、材料购置费等，其中预留金是指招标人为可能发生的工程量变更而预留的金额。

投标人部分包括总承包服务费、零星工作项目等，其中总承包服务费是指为配合协调招标人进行的工程分包和材料采购所需的费用，零星工作项目费是指完成招标人提出的不能以实物计量的零星工作项目所需的费用。

7. 零星工作项目表(见本节五、实例)

零星工作项目表应根据拟建工程的具体情况，详细列出人工、材料、机械的名称、计量单位和相应数量，并随工程量清单发至投标人。零星工作项目中的工、料、机计量，要根据工程的复杂程度、工程设计质量的优劣，以及工程项目设计的成熟程度等因素来确定其数量。一般工程以人工计量为基础，按人工消耗总量的始取值即可。材料消耗主要是辅助材料消耗，按不同专业人工消耗材料类别列项，按人工日消耗量计入。机械列项和计量，除了考虑人工因素外，还要参考各单位工程机械消耗的种类，可按机械消耗总量的1％取值。

四、工程量清单计价

（一）工程量清单计价的基本要求

1. 实行工程量清单计价招标投标的建设工程，其招标标底、投标报价的编制、合同价款确定与调整、工程结算应按《建设工程工程量清单计价规范》（GB 50500—2003）执行。

2. 工程量清单计价应包括按招标文件规定，完成工程量清单所列项目的全部费用，包括分部分项工程费、措施项目费、其他项目费和规费、税金。

3. 工程量清单计价应采用综合单价计价。

4. 分部分项工程量清单的综合单价，应根据《建设工程工程量清单计价规范》（GB 50500—2003）规定的综合单价组成，按设计文件或参照《建设工程工程量清单计价规范》（GB 50500—2003）附录 A、附录 B、附录 C、附录 D、附录 E 中的"工程内容"确定。

5. 措施项目清单的金额，应根据拟建工程的施工方案或施工组织设计，参照《建设工程工程量清单计价规范》（GB 50500—2003）规定的综合单价组成确定。

6. 其他项目清单的金额应按下列规定确定：

（1）招标人部分的金额可按估算金额确定。

（2）投标人部分的总承包服务费应根据招标人提出要求所发生的费用确定，零星工作项目费应根据"零星工作项目计价表"确定。

（3）零星工作项目的综合单价应参照计价规范规定的综合单价组成填写。

7. 招标工程如设标底，标底应根据招标文件中的工程量清单和有关要求、施工现场实际情况、合理的施工方法以及按照省、自治区、直辖市建设行政主管部门制定的有关工程造价计价办法进行编制。

8. 投标报价应根据招标文件中的工程量清单和有关要求、施工现场实际情况及拟定的施工方案或施工组织设计，依据企业定额和市场价格信息，或参照建设行政主管部门发布的社会平均消耗量定额进行编制。

9. 合同中综合单价因工程量变更需调整时，除合同另有约定外，应按照下列办法确定：

（1）工程量清单漏项或设计变更引起新的工程量清单项目，其相应综合单价由承包人提出，经发包人确认后作为结算的依据。

（2）由于工程量清单的工程数量有误或设计变更引起工程量增减，属合同约定幅度以内的，应执行原有的综合单价；属合同约定幅度以外的，其增加部分的工程量或减少后剩余部分的工程量的综合单价由承包人提出，经发包人确认后，作为结算的依据。

由于工程量的变更，且实际发生了除上述规定以外的费用损失，承包人可以提出索赔要求，与发包人协商确认后，给予补偿。

10. 除非合同另有规定外，工程量清单计价均已包括了为实施和完成合同工程所需的人工、材料、机械、检验试验、缺陷修复、管理、保险、利润、规费、税金等费用，以及合同文件中规定的应由承包人承担的所有责任、义务和一般风险。

11. 工程量清单中所列项目包括招标范围内设计图纸所示的全部工程内容，其费用应视为已包括在工程量清单的相关项目的单价或合价之中。

(二) 工程量清单计价格式(见本节五、实例)

1. 封面，应按规定内容填写、签字、盖章。

2. 投标总价，应按工程项目总价表合计金额填写。

3. 工程项目总价表。

4. 单项工程费汇总表。

5. 单位工程费汇总表。

6. 分部分项工程量清单计价表。

7. 措施项目清单计价表。

8. 其他项目清单计价表。

9. 零星工作项目计价表。

10. 分部分项工程量清单综合单价分析表(由招标人根据需要提出要求后填写)。

11. 措施项目费分析表(由招标人根据需要提出要求后填写)。

12. 主要材料价格表。

(三) 工程量清单计价步骤

1. 熟悉工程量清单

工程量清单是计算工程造价最重要的依据，在计价时必须全面了解每一个清单项目的特征描述，熟悉其所包括的工程内容，以便在计价时不漏项，不重复计算。

2. 研究招标文件

工程招标文件的有关条款、要求和合同条件，是计算工程造价的重要依据。招标文件中对有关承发包工程范围、内容、工期、工程材料、设备采购供应办法等都有具体规定，在计价时按规定进行，才能保证计价的有效性。因此，投标单位拿到招标文件后，根据招标文件的要求，要对照图纸，对招标文件提供的工程量清单进行复查或复核。

(1) 分专业对施工图进行工程量的数量审查

招标文件上要求投标人审核工程量清单，如果投标人不审核，则不能发现清单编制中存在的问题，也就不能充分利用招标人给予投标人澄清问题的机会，由此产生的后果由投标人自行负责。如投标人发现由招标人提供的工程量清单有误，招标人可按合同约定进行处理。

(2) 根据图纸说明和各种选用规范对工程量清单项目进行审查

根据规范和技术要求，审查清单项目是否漏项，例如电气设备中有许多调试工作(母线系统调试、低压供电系统调试等)，是否在工程量清单中被漏项。

(3) 根据技术要求和招标文件的具体要求，对工程需要增加的内容进行审查

表面上看，各招标文件基本相同，但每个项目都有自己的特殊要求，这些要求一定会在招标文件中反映出来，这就需要投标人仔细研究。有的工程量清单要求增加的内容、技术要求，与招标文件不一致，通过审查和澄清才能统一起来。

3. 熟悉施工图纸

全面、系统的阅读图纸，是准确计算工程造价的重要工作。

（1）按设计要求，收集图纸选用的标准图、大样图。

（2）认真阅读设计说明，掌握安装构件的部位和尺寸，安装施工要求及特点。

（3）了解本专业施工与其他专业施工工序之间的关系。

（4）对图纸中的错、漏以及表示不清楚的地方予以记录，以便在招标答疑会上询问解决。

4. 熟悉工程量计算规则

当采用消耗量定额分析分部分项工程的综合单价时，对消耗量定额工程量计算规则的熟悉和掌握，是快速、准确地分析综合单价的重要保证。

5. 了解施工组织设计

施工组织设计或施工方案是施工单位的技术部门针对具体工程编制的施工作业指导性文件，其中对施工技术措施、安全措施、施工机械配置、是否增加辅助项目等，都应在工程计价的过程中予以注意。施工组织设计所涉及的费用主要属于措施项目费。

6. 熟悉加工订货的有关情况

明确建设、施工单位双方在加工定货方面的分工。对需要进行委托加工订货的设备、材料、零件等，提出委托加工计划，并落实加工单位及加工产品的价格。

7. 明确主材和设备的来源情况

主材和设备的型号、规格、重量、材质、品牌等对工程计价影响很大，主材和设备的范围及有关内容需要招标人予以明确，必要时注明产地和厂家。

8. 计算工程量

清单计价的工程量计算主要有两部分内容，一是核算工程量清单所提供清单项目工程量是否准确，二是计算每一个清单主体项目所包括的辅助项目工程量，以便分析综合单价。

在计算工程量时，应注意清单计价和定额计价的计量方法不同。清单计价时，是辅助项目随主体项目计算，将不同工程内容发生的辅助项目组合在一起，计算出主体项目的综合单价；而定额计价时，是按相同的工程内容合并汇总，然后套用定额，计算出该项目的分部分项工程费。

9. 确定措施项目清单内容

措施项目清单是完成项目施工必须采取的措施所需的工作内容，该内容必须结合项目的施工方案或施工组织设计的具体情况填写，因此，在确定措施项目清单内容时，一定要根据自己的施工方案或施工组织设计加以修改。

10. 计算综合单价

将工程量清单主体项目及其组合的辅助项目汇总，填入分部分项工程综合单价计算表。如采用消耗量定额分析综合单价的，则应按照定额的计量单位，选套相应定额，计算出各项的管理费和利润，汇总为清单项目费合价，分析出综合单价。综合单价是报价和调价的主要依据。

投标人可以用企业定额，也可用建设行政主管部门的消耗量定额，甚至可以根据本企业的技术水平调整消耗量来计价。

11. 计算措施项目费、其他项目费、规费、税金等。

12. 工程量清单计价，将分部分项工程项目费、措施项目费、其他项目费和规费、税金汇总、合并、计算出工程造价。

13. 工程量清单计价程序

根据计价规范的规定，工程量清单计价程序见表6-22。

工程量清单计价程序 　　　　　　　　　　　　表 6-22

序　号	名　　称	计　算　办　法
1	分部分项工程费	Σ(清单工程量×综合单价)
2	措施项目费	按规定计算
3	其他项目费	按招标文件规定计算
4	规费	按规定计算
5	不含税工程造价	1+2+3+4
6	税金	按税务部门规定计算
7	含税工程造价	5+6

五、实例

某综合楼电气安装工程工程量清单及计价实例。

292

某综合楼电气安装　　工程

工 程 量 清 单

招　标　人：＿＿＿＿＿＿＿＿＿＿（单位签字盖章）

法定代表人：＿＿＿＿＿＿＿＿＿＿（签字盖章）

中 介 机 构
法定代表人：＿＿＿＿＿＿＿＿＿＿（签字盖章）

造价工程师
及注册证号：＿＿＿＿＿＿＿＿＿＿（签字盖执业专用章）

编 制 时 间：＿＿＿＿＿＿＿＿＿＿

填 表 须 知

1. 工程量清单及其计价格式中所有要求签字、盖章的地方，必须由规定的单位和人员签字、盖章。

2. 工程量清单及其计价格式中的任何内容不得随意删除或涂改。

3. 工程量清单计价格式中列明的所有需要填报的单价和合价，投标人均应填报，未填报的单价和合价，视为此项费用已包含在工程量清单的其他单价和合价中。

4. 金额(价格)均应以人民币表示。

总　说　明

工程名称：某综合楼电气安装工程 第___页　共___页

1. 工程概况：（略）

2. 招标范围：全部电气工程。

3. 清单编制依据：《建设工程工程量清单计价规范》、施工设计图文件、施工组织设计等。

4. 工程质量应达合格标准。

5. 考虑施工中可能发生的设计变更或清单有误，预留金额10万元。

6. 投标人在投标时应按《建设工程工程量清单计价规范》规定的统一格式，提供"分部分项工程量清单综合单价分析表"、"措施项目费分析表"。

7. 随清单附有"主要材料价格表"，投标人应该按其规定填写。

分部分项工程量清单

序号	项目编码	项 目 名 称	计量单位	工程数量
1	030204018001	配电箱；落地式配电箱 XL21—09，4 只；10# 基础槽钢制安 12m；压铜接线端子 16mm² 20 个，25mm² 25 个	台	4
2	030204018002	配电箱；嵌墙式配电箱 PZ30—30，5 只；无端子接线 2.5mm² 60 个，4mm² 40 个	台	5
3	030204018003	配电箱；嵌墙式配电箱 PZ30—20，8 只；无端子接线 2.5mm² 120 个，4mm² 80 个	台	8
4	030204031001	一位单极开关；86K11—10N	个(套)	125
5	030204031002	二位单极开关；86K21—10N	个(套)	30
6	030204031003	一位双控开关；86K12—10N	个(套)	10
7	030204031004	单相三极插座；86Z13A10N	个(套)	40
8	030204031005	单相二、三极插座；86Z223A10N	个(套)	690
9	030208004001	电缆桥架；槽式桥架 300×100	m	128
10	030208004002	电缆桥架；梯架 300×100	m	8
11	030208005001	电缆支架	t	0.32
12	030208001001	电力电缆；电力电缆 YJV—4×35＋1×16；沿桥架，35mm² 干包式电缆终端头 6 个	m	150
13	030208001002	电力电缆；电力电缆 YJV—3×95＋2×50；沿桥架，95mm² 干包式电缆终端头 4 个	m	52
14	030209002001	避雷装置；φ10 避雷网沿折板敷设 208m；柱内 2 根主筋引下 210m；基础均压环接地 2 根，196m；断接卡子 4 套，柱主筋与 圈梁焊接 8 处	项	1
15	030211008001	接地装置调试	系统	1
16	030212001001	电气配管；钢管；SC15；砖、混凝土暗配	m	2100
17	030212001002	电气配管；钢管；SC20；砖、混凝土暗配	m	800
18	030212001003	电气配管；钢管；SC32；砖、混凝土暗配	m	55
19	030212001004	电气配管；钢管；SC20；砖、混凝土明配，管道支吊架制 安 120kg	m	320
20	030212001005	电气配管；钢管；SC25；砖、混凝土明配，管道支吊架制 安 60kg	m	180
21	030212003001	电气配线；管内穿线；BV2.5	m	6450
22	030212003002	电气配线；管内穿线；BV4	m	3300
23	030212003003	电气配线；管内穿线；BV16	m	50
24	030212003004	电气配线；管内穿线；BV25	m	136
25	030213001001	普通吸顶灯及其他灯具；半球吸顶灯 φ300mm；40W	套	80
26	030213001002	普通吸顶灯及其他灯具；半球吸顶灯 φ300mm；40W，安装高 度 6m	套	10
27	030213003001	装饰；疏散指示灯；1×16W；嵌入式 0.5m	套	18
28	030213004001	荧光灯；单管荧光灯；1×36W；吸顶式	套	50
29	030213004002	荧光灯；双管荧光灯；2×36W；吸顶式	套	160

措施项目清单

工程名称：某综合楼电气安装工程

序 号	项 目 名 称	计 量 单 位	工 程 数 量
1	环境保护费	项	1
2	临时设施费	项	1
3	检验试验费	项	1
4	脚手架搭拆费	项	1

其 他 项 目 清 单

工程名称：某综合楼电气安装工程

序 号	项 目 名 称	合 价
1	预留金	100000.00
2	安全文明施工措施费	
3	材料购置费	
4	总承包服务费	
5	零星工作项目费	

零星工作项目表

工程名称：某综合楼电气安装工程

序 号	名 称	计 量 单 位	数 量
1	人工		
1.1	电焊工	工 日	30
1.2	电工	工 日	50
2	材料		
2.1	增强尼龙管 DN50	m	100
2.2	焊接钢管 DN32	m	50
3	机械		
3.1	交流弧焊机 21kVA	台 班	5
3.2	直流弧焊机 10kW	台 班	10

某综合楼电气安装 工程

工程量清单报价表

投　标　人：_____（单位签字盖章）

法定代表人：_____（签字盖章）

造价工程师

及注册证号：_____（签字盖执业专用章）

编 制 时 间：_____

投 标 总 价

建 设 单 位： _____

工 程 名 称： _____某综合楼电气安装工程_____ （签字盖章）

投标总价(小写)： _____319609.78元_____

（大写）：叁拾壹万玖仟陆佰零玖元柒角捌分

投 标 人： _____(单位签字盖章)

法定代表人： _____(签字盖章)

编 制 时 间： _____

单位工程费汇总表

工程名称：某综合楼电气安装工程　　　　　　　　　　　　　第＿＿＿页　共＿＿＿页

序　号	单项工程名称	公　式	金额（元）
1	分部分项工程量清单计价合计	工程量清单计价	184442.32
2	措施项目清单计价合计	措施项目计价	7857.57
3	其他项目清单计价合计	其他项目计价	111038.85
4	规费	[(1)～(3)]×1.86%	5642.10
5	税金	[(1)～(4)]×3.44%	10628.94
	合计	[1～5]	319609.78

分部分项工程量清单计价表

工程名称：某综合楼电气安装工程　　　　　　　　　　　　　第＿＿＿页　共＿＿＿页

序　号	项目编码	项目名称	计量单位	工程数量	金额（元）	
					综合单价	合　价
1	030204018001	配电箱；落地式配电箱 XL21—09，4只；10#基础槽钢制安 12m；压铜接线端子 16mm² 20 个，25mm² 25 个	台	4	601.11	2404.44
2	030204018002	配电箱；嵌墙式配电箱 PZ30—30，5只；无端子接线 2.5mm² 60 个，4mm² 40 个	台	5	140.45	702.25
3	030204018003	配电箱；嵌墙式配电箱 PZ30—20，8只；无端子接线 2.5mm² 120 个，4mm² 80个	台	8	151.30	1210.40
4	030204031001	一位单极开关；86K11—10N	个（套）	125	8.77	1096.25
5	030204031002	二位单极开关；86K21—10N	个（套）	30	11.36	340.80
6	030204031003	一位双控开关；86K12—10N	个（套）	10	10.59	105.90
7	030204031004	单相三极插座；86Z13A10N	个（套）	40	10.90	436.00
8	030204031005	单相二、三极插座；86Z223A10N	个（套）	690	13.95	9625.50
9	030208004001	电缆桥架；槽式桥架 300×100	m	128	226.15	28947.20
10	030208004002	电缆桥架；梯架 300×100	m	8	198.02	1584.16
11	030208005001	电缆支架	t	0.32	7927.00	2536.64
12	030208001001	电力电缆；电力电缆 YJV—4×35＋1×16；沿桥架，35mm² 干包式电缆终端头 6个	m	150	86.52	12978.00

序 号	项目编码	项 目 名 称	计量单位	工程数量	金额(元) 综合单价	合 价
13	030208001002	电力电缆；电力电缆 YJV—3×95＋2×50；沿桥架，95mm² 干包式电缆终端头 4 个	m	52	263.99	13727.48
14	030209002001	避雷装置；φ10 避雷网沿折板敷设 208m；柱内 2 根主筋引下 210m；基础均压环接地 2 根，196m；断接卡子 4 套，柱主筋与圈梁焊接 8 处	项	1	6516.34	6516.34
15	030211008001	接地装置调试	系统	1	418.76	418.76
16	030212001001	电气配管；钢管；SC15；砖、混凝土暗配	m	2100	9.05	19005.00
17	030212001002	电气配管；钢管；SC20；砖、混凝土暗配	m	800	10.58	8464.00
18	030212001003	电气配管；钢管；SC32；砖、混凝土暗配	m	55	14.88	818.40
19	030212001004	电气配管；钢管；SC20；砖、混凝土明配，管道支吊架制安 120kg	m	320	18.90	6048.00
20	030212001005	电气配管；钢管；SC25；砖、混凝土明配，管道支吊架制安 60kg	m	180	21.86	3934.80
21	030212003001	电气配线；管内穿线；BV2.5	m	6450	1.51	9739.50
22	030212003002	电气配线；管内穿线；BV4	m	3300	1.86	6138.00
23	030212003003	电气配线；管内穿线；BV16	m	50	8.33	416.50
24	030212003004	电气配线；管内穿线；BV25	m	136	10.79	1467.44
25	030213001001	普通吸顶灯及其他灯具；半球吸顶灯 φ300mm；40W	套	80	77.91	6232.80
26	030213001002	普通吸顶灯及其他灯具；半球吸顶灯 φ300mm；40W，安装高度 6m	套	10	673.37	6733.70
27	030213003001	装饰灯；疏散指示灯；1×16W；嵌入式 0.5m	套	18	365.62	6581.16
28	030213004001	荧光灯；单管荧光灯；1×36W；吸顶式	套	50	92.53	4626.50
29	030213004002	荧光灯；双管荧光灯；2×36W；吸顶式	套	160	135.04	21606.40
		合计				184442.32

措施项目清单计价表

工程名称：某综合楼电气安装工程　　　　　　　　　　第___页　共___页

序　号	项　目　名　称	金额(元)
1	环境保护费［工程量清单计价×2％］	3688.85
2	临时设施费［工程量清单计价×1.5％］	2766.63
3	检验试验费［工程量清单计价×0.3％］	553.33
4	脚手架搭拆费	848.76
	合　计	7857.57

其他项目清单计价表

工程名称：某综合楼电气安装工程　　　　　　　　　　第___页　共___页

序　号	项　目　名　称	合　价
1	预留金	100000
2	安全文明施工措施费	3688.85
3	材料购置费	
4	总承包服务费	
5	零星工作项目费	7350
	合　计	111038.85

零星工作项目计价表

工程名称：某综合楼电气安装工程　　　　　　　　　　第___页　共___页

序　号	名　称	计量单位	数　量	金额(元) 综合单价	金额(元) 合　价
1	人工				
1.1	电焊工	工日	30	50	1500
1.2	电工	工日	50	35	1750
2	材料				
2.1	增强尼龙管 DN50	m	100	15	1500
2.2	焊接钢管 DN32	m	50	18	900
3	机械				
3.1	交流弧焊机 21kV・A	台班	5	120	600
3.2	直流弧焊机 10kW	台班	10	110	1100
	合　计				7350

分部分项工程清单综合单价分析表

工程名称：某综合楼电气安装工程

序号	项目编码	项目名称	定额编号	定额名称	综合单价	综合单价组成 人工费	机械费	材料费	管理费	利润
1	030204018001	配电箱;落地式配电箱 XL21-09、4 只;10#基础槽钢制安 12m,压铜接线端子 16mm² 20 个、25mm² 25 个			601.11	190.09	81.58	213.49	89.34	26.6
			2—262	成套配电箱安装落地式		84.94	55.18	29.34	39.92	11.89
			2—358	10#基础槽钢制作		75.82	20.5	128.23	35.63	10.61
			2—356	基础槽钢角钢安装、槽钢		14.53	5.9	8.96	6.83	2.03
			2—337	压铜接线端子导线截面 16mm² 以内		5.15		17.72	2.42	0.72
			2—338	压铜接线端子导线截面 35mm² 以内		9.65		29.24	4.54	1.35
2	030204018002	配电箱;嵌入式配电箱 PZ30-30,5 只,无端子接线 2.5mm² 60 个、4mm² 40 个			140.45	53.92		53.64	25.34	7.54
			2—264	成套配电箱安装悬挂嵌入式半周长 1.0m		42.12		29.2	19.8	5.9
			2—327	无端子外部接线 2.5mm²		6.18		14.66	2.9	0.86
			2—328	无端子外部接线 6mm²		5.62		9.78	2.64	0.78
3	30204018003	配电箱;嵌入式配电箱 PZ30-20,8 只,无端子接线 2.5mm² 120 个、4mm² 80 个			151.30	56.86		59.75	26.73	7.96
			2—264	成套配电箱安装悬挂嵌入式半周长 1.0m		42.12		29.2	19.8	5.9
			2—327	无端子外部接线 2.5mm²		7.72		18.33	3.63	1.08
			2—328	无端子外部接线 6mm²		7.02		12.22	3.3	0.98
4	030204031001	一位单极开关;86K11-10N			8.77	1.99		5.56	0.93	0.28
			2—1637	扳式暗开关单控单联		1.99		5.56	0.93	0.28
5	030204031002	二位单极开关;86K21-10N			11.36	2.08		8.01	0.98	0.29
			2—1638	扳式暗开关单控双联		2.08		8.01	0.98	0.29
6	030204031003	一位双控开关;86K12-10N			10.59	1.99		7.39	0.94	0.28
			2—1643	扳式暗开关双控单联		1.99		7.39	0.94	0.28

序号	项目编码	项目名称	定额编号	定额名称	综合单价	综合单价组成				
						人工费	机械费	材料费	管理费	利润
7	03020403 1004	单相三极插座; 86Z13A10N			10.90	2.13		7.46	1	0.3
			2—1668	单相暗插座 15A, 3孔		2.13		7.46	1	0.3
8	03020403 1005	单相二、三极插座; 86Z223A10N			13.95	2.57		9.8	1.21	0.36
			2—1670	单相暗插座 15A, 5孔		2.57		9.8	1.21	0.36
9	03020800 4001	电缆桥架; 槽式桥架 300×100			226.15	7.44	0.65	213.52	3.5	1.04
			2—543	钢制槽式桥架 宽+高 400mm以下		7.44	0.65	213.52	3.5	1.04
10	03020800 4002	电缆桥架; 梯架 300×100			198.02	8.54	0.82	183.45	4.01	1.2
			2—550	钢制梯式桥架 宽+高 500mm以下		8.54	0.82	183.45	4.01	1.2
11	03020800 5001	电缆支架			7927	1375.88	209.69	5502.09	646.69	192.59
			2—592	桥架支撑架安装		1375.88	209.69	5502.09	646.69	192.59
12	30208001001	电力电缆; 电力电缆 YJV-4×35+1×16; 沿桥架 35mm²; 干包式电缆终端头6个	2—618×1.3	铜芯电力电缆敷设 电缆截面35mm²以下	86.52	2.94	-0.09	81.69	1.38	0.42
			2—626×1.2	户内干包式电力电缆头制作干包终端头 1kV以下 截面35mm²以下		2.32	0.09	76.83	1.09	0.33
13	03020800 1002	电力电缆; 电力电缆 YJV-3×95+2×50; 沿桥架 95mm²; 干包式电缆终端头4个	2—619 备注2	铜制电力电缆敷设 电缆截面120mm²以下	263.99	6.35	0.62	253.16	2.98	0.89
			2—627×1.2	户内干包式电力电缆头制作干包终端头 1kV以下 截面120mm²以下		4.41	0.62	246.02	2.07	0.62
						1.94		7.14	0.91	0.27
14	03020900 2001	避雷装置; φ10避雷网沿折板支架敷设 208m; 柱内2根主筋引下 210m; 基础均压环接地2根 196m; 断接卡	2—749	避雷网安装沿折板支架敷设	6516.34	2042.48	1742.7	1485.03	960.09	285.97
			2—746	避雷引下线敷设利用建筑物主筋引下		1375.55	425.3	1347.67	646.6	192.55
			2—747	避雷引下线敷设断接卡子制作安装10套		402.99	1002.54	85.05	189.42	56.49
						33.69	0.26	13.97	15.83	4.71

序号	项目编码	项目名称	定额编号	定额名称	综合单价	人工费	机械费	材料费	管理费	利润
14	030209002001	子4套，柱主筋与圈梁焊接8处	2-751	避雷网安装均压环敷设利用圈梁钢筋		183.45	260.09	21.75	86.24	25.67
			2-752	避雷网安装柱主筋与圈梁钢筋焊接10处		46.8	51.51	16.59	22	6.55
15	030211008001	接地装置调试	2-886	接地装置调试接地网	418.76	168	143.64	4.64	78.96	23.52
						168	143.64	4.64	78.96	23.52
16	030212001001	电气配管；钢管SC15；砖、混凝土暗配	2-1008	钢管敷设砖、混凝土结构暗配钢管管口径15mm以内	9.05	1.99	0.27	5.58	0.94	0.27
			2-1378	暗装开关盒		1.58	0.27	4.47	0.74	0.22
			2-1377	暗装接线盒		0.31		0.78	0.15	0.04
						0.1		0.33	0.05	0.01
17	030212001002	电气配管；钢管SC20；砖、混凝土暗配	2-1009	钢管敷设砖、混凝土结构暗配钢管管口径20mm以内	10.58	2.09	0.27	6.94	0.99	0.29
			2-1378	暗装开关盒		1.68	0.27	5.83	0.79	0.24
			2-1377	暗装接线盒		0.31		0.78	0.15	0.04
						0.1		0.33	0.05	0.01
18	030212001003	电气配管；钢管SC32；砖、混凝土暗配	2-1011	钢管敷设砖、混凝土结构暗配钢管管口径32mm以内	14.88	2.17	0.39	10.99	1.02	0.3
						2.17	0.39	10.99	1.02	0.3
19	030212001004	电气配管；钢管SC20；砖、混凝土明配，管道支吊架制安120kg	2-998	钢管敷设砖、混凝土结构明配钢管管口径20mm以内	18.90	5.1	0.95	9.75	2.4	0.71
			2-360	轻型铁构件制作		2.94	0.27	7.6	1.38	0.41
			2-361	轻型铁构件安装		1.21	0.45	1.57	0.57	0.17
			2-1379	明装普通接线盒		0.72	0.23	0.12	0.34	0.1
						0.23		0.46	0.11	0.03

序号	项目编码	项目名称	定额编号	定额名称	综合单价	综合单价组成				
						人工费	机械费	材料费	管理费	利润
20	030212001005	电气配管；钢管；SC25；砖、混凝土明配，管道支吊架制安60kg			21.86	5.31	0.99	12.32	2.49	0.74
			2—999	钢管敷设 砖、混凝土结构配钢管明配管口径25mm以内		3.39	0.39	10.42	1.59	0.47
			2—360	轻型钢构件制作		1.07	0.4	1.39	0.5	0.15
			2—361	轻型铁构件安装		0.64	0.2	0.11	0.3	0.09
			2—1379	明装普通接线盒		0.21		0.4	0.1	0.03
21	030212003001	电气配线；管内穿线；BV2.5			1.51	0.24		1.12	0.11	0.03
			2—1172	管内穿线照明线路导线截面2.5mm²以内铜芯		0.24		1.12	0.11	0.03
22	030212003002	电气配线；管内穿线；BV4			1.86	0.17		1.59	0.08	0.02
			2—1173	管内穿线照明线路导线截面4mm²以内铜芯		0.17		1.59	0.08	0.02
23	030212003003	电气配线；管内穿线；BV16			8.33	0.36		7.75	0.17	0.05
			2—1202	管内穿线动力线路铜芯导线截面16mm²以内		0.36		7.75	0.17	0.05
24	030212003004	电气配线；管内穿线；BV25			10.79	0.38		10.18	0.18	0.05
			2—1203	管内穿线动力线路铜芯导线截面25mm²以内		0.38		10.18	0.18	0.05
25	030213001001	普通吸顶灯及其他灯具；半球吸顶灯φ300mm；40W			77.91	5.05		69.77	2.38	0.71
			2—1385	半圆球吸顶灯灯罩直径300mm以内		5.05		69.77	2.38	0.71

序号	项目编码	项目名称	定额编号	定额名称	综合单价	综合单价组成				
						人工费	机械费	材料费	管理费	利润
26	030213001002	普通吸顶灯及其他灯具；半球吸顶灯 40W，安装 φ300mm；高度 6m	2—1385	半圆球吸顶灯灯罩直径 300mm 以内	673.37	71.54		558.19	33.62	10.01
			2—F3	工程超高费（537.92×33% 工资：100%）		17.75		0	8.34	2.48
27	030213003001	装饰灯；疏散指示灯；1×16W；嵌入式 0.5m	2—1543	标志诱导装饰灯具嵌入式 171、172、173、174	365.62	6.65		354.92	3.12	0.93
						6.65		354.92	3.12	0.93
28	030213004001	荧光灯；单管荧光灯；1×36W；吸顶式	2—1594	荧光灯具安装成套型吸顶单管	92.53	5.08		84.36	2.39	0.71
						5.08		84.36	2.39	0.71
29	030213004002	荧光灯；双管荧光灯；2×36W；吸顶式	2—1595	荧光灯具安装成套型吸顶双管	135.04	6.39		121.76	3	0.89
						6.39		121.76	3	0.89

主要材料价格表

工程名称：某综合楼电气安装工程   第___页 共___页

序号	材料编号	材 料 名 称	单位	用量	单价	合价
1	504091	钢管(SC15)	m	2163.0	4.00	8652.00
2	504091	钢管(SC20)	m	1153.6	5.22	6021.79
3	504091	钢管(SC25)	m	185.4	7.54	1397.92
4	504091	钢管(SC32)	m	56.7	9.86	559.06
5	507165	支撑架	kg	321.6	5.00	1608.00
6	702077	铜芯绝缘导线 BV16	m	73.5	5.09	374.12
7	702077	铜芯绝缘导线 BV25	m	169.1	7.98	1349.02
8	704015	成套插座 86Z13A10N	套	41	6.68	273.88
9	704015	成套插座 86Z223A10N	套	704	8.75	6160.00
10	704016	半圆球吸顶灯罩直径 300mm	套	162	60.00	9720
11	704016	双管荧光灯 2×36W 吸顶式	套	162	120.00	19440.00
12	704016	疏散指示灯 1×16W	套	18	350.00	6300.00
13	704044	接线盒 86H50	个	822	2.50	2055.00
14	704044	接线盒 DH75	个	353	2.80	988.40
15	704063	照明开关 86K11—10N	只	128	5.15	659.20
16	704063	照明开关 86K12—10N	只	10	6.88	68.80
17	704063	照明开关 86K21—10N	只	31	7.46	231.26
18	902324	梯架 300×100	m	8.0	180.00	1440.00
19	902324	槽式桥架 300×100	m	128.6	210.00	27006.0
20	903044	普通钢板 δ1.0～δ1.5	kg	187.2	3.00	561.60
21	903137	绝缘导线 BV2.5	m	7690.8	0.82	6306.46
22	903137	绝缘导线 BV4	m	3762.0	1.27	4777.74
23	903139	圆钢 φ10～φ11	kg	9.6	3.00	28.80
24	903140	角钢综合	kg	98.3	3.00	294.90
25	903141	扁钢—30×4～50×5	kg	26.4	3.00	79.20
		合计				106353.55

308

思考题与习题

1. 什么是安装工程预算定额？

2. 安装工程预算定额由哪几部分构成？

3. 预算定额的编制方法有几种？

4. 如何套用预算定额？

5. 定额人工工日消耗量指标如何确定？

6. 定额材料消耗量指标如何确定？

7. 定额机械台班消耗量如何确定？

8. 什么是预算定额基价？它由哪些费用组成？

9. 什么是预算定额的计价材料？什么是预算定额的未计价材料？

10. 什么是施工图预算？

11. 简述编制施工图预算的作用、依据和步骤。

12. 什么叫预算审查？

13. 预算审查的内容有哪些？

14. 电气安装工程的脚手架搭拆费是如何确定的？

15. 什么叫工程量？安装工程计量单位主要有哪些？

16. 施工操作超高增加费如何计算？

17. 建筑电气安装工程高层建筑增加费如何计算？

18. 安装工程计划利润以什么作为计费基础？

19. 计算预算工程量时，开关、插座处导线的预留是否单独考虑？

20. 电缆工程量如何计算？

21. 什么是竖直通道电缆？竖直通道电缆如何套用定额？

22. 怎样计算配管工程量？

23. 怎样计算管内穿线工程量？

24. 接线盒、分线盒、开关盒、插座盒、灯头盒怎样计算工程量？

25. 电风扇、排气扇要计算电机检查接线和电机调试吗？为什么？

26. 高压配电柜、低压开关柜、配电箱、配电屏如何计算工程量？

27. 防雷接地工程应列哪些项目？工程量如何分别计算？

28. 一般灯具和装饰灯具怎样划分？

29. 导线进入盘、箱、柜应怎样预留长度？

30. 成套灯具和组装型灯具应如何计算工程量？

31. 什么地方该计算接地跨接工程量？

32. 送配电设备系统调试，应怎样计算工程量？

33. 干式变压器的调试应套用什么定额？

34. 铜母线需要进行调试吗？应如何套用定额？

35. 简述工程量清单计价的特点与作用。

36. 工程量清单格式的组成内容有哪些？

37. 工程量清单计价的基本要求是什么？

38. 工程量清单的计价步骤？

39. 某变配电所系统图和剖面如图 6-14 所示，根据所学工艺、识图、工程量计算规则综合知识，列出从架空线路最后一个绝缘子后的工程量计算项目（以长度和重量作为工程量计算单位的可不计算工程量）。

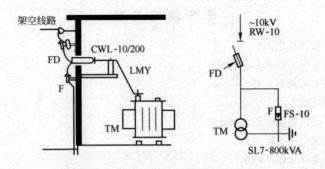

图 6-14 某变压器室剖面图、系统图

附录1 常用图形符号

摘自《电气图用图形符号》（GB 4728）。

序　号	图　形　符　号	说　明	IEC
1-1　常用符号要素及限定符号			
02-02-01	—	直流 注：电压可标注在符号右边，系统类型可标注在左边	=
02-02-02	2M-220/110V	示例：直流，带中间线的三线制220V（两根导线与中间线之间为110V）2M可用2＋M代替	
02-02-04	～	交流 频率或频率范围以及电压的数值应标注在符号的右边，系统类型应标注在符号的左边	=
02-02-05	～50Hz	示例：交流，50Hz	
02-02-06	～100…600kHz	示例：交流，频率范围100～600kHz	
02-02-07	3N～50Hz 380/220V	示例：交流，三相带中性线，50Hz，380V（中性线与相线之间为220V）。3N可用3＋N代替	
02-02-08	3N～50Hz/TN-S	示例：交流、三相、50Hz、具有一个直接接地点且中性线与保护导线全部分开的系统	
02-02-12	⩫	交直流	=
02-02-14	N	中线（中性线）	=
02-02-15	M	中间线	=
02-02-16	＋	正极	=
02-02-17	—	负极	=
02-08-01	⊐	热效应	=
02-08-02	⊃	电磁效应	=
02-13-01	⊢--	一般情况下手动控制	=
02-13-03	⊐--	拉拔操作	=
02-13-04	Ϝ--	旋转操作	=
02-13-05	E--	推动操作	=
02-15-01	⏚	接地一般符号 注：如表示接地的状况或作用不够明显，可补充说明	=

序　号	图　形　符　号		说　　明	IEC
02-15-04 02-15-05	形式 1 形式 2		接机壳或接底板	=
02-17-01			故障(用以表示假定故障位置)	=
02-17-02			闪络　击穿	=
02-17-03			导线间绝缘击穿	=
1-2　常用导线和连接器件符号				
03-01-01			导线、导线组、电线、电缆、电路、传输通路(如微波技术)、线路、母线(总线)一般符号 注：当用单线表示 1 组导线时，若需示出导线数可加小短斜线或画一条短斜线加数字表示	=
03-01-02			示例：3 根导线 更多的情况可按下列方法表示： 在横线上面注出：电流种类、配电系统、频率和电压等	
03-01-03	3		在横线下画注出：电路的导线数乘以每根导线的截面积，若导线的截面不同时，应用加号将其分开 导线材料可用其化学元素符号表示	
03-03-01 03-03-02	优选型 —(	其他型 —<	插座(内孔的)或插座的一个极	=
03-03-03 03-03-04	←	←	插头(凸头的)或插头的一个极	=
03-03-05 03-03-06	—(—	—<<	插头和插座(凸头和内孔的)	=
03-04-01			电缆密封终端头(示出带 1 根三芯电缆) 多线表示	=
03-04-02			单线表示	
03-04-03			不需要示出电缆芯数的电缆终端头	
1-3　常用无源元件符号				
04-01-01 04-01-02	优选型　—□— 其他型　—∧∨∧—		电阻器一般符号	= =

序　　号	图　形　符　号	说　　　明	IEC
04-01-03		可变电阻器 可调电阻器	=
04-02-01	优选型	电容器一般符号 注：如果必须分辨同一电容器的电极时，弧形的极板表示：	
		(1) 在固定的纸介质和陶瓷介质电容器中表示外电极	=
04-02-02	其他型	(2) 在可调和可变的电容器中表示动片电极 (3) 在穿心电容器中表示低电位电极	
04-03-01		电感器 线圈 绕组 扼流圈	=
04-03-02		注：(1) 变压器绕组见 GB 4728.6—84《电气图用图形符号 　　　电能的发生和转换》 　　(2) 如果要表示带磁芯的电感器，可以在该符号上加 　　　一条线。这条线可以带注释，用以指出非磁性材料。 　　　并且这条线可以断开画，表示磁芯有间隙	=
04-03-03		(3) 符号中半圆数目不作规定，但不得少于三个，示 　　　例：带磁芯的电感器 　　　　　磁芯有间隙的电感器	=
1-4　常用半导体管和电子管符号			
05-03-01		半导体二极管一般符号	=
05-03-02		发光二极管一般符号	=
05-05-01		PNP 型半导体管	=
05-05-02		NPN 型半导体管，集电极接管壳	=
05-06-01		光敏电阻 具有对称导电性的光电器件	=
1-5　电机、变压器常用符号			
06-04-01		电机一般符号 符号内的"星号"必须用下述字母代替： 　C 同步变流机 　G 发电机 　GS 同步发电机 　M 电动机 　MG 能作为发电机或电动机使用的电机 　MS 同步电动机 　SM 伺服电机 　TG 测速发电机 　TM 力矩电动机 　IS 感应同步器 注：可在字母下加上直流或交流符号	=

序　　号	图　形　符　号		说　　　　明	IEC
06-08-01			三相笼型异步电动机	＝
06-08-03			三相线绕转子异步电动机	＝
	形式 1	形式 2	双绕组变压器	
06-19-03			注：瞬时电压的极性可以在形式 2 中表示	
06-19-04				＝
06-19-05			示例：示出瞬时电压极性标记的双绕组变压器流入绕组标记端的瞬时电流产生辅助磁通	
06-19-06			三绕组变压器	＝
06-19-07				
06-19-08			自耦变压器	＝
06-19-09				
06-19-10			电抗器、扼流圈	＝
06-19-11				
06-19-12			电流互感器	＝
06-19-13			脉冲变压器	
	形式 1	形式 2	三相变压器	
06-20-07			星形-三角形联结	＝
06-20-08				
06-23-02			具有两个铁芯和两个二次绕组的电流互感器	
			注：（1）形式 2 中铁芯符号可以略去	＝
06-23-03			（2）在初级电路每端示出的接线端子符号表示只画出一个器件	
1-6　开关、控制和保护装置常用符号				
07-02-01	形式 1		动合(常开)触点	
07-02-02	形式 2		注：本符号也可以用作开关一般符号	＝
07-02-03			动断(常闭)触点	＝

序　号	图　形　符　号	说　明	IEC
07-05-01 07-05-02	形式 1 形式 2	当操作器件被吸合时延时闭合的动合触点	=
07-05-03 07-05-04	形式 1 形式 2	当操作器件被释放时延时断开的动合触点	=
07-05-05 07-05-06	形式 1 形式 2	当操作器件被释放时延时闭合的动断触点	=
07-05-07 07-05-08	形式 1 形式 2	当操作器件被吸合时延时断开的动断触点	=
07-07-01		手动开关的一般符号	=
07-07-02		按钮开关(不闭锁)	=
07-07-03		拉拔开关(不闭锁)	=
07-07-04		旋钮开关、旋转开关(闭锁)	=
07-08-01		位置开关,动合触点 限制开关,动合触点	=
07-08-02		位置开关,动断触点 限制开关,动断触点	=
07-13-02		多极开关一般符号 单线表示	
07-13-03		多线表示	
07-13-04		接触器(在非动作位置触点断开)	=
07-13-06		接触器(在非动作位置触点闭合)	=

序　号	图 形 符 号	说　　明	IEC
07-13-07		断路器	=
07-13-08		隔离开关	=
07-13-10		负荷开关（负荷隔离开关）	=
17-13-11		具有自动释放的负荷开关	
07-14-01		电动机启动器一般符号 注：特殊类型的启动器可以在一般符号内加上限定符号	=
07-14-06		星-三角启动器	=
07-14-07		自耦变压器式启动器	=
07-15-01 07-15-02	形式1 形式2	操作器件一般符号 注：具有几个绕组的操作器件，可以由适当数值的斜线或重复符号 07-15-01 或 07-15-02 来表示；引线的方位是任意的	=
07-18-01		气体继电器	=
07-21-01		熔断器一般符号	=
07-21-06		跌开式熔断器	=
07-21-07		熔断器式开关	=
07-22-01		火花间隙	=
07-22-03		避雷器	=

1-7　常用测量仪表、灯和信号器件图形符号

08-02-01		电压表	=
08-02-05		功率因数表	=
08-02-06		相位表	=
08-02-07		频率表	=

序　号	图 形 符 号	说　明	IEC
08-04-03	Wh	电度表(瓦特小时计)	=
08-04-15	varh	无功电度表	=
08-08-01	(钟)	钟(二次钟、副钟)一般符号	=
08-08-02	(母钟)	母钟	=
08-10-01	⊗	灯一般符号 信号灯一般符号 注：(1) 如果要求指示颜色，则在靠近符号处标出下列字母： 　　RD　红　　BU　蓝 　　YE　黄　　WH　白 　　GN　绿 　　(2) 如要指出灯的类型，则在靠近符号处标出下列字母： 　　Ne　氖　　EL　电发光 　　Xe　氙　　ARC　弧光 　　Na　钠　　FL　荧光 　　Hg　汞　　IR　红外线 　　I　碘　　UV　紫外线 　　IN　白炽　LED　发光二极管	=
08-10-05	(电喇叭)	电喇叭	=
08-10-06	优选型	电铃	=
08-10-07	其他型		
08-10-09	(电警笛)	电警笛　报警器	=
08-10-10	优选型	蜂鸣器	=
08-10-11	其他型		

1-8　常用电信设备图形符号

09-05-01	(电话机)	电话机一般符号	=
09-10-01	(传声器)	传声器一般符号	=
09-10-11	(扬声器)	扬声器一般符号	=
09-12-01	(传真机)	传真机一般符号	=

1-9　电信传输系统常用图形符号

10-04-01	Y	天线一般符号	=

序　号	图　形　符　号		说　　明	IEC
10-05-01			放大器一般符号 中断器一般符号	=
			1-10　常用电力、照明和电信平面布置用图形符号	
11-01-05 11-01-06	规划（设计）的	运行的	变电所，配电所	=
11-04-10			总配线架	
11-04-11			中间配线架	
11-05-01			导线、电缆、线路、传输通道一般符号	=
11-05-02			地下线路	=
11-05-04			架空线路	
11-05-05			管道线路 注：管孔数量、截面尺寸或其他特性（如管道的排列形式）可标注在管道线路的上方	=
11-05-06			示例：6孔管道的线路	=
11-05-16			挂在钢索上的线路	
11-05-17			事故照明线	
11-05-18			50V及其以下电力及照明线路	
11-05-19			控制及信号线路（电力及照明用）	
11-05-22 11-05-23			母线一般符号 当需要区别交直流时： （1）交流母线 （2）直流母线	
11-05-24			装在支柱上的封闭式母线	
11-05-25			装在吊钩上的封闭式母线	
11-05-26			滑触线	
11-05-27			中性线	
11-05-28			保护线	=
11-05-29			保护和中性共用线	=
11-05-30			具有保护线和中性线的三相配线	
11-06-01			向上配线	=
11-06-02			向下配线	=
11-06-03			垂直通过配线	=
11-08-10			电缆铺砖保护	

序　号	图形符号	说　明	IEC
11-08-11		电缆穿管保护 注：可加注文字符号表示其规格数量	
11-08-12		电缆上方敷设防雷排流线	
11-08-13		电缆旁设置防雷消弧线	
11-08-14		电缆预留	
11-08-15		电信电缆的蛇形敷设	
11-08-16		电缆充气点	
11-08-17		母线伸缩接头	
11-08-18		电缆中间接线盒	
11-08-19		电缆分支接线盒	
11-08-20		接地装置 (1) 有接地极 (2) 无接地极	
11-08-37 11-08-38		电力电缆与其他设施交叉点 a——交叉点编号 (1) 电缆无保护 (2) 电缆有保护	
11-10-01		桥式放大器(表示具有三条支路或激励输出) 注：圆点表示较高电平的输出	=
11-10-02		主干桥式放大器(示出三条馈线支路)	=
11-11-01		两路分配器	=
11-12-01		用户分支器(示出一路分支)	=
11-15-01		屏、台、箱、柜一般符号	
11-15-02		动力或动力-照明配电箱 注：需要时符号内可标示电流种类符号	
11-15-03		信号板、信号箱(屏)	
11-15-04		照明配电箱(屏) 注：需要时允许涂红	
11-15-05		事故照明配电箱(屏)	
11-15-06		多种电源配电箱(屏)	

序　号	图　形　符　号	说　　明	IEC
11-16-07	◎	按钮一般符号 注：若图面位置有限，又不会引起混淆，小圆允许涂黑	=
11-16-08 11-16-09	▢ ▢▢	按钮盒 （1）一般或保护型按钮盒 　示出一个按钮 　示出两个按钮	
11-16-10 11-16-11	▢▢▢ ▢▢▶	（2）密闭型按钮盒 （3）防爆型按钮盒	
11-16-12	⊗	带指示灯的按钮	=
11-16-13		限制接近的按钮（玻璃罩等）	=
11-16-14		电锁	=
11-17-01	▢⊙⊙▢	直流电焊机	
11-17-05	▢⊘▢	交流电焊机	
11-17-08		热水器（示出引线）	=
11-17-09	∞	风扇一般符号（示出引线） 注：若不引起混淆，方框可省略不画	=
11-18-02		单相插座	
11-18-03		暗装	
11-18-04		密闭（防水）	
11-18-05		防爆	
11-18-06		带保护接点插座 带接地插孔的单相插座	
11-18-07		暗装	=
11-18-08		密闭（防水）	
11-18-09		防爆	
11-18-10		带接地插孔的三相插座	
11-18-11		暗装	
11-18-12		密闭（防水）	
11-18-13		防爆	
11-18-14		插座箱（板）	
11-18-15		多个插座（示出三个）	=

序　号	图　形　符　号	说　　明	IEC
11-18-20		电信插座的一般符号 注：可用文字或符号加以区别 　如：TP—电话 　　　◁—扬声器 　　FX—电传 　　M—传声器 　　TV—电视 　　FM—调频	=
11-18-21		带熔断器的插座	
11-18-22		开关一般符号	
11-18-23		单极开关	
11-18-24		暗装	=
11-18-25		密闭（防水）	
11-18-26		防爆	
11-18-27		双极开关	
11-18-28		暗装	=
11-18-29		密闭（防水）	
11-18-30		防爆	
11-18-31		三极开关	
11-18-32		暗装	=
11-18-33		密闭（防水）	=
11-18-34		防爆	
11-18-35		单极拉线开关	=
11-18-36		单极双控拉线开关	=
11-18-37		单极限时开关	=
11-18-38		双控开关（单极三线）	=
11-18-39		具有指示灯的开关	=
11-18-40		多拉开关（如用于不同照度）	=

序　号	图形符号	说　明	IEC
11-18-42		调光器	=
11-18-43		限时装置	=
11-18-44		定时开关	=
11-18-45		钥匙开关	=
11-19-01		灯或信号灯的一般符号	=
11-19-02		投光灯一般符号	=
11-19-03		聚光灯	=
11-19-04		泛光灯	=
11-19-05		示出配线的照明引出线位置	=
11-19-06		在墙上的照明引出线(示出配线向左边)	=
11-19-07		荧光灯一般符号	
11-19-08		三管荧光灯	=
11-19-09		五管荧光灯	
11-19-10		防爆荧光灯	
11-19-11		在专用电路上的事故照明灯	=
11-19-12		自带电源的事故照明灯装置(应急灯)	=
11-20-01		警卫信号探测器	
11-20-02		警卫信号区域报警器	
11-20-03		警卫信号总报警器	
11-B1-05		分线盒的一般符号　注：可加注 $\frac{A-B}{C}D$ A—编号 B—容量 C—线序 D—用户数	

序　号	图　形　符　号	说　　明	IEC
11-B1-10	●	避雷针	
11-B1-11	▱	电源自动切换箱(屏)	
11-B1-12	▭	电阻箱	
11-B1-13	▯	鼓形控制器	
11-B1-14	▮	自动开关箱	
11-B1-15	▤	刀开关箱	
11-B1-16	▮	带熔断器的刀开关箱	
11-B1-17	▭	熔断器箱	
11-B1-18	▦	组合开关箱	
11-B1-19	⨂	深照型灯	
11-B1-20	⊘	广照型灯(配照型灯)	
11-B1-21	⊗	防水防尘灯	
11-B1-22	●	球形灯	
11-B1-23	◔	局部照明灯	
11-B1-24	⊖	矿山灯	
11-B1-25	⊖	安全灯	
11-B1-26	◉	隔爆灯	
11-B1-27	◗	天棚灯	
11-B1-28	⊗	花灯	
11-B1-29	⊸○	弯灯	
11-B1-30	⬤	壁灯	

注：表中图形符号的序号为该图形符号在 GB 4728 中的序号。

附录 2　电气设备常用基本文字符号

摘自《电气技术中的文字符号制订通则》（GB 7159）。

设备、装置和元器件种类	举　　例		基本文字符号	
	中　文　名　称	英　文　名　称	单字母	双字母
组件部件	分离元件放大器	Amplifier using discrete components		
	激光器	Laser		
	调节器	Regulator		
	本表其他地方未提及的组件、部件			
	电桥	Bridge		AB
	晶体管放大器	Transistor amplifier		AD
	集成电路放大器	Integrated circuit amplifier		AJ
	磁放大器	Magnetic amplifier		AM
	电子管放大器	Valve amplifier		AV
	印制电路板	Printed circuit board		AP
	抽屉柜	Drawer		AT
	支架盘	Rack		AR
	天线放大器	Antenna amplifier		AA
	频道放大器	Channel amplifier		AC
	控制屏（台）	Control panel(desk)		AC
	电容器屏	Capacitor panel	A	AC
	应急配电箱	Emergency distribution box		AE
	高压开关柜	High votage switch gear		AH
	前端设备	Headed equipment(Head end)		AH
	刀开关箱	Knife switch board		AK
	低压配电屏	Low voltage distribution panel		AL
	照明配电箱	Illumination distribution board		AL
	线路放大器	Line amplifier		AL
	自动重合闸装置	Automatic recloser		AR
	仪表柜	Instrument cubicle		AS
	模拟信号板	Map(Mimic)board		AS
	信号箱	Signal box(board)		AS
	稳压器	Stabilizer		AS
	同步装置	Syncronizer		AS
	接线箱	Connecting box		AW
	插座箱	Socket box		AX
	动力配电箱	Power distribution board		AP

设备、装置和元器件种类	举 例		基本文字符号	
	中 文 名 称	英 文 名 称	单字母	双字母
非电量到电量变换器或电量到非电量变换器	热电传感器	Thermoelectric sensor	B	
	热电池	Thermo-cell		
	光电池	Photoelectric cell		
	测功计	Dynamometer		
	晶体换能器	Crystal transducer		
	送话器	Microphone		
	拾音器	Pick up		
	扬声器	Loudspeaker		
	耳机	Earphone		
	自整角机	Synchro		
	旋转变压器	Resolver		
	模拟和多级数字	Analogue and multiple-step		
	变换器或传感器	Digital transducers or sensors		
	（用作指示和测量）	(as used indicating or measuring purposes)		
	压力变换器	Pressure transducer		BP
	位置变换器	Position transducer		BQ
	旋转变换器（测速发电机）	Rotation transducer (tachogenerator)		BR
	温度变换器	Temperature transducer		BT
	速度变换器	Velocity transducer		BV
电容器	电容器	Capacitor	C	
	电力电容器	Power capacitor		CP
二进制元件延迟器件存储器件	数字集成电路和器件	Digital integrated circuits and devices	D	
	延迟线	Delay line		
	双稳态元件	Bistable element		
	单稳态元件	Monostable element		
	磁芯存储器	Core storage		
	寄存器	Register		
	磁带记录机	Magnetic tape recorder		
	盘式记录机	Disk recorder		
其他元器件	本表其他地方未规定的器件		E	
	发热器件	Heating device		EH
	照明灯	Lamp for lighting		EL
	空气调节器	Ventilator		EV
	静电除尘器	Electrostatic precipitator		EP

设备、装置和元器件种类	举 例		基本文字符号	
	中 文 名 称	英 文 名 称	单字母	双字母
保护器件	过电压放电器件避雷器	Over voltage discharge device Arrester	F	
	具有瞬时动作的限流保护器件	Current threshold protective device with instantaneous action		FA
	具有延时和瞬时动作的限流保护器件	Current threshold protective device with instantaneous and time-lag action		FS
	具有延时动作的限流保护器件	Current threshold protective device with timelag action		FR
	熔断器	Fuse		FU
	限压保护器件	Voltage threshold protective device		FV
	跌落式熔断器	Dropping fuse		FD
	避雷针	Lightning rod		FL
	快速熔断器	Quick melting fuse		FQ
发生器 发电机 电源	旋转发电机 振荡器	Rotating generator Oscillator	G	
	发生器	Generator		GS
	同步发电机	Synchronous generator		
	异步发电机	Asynchronous generator		GA
	蓄电池	Battery		GB
	柴油发电机	Diesel generator		GD
	稳压装置	Constant voltage equipment		GV
信号器件	声响指示器	Acoustical indicator	H	HA
	蓝色指示灯	Indicate lamp with blue colour		HB
	电铃	Electrical bell		HE
	电喇叭	Electrical horn		HH
	光指示器	Optial indicator		HL
	指示灯	Indicator lamp		HL
	红色指示灯	Indicate lamp with red colour		HR
	绿色指示灯	Indicate lamp with green colour		HG
	黄色指示灯	Indicate lamp with yellow colour		HY
	电笛	Electrical whistle		HS
	蜂鸣器	Buzzer		HZ
继电器 接触器	继电器	Relay	K	
	瞬时接触继电器	Instantantous contactor relay		KA
	交流继电器	Alternating relay		KA
	电流继电器	Current relay		KC
	差动继电器	Diffential relay		KD
	接地故障继电器	Earth-fault relay		KE
	瓦斯继电器	Gas relay		KG
	热继电器	Thermo relay		KH

设备、装置和元器件种类	举 例		基本文字符号	
	中 文 名 称	英 文 名 称	单字母	双字母
继电器接触器	接触器	Contactor	K	KM
	极化继电器	Polarized relay		KP
	干簧继电器	Dry reed relay		KR
	信号继电器	Signal relay		KS
	时间继电器	Time relay		KT
	温度继电器	Temperature relay		KT
	电压继电器	Voltage relay		KV
	零序电流继电器	Zero sequence current relay		KZ
电感器电抗器	感应线圈 线路陷波器 电抗器(并联和串联)	Induction coil Line trap Reactors(shunt and series)	L	
电动机	电动机	Motor	M	
	同步电动机	Synchronous motor		MS
	可做发电机或电动机用的电机	Machine capable of use asagenerator or motor		MG
模拟元件	运算放大器 混合模拟/数字器件	Operational amplifier Hybrid analogue/digital device	N	
测量设备试验设备	指示器件 记录器件 积算测量器件 信号发生器	Indicating devices Recording devices Integrating measuring devices Signal generator	P	
	电流表	Ammeter		PA
	(脉冲)计数器	(Pulse)Counter		PC
	电度表	Watt hour meter		PJ
	记录仪器	Recording instrument		PS
	时钟、操作时间表	Clock, Operating time meter		PT
	电压表	Voltmeter		PV
	功率因数表	Power factor meter		PF
	频率表	Frequency meter(Hz)		PH
	无功电度表	Var-hour meter		PR
	温度计	Thermometer		PH
	功率表	Watt meter		PW
电力开路的开关器件	断路器	Circuit-breaker	Q	QF
	电动机保护开关	Motor protection switch		QM
	隔离开关	Disconnector(isolator)		QS
	刀开关	Knife switch		QK
	负荷开关	Load switch		QL
	漏电保护器	Residual current		QR
	启动器	Starter		QT
	转换(组合)开关	Transfer switch		QT

| 设备、装置和元器件种类 | 举例 | | 基本文字符号 | |
	中 文 名 称	英 文 名 称	单字母	双字母
电阻器	电阻器	Resistor	R	
	变阻器	Rheostat		
	电位器	Potentiometer		RP
	测量分路表	Measuring shunt		RS
	热敏电阻器	Resistor with inherent variability dependent on the temperature		RT
	压敏电阻器	Resistor with inherent variability dependent on the voltage		RV
控制、记忆、信号电路的开关器件选择器	拨号接触器 连接级	Dial contact Connecting stage	S	
	控制开关	Control switch		SA
	选择开关	Selector switch		SA
	按钮开关	Push-button		SB
	机电式有或无传感器（单级数字传感器）	All-or-nothing sensors of mechanical and electronic nature (one-step digital sensors)		
	液体标高传感器	Liquid level sensor		SL
	压力传感器	Pressure sensor		SP
	位置传感器（包括接近传感器）	Position sensor (including proximity-sensor)		SQ
	转数传感器	Rotation sensor		SR
	温度传感器	Temperature sensor		ST
	急停按钮	Emergency button		SE
	正转按钮	Forward button		SF
	浮子开关	Floating switch		SF
	火警按钮	Fire alarm button		SF
	主令开关	Master switch		SM
	反转按钮	(Reverse)Backward button		SR
	停止按钮	Stop button		SS
	烟感探测器	Smoke detector		SS
	温感探测器	Temperature detector		ST
变压器	电流互感器	Current transformer	T	TA
	控制电路电源用变压器	Transformer for control circuit supply		TC
	电力变压器	Power transformer		TM
	磁稳压器	Magnetic stabilizer		TS
	电压互感器	Voltage transformer		TV
	局部照明用变压器	Transformer for local lighting		TL

设备、装置和元器件种类	举例		基本文字符号	
	中文名称	英文名称	单字母	双字母
调制器变换器	解频器	Disoriminator	U	
	解调器	Demodulator		
	变频器	Frequency changer		
	编码器	Coder		
	变流器	Converter		
	逆变器	Inverter		
	整流器	Rectifier		
电子管晶体管	气体放电管	Gas-discharge tube	V	
	二极管	Diode		
	晶体管	Transistor		VT
	晶闸管	Thyristor		VR
	电子管	Electronic tube		VE
	控制电路用电源的整流器	Rectifier for control circuit supply		VC
传输通道波导天线	导线	Conductor	W	
	电缆	Cable		
	母线	Busbar		WB
	波导	Waveguide		
	波导定向耦合器	Waveguide directional couper		
	偶极天线	Dipole		
	抛物天线	Parbolic aerial		WP
	控制母线	Control bus		WC
	控制电缆	Control Cable		WC
	合闸母线	Closing bus		WC
	事故信号母线	Emergency signal bus		WE
	掉牌未复归母线	Forgot to reset bus		WR
	信号母线	Signal bus		WS
	滑触线	Trolley wire		WT
	电压母线	Voltage bus		WV
端子插头插座	连接插头和插座	Connecting plug and socket	X	
	接线柱	Clip		
	电缆封端和接头	Cable sealing end and joint		
	焊接端子板	Soldering terminal strip		
	连接片	Link		XB
	测试插孔	Test jack		XJ
	插头	Plug		XP
	插座	Socket		XS
	端子板	Terminal board		XT

设备、装置和元器件种类	举　例		基本文字符号	
	中　文　名　称	英　文　名　称	单字母	双字母
电气操作的机械器件	气阀	Pneumatic valve	Y	
	电磁铁	Electromagnet		YA
	电磁制动器	Electromagnetically operated brake		YB
	电磁离合器	Electromagnetically operated clutch		YC
	电磁吸盘	Magnetic chuck		YH
	电动阀	Motor operated valve		YM
	电磁阀	Electromagnetically operated valve		YV
	合闸电磁铁(线圈)	Closing Electromagnet(coil)		YC
	跳闸电磁铁(线圈)	Tripping Electromagnet(coil)		YT
终端设备混合变压器滤波器均衡器限幅器	电缆平衡网络	Cable balancing network	Z	
	压缩扩展器	Compandor		
	晶体滤波器	Crystal filter		
	均衡器	Equalizer		ZQ
	分配器	Splitter		ZS
	网络	Network		

附录 3 常用辅助文字符号

摘自《电气技术中的文字符号制订通则》(GB 7159)。

序　号	文　字　符　号	名　　称	英　文　名　称
1	A	电　流	Current
2	A	模　拟	Analog
3	AC	交　流	Alternating current
4	A AUT	自　动	Automatic
5	ACC	加　速	Accelerating
6	ADD	附　加	Add
7	ADJ	可　调	Adjustability
8	AUX	辅　助	Auxiliary
9	ASY	异　步	Asynchronizing
10	B BRK	制　动	Braking
11	BK	黑	Black
12	BL	蓝	Blue
13	BW	向　后	Backward
14	C	控　制	Control
15	CW	顺　时　针	Clockwise
16	CCW	逆　时　针	Counter clockwise
17	D	延时(延迟)	Delay
18	D	差　动	Differential
19	D	数　字	Digital
20	D	降	Down, Lower
21	DC	直　流	Direct current
22	DEC	减	Decrease
23	E	接　地	Earthing
24	EM	紧　急	Emergency
25	F	快　速	Fast
26	FB	反　馈	Feedback
27	FW	正，向前	Forward
28	GN	绿	Green
29	H	高	High
30	IN	输　入	Input
31	INC	增	Increase
32	IND	感　应	Induction

序　号	文 字 符 号	名　称	英 文 名 称
33	L	左	Left
34	L	限　制	Limiting
35	L	低	Low
36	LA	闭　锁	Latching
37	M	主	Main
38	M	中	Medium
39	M	中 间 线	Mid-wire
40	M MAN	手　动	Manual
41	N	中 性 线	Neutral
42	OFF	断　开	Open, off
43	ON	闭　合	Close, on
44	OUT	输　出	Output
45	P	压　力	Pressure
46	P	保　护	Protection
47	PE	保护接地	Protective earthing
48	PEN	保护接地与中性线共用	Protective earthing neutral
49	PU	不接地保护	Protective unearthing
50	R	记　录	Recording
51	R	右	Right
52	R	反	Reverse
53	RD	红	Red
54	R RST	复　位	Reset
55	RES	备　用	Reservation
56	RUN	运　转	Run
57	S	信　号	Signal
58	ST	启　动	Start
59	S SET	置位，定位	Setting
60	SAT	饱　和	Saturate
61	STE	步　进	Stepping
62	STP	停　止	Stop
63	SYN	同　步	Synchronizing
64	T	温　度	Temperature
65	T	时　间	Time
66	TE	无噪声(防干扰)接地	Noiseiess earthing
67	V	真　空	Vacuum
68	V	速　度	Velocity
69	V	电　压	Voltage
70	WH	白	White
71	YE	黄	Yellow

主 要 参 考 文 献

1. 侯志伟主编. 建筑电气工程识图与施工. 北京：机械工业出版社，2004
2. 秦兆海，周鑫华主编. 智能楼宇技术设计与施工. 北京：北方交通大学出版社，2003
3. 建设工程工程量清单计价规范 GB 50500—2003